AF669928

EUL VERLAG

Nicolaus Schmidt

Kapitalaufbringung und Kapitalerhaltung im Cash-Pool nach Inkrafttreten des MoMiG und des ARUG

EUL VERLAG

Bibliografische Information der Deutschen Nationalbibliothek

Die Deutsche Nationalbibliothek verzeichnet diese Publikation in der Deutschen Nationalbibliografie; detaillierte bibliografische Daten sind im Internet über <http://dnb.d-nb.de> abrufbar.

ISBN 978-3-8441-0095-2
1. Auflage November 2011

© JOSEF EUL VERLAG GmbH, Lohmar – Köln, 2011
Alle Rechte vorbehalten

JOSEF EUL VERLAG GmbH
Brandsberg 6
53797 Lohmar
Tel.: 0 22 05 / 90 10 6-6
Fax: 0 22 05 / 90 10 6-88
E-Mail: info@eul-verlag.de
http://www.eul-verlag.de

Bei der Herstellung unserer Bücher möchten wir die Umwelt schonen. Dieses Buch ist daher auf säurefreiem, 100% chlorfrei gebleichtem, alterungsbeständigem Papier nach DIN 6738 gedruckt.

Vorwort

„Cash-Pooling" ist in der internationalen Konzernlandschaft unverzichtbar. In Deutschland ist der Themenkreis rund um den Kapitalschutz im Cash-Pool spätestens seit der spektakulären „November-Entscheidung" des Bundesgerichtshofs und der darauf aufbauenden Judikatur in das Blickfeld des Interesses geraten. Die obersten Richter werteten wechselseitige Darlehensgewährungen als Verstoß gegen die Kapitalaufbringungs- und Kapitalerhaltungsregeln. Infolge der sich ergebenden Rechtsunsicherheiten wurden über Jahre hitzige Diskussionen geführt – das Rauschen im Blätterwalde war beachtlich. Die nun diese Rechtsprechung zu revidieren suchenden MoMiG- und ARUG-Reformen stellen den Ausgangspunkt der vorliegenden Arbeit dar. Es werden die aktuellen Probleme der auch nach Inkrafttreten der Reformen in rechtspolitischer und rechtsdogmatischer Unruhe befindlichen neuen Gesetzeslage untersucht, um daraus pragmatische Lösungswege für die rechtssichere Ausgestaltung von Cash-Pool-Systemen abzuleiten. Die Untersuchung basiert auf einem sehr umfangreichen Literaturstudium und wurde zur Erlangung des akademischen Grades des Diplom-Wirtschaftsjuristen (Univ.) im Sommersemester 2011 an der Universität Augsburg eingereicht. Dabei konnten einschlägige Literatur und Rechtsprechung bis zum Juli 2011 Berücksichtigung finden.

Allen voran bedanke ich mich ganz herzlich bei Herrn Prof. Dr. iur *Thomas Barnert* für die exzellente Betreuung und individuelle Begleitung meiner Diplomarbeit. Die ausführlichen Gespräche gaben oft die entscheidenden Hinweise und die notwendige Inspiration für das Gelingen dieser Arbeit. Auch möchte ich seine tatkräftige Unterstützung bei einer Stipendienbewerbung nicht unerwähnt lassen. An Herrn Prof. Dr. iur. utr. *Christoph Becker* richtet sich mein ausdrücklicher Dank für die rasche Erstellung des Zweitgutachtens.

Besondere Dankesworte gelten auch meiner Schwester für ihre fortwährende Unterstützung während meines Studiums. Ferner danke ich meiner Großmutter sowie meinen Eltern, die mir meine universitäre Ausbildung ermöglicht haben. Schließlich danke ich noch Herrn Dipl. iur. oec. *Karl Fehrs* für die umfassenden Korrekturhilfen.

Augsburg, im Oktober 2011

Nicolaus Schmidt, MBA

«Inhaltsverzeichnis»

Abbildungsverzeichnis

Abkürzungen und abgekürzt zitiertes Schrifttum

a.A.	anderer Ansicht
ABl.	Amtsblatt
Abb.	Abbildung
Abs.	Absatz
Abschn.	Abschnitt
a.D.	außer Dienst
ADHGB	Allgemeines Deutsches Handelsgesetzbuch
a.F.	alte Fassung
AG	Aktiengesellschaft, auch: Die Aktiengesellschaft (Zeitschrift)
AktG	Aktiengesetz, BGBl. I, 1089
AnfG	Gesetz über die Anfechtung von Rechtshandlungen eines Schuldners außerhalb des Insolvenzverfahrens, BGBl. I, 2911
Anh.	Anhang
Anl.	Anlage
ao.	außerordentlich
ARUG	Gesetzes zur Umsetzung der Aktionärsrechterichtlinie, BGBl. I, 2479
Aufl.	Auflage
ausf.	ausführlich
Ausg.	Ausgabe
B	Betreibergesellschaft
BB	Betriebs-Berater
BC	Bilanzierung, Rechnungswesen und Controlling
Bd.	Band
BDI	Bundesverband der Deutschen Industrie e.V.
Begr.	Begründung
BeurkG	Beurkundungsgesetz, BGBl. I, 1513
Beschl.	Beschluss
BAG	Bundesarbeitsgericht
BFH	Bundesfinanzhof
BGB	Bürgerliches Gesetzbuch, BGBl, I, 42
BGBl.	Bundesgesetzblatt
BGH	Bundesgerichtshof
BGHZ	Bundesgerichtshof Entscheidungen in Zivilsachen
BNotO	Bundesnotarordnung
BR	Bundesrat
BR-Drucks.	Bundesrats-Drucksache
bspw.	Beispielsweise
BT	Bundestag
BT-Drucks.	Bundestags-Drucksache
BWNotZ	Zeitschrift für das Notariat in Baden-Württemberg
BZ	Börsenzeitung
bzgl.	bezüglich
bzw.	beziehungsweise
CFL	Corporate Finance Law
DB	Der Betrieb, auch: Deutsche Bank
deliktsrechtl.	deliktsrechtlich
DCGK	Deutscher Corporate Governance Kodex
d.h.	das heißt

dies.	dieselben
DK	Der Konzern
DNotZ	Deutsche Notar-Zeitschrift
DStR	Deutsches Steuerrecht
DZWIR	Deutsche Zeitschrift für Wirtschafts- und Insolvenzrecht
EG	Europäische Gemeinschaft
EGInsO	Einführungsgesetz zur Insolvenzordnung, BGBl. I, 2911
Einl.	Einleitung
EuGH	Europäischer Gerichtshof
EWG	Europäische Wirtschaftsgemeinschaft
EWiR	Entscheidungen zum Wirtschaftsrecht
f.	folgende (Singular)
ff.	folgende (Plural)
FamFG	Gesetz über das Verfahren in Familiensachen und in den Angelegenheiten der freiwilligen Gerichtsbarkeit
FAZ	Frankfurter Allgemeine Zeitung
FK-InsO	Frankfurter Kommentar zur Insolvenzordnung
Fn.	Fußnote
frz.	französisch
FS	Festschrift
FTD	Financial Times Deutschland
gem.	gemäß
GewStG	Gewerbesteuergesetz, BGBl. I, 1768
GG	Grundgesetz, BGBl. I, 1
GDV	Gesamtverband der Deutschen Versicherungswirtschaft e.V.
ggf.	gegebenenfalls
GmbH	Gesellschaft mit beschränkter Haftung
GmbHG	Gesetz betreffend die Gesellschaften mit beschränkter Haftung, RGBl., 846
GmbHR	Die GmbH-Rundschau
GmbH-StB	Der GmbH-Steuer-Berater
GuV	Gewinn- und Verlustrechnung
GWR	Gesellschafts- und Wirtschaftsrecht
HaGesR	Handels- und Gesellschaftsrecht
Hdb.	Handbuch
HGB	Handelsgesetzbuch, RGBl., 219
Hinweisbeschl.	Hinweisbeschluss
h.M.	herrschende Meinung
Hrsg.	Herausgeber
i.d.F.	in der Fassung
i.d.R.	in der Regel
i.e.	id est
i.e.S.	im engeren Sinn
InsO	Insolvenzordnung, BGBl. I, 2866
IPR	Internationales Privatrecht
i.S.v.	im Sinne von
i.V.m.	in Verbindung mit
jew.	jeweils
Jhd.	Jahrhundert
JW	Juristische Wochenschrift
JZ	JuristenZeitung

Kap.	Kapitel
KapRL	Kapitalschutz-Richtlinie
KG	Kammergericht Berlin
KMU	Kleine und mittlere Unternehmen
KO	Konkursordnung, BGBl. I, 2866
KonzernR	Konzernrecht
krit.	kritisch
KSI	Krisen-, Sanierungs- und Insolvenzberatung
KStG	Körperschaftsteuergesetz, BGBl. I, 4144
KWG	Gesetz über das Kreditwesen, BGBl. I, 881
LG	Landgericht
lit.	Littera
LMK	Lindenmaier-Möhring – Kommentierte BGH-Rechtsprechung
M	Muttergesellschaft
m. Anm.	mit Anmerkung
MDR	Monatsschrift für deutsches Recht
MittBayNot	Mitteilungen des Bayerischen Notarvereins, der Notarkasse und der Landesnotarkammer Bayern
MoMiG	Gesetz zur Modernisierung des GmbH-Rechts und zur Bekämpfung von Missbräuchen, BGBl. I, 2026
MünchKommAktG	Münchener Kommentar zum Aktiengesetz
MünchKommGmbHG	Münchener Kommentar zum GmbH-Gesetz
m.w.N.	mit weiterem Nachweis
n.F.	neue Fassung
NJOZ	Neue Juristische Online Zeitschrift
NJW	Neue Juristische Wochenschrift
NJW-RR	NJW-Rechtsprechungs-Report
NotBZ	Zeitschrift für die notarielle Beratungs- und Beurkundungspraxis
Nr.	Nummer
NZG	Neue Zeitschrift für Gesellschaftsrecht
NZI	Neue Zeitschrift für das Recht der Insolvenz und Sanierung
OLG	Oberlandesgericht
öEKEG	Bundesgesetz über Eigenkapital ersetzende Gesellschafterleistungen (Eigenkapitalersatz-Gesetz), österr. BGBl Nr. 92 v. 28.10.2003, 1437, 1440.
RefE.	Referentenentwurf
RegE.	Regierungsentwurf
RG	Reichsgericht
RGBl.	Reichsgesetzblatt
RGZ	Entscheidungen des Reichsgerichts in Zivilsachen
Rn.	Randnummer
RNotZ	Rheinische Notar-Zeitschrift
Rspr.	Rechtsprechung
S.	Seite, auch: Satz
s.	siehe
sc.	scilicet
sog.	so genannt
st.	ständig
StGB	Strafgesetzbuch, BGBl. I, 3322
T	Tochtergesellschaft
TzBfG	Gesetz über Teilzeitarbeit und befristete Arbeitsverträge (Teilzeit- und

	Befristungsgesetz), BGBl. I, 538
U	Unternehmen
urspr.	ursprünglich
Urt.	Urteil
u.a.	unter anderem, auch: und andere
v.	vom
v.a.	vor allem
Var.	Variante
vgl.	vergleiche
VGR	Wissenschaftliche Vereinigung für Unternehmens- und Gesellschaftsrecht e.V.
Vor.	Voraussetzung, auch: Voraussetzungen
wirtschaftswiss.	wirtschaftswissenschaftlich
WP	Wirtschaftsprüfung
WpHG	Gesetz über den Wertpapierhandel (Wertpapierhandelsgesetz), BGBl. I, 2708
z.B.	zum Beispiel
ZGR	Zeitschrift für Unternehmens- und Gesellschaftsrecht
ZHR	Zeitschrift für das gesamte Handelsrecht und Wirtschaftsrecht
ZInsO	Zeitschrift für das gesamte Insolvenzrecht
ZIP	Zeitschrift für Wirtschaftsrecht
zit.	zitiert
z.T.	zum Teil
zust.	zustimmend

„Das Gesetz hat zum Schneckengang verdorben,
was Adlerflug geworden wäre.“[1]
- Friedrich v. Schiller

A. Einführung

I. Problemstellung und Zielsetzung

1. Gesetzgeberische Intentionen des MoMiG und des ARUG

Mit dem Gesetz zur Modernisierung des GmbH-Rechts und zur Bekämpfung von Missbräuchen (*MoMiG*)[2] trat am 01.11.2008 eine umfassende Reform des GmbH-Rechts in Kraft. Unter anderem wurden damit weitreichende Änderungen im Recht der Kapitalaufbringung und der Kapitalerhaltung, den zwei „Kernstücken“[3] des GmbH-Rechts, vorgenommen. Ein zur Begründung des Gesetzes mehrfach genannter Zweck war die Modernisierung dieser Bereiche des GmbH-Rechts, auch und vor allem, in Bezug auf die Verwendung von „Cash-Pools“[4] und den Vorgang des „Cash-Pooling“.[5] Im Zuge des Gesetzes zur Umsetzung der Aktionärsrechterichtlinie (*ARUG*)[6] wurden die Neuregelungen auch in das Aktienrecht übernommen, die den Regelungen des MoMiG für das GmbH-Recht entsprechen.

Durch die Gesetzesänderungen sollten insbesondere auch die Rechtsprechungsregeln im Bereich des Kapitalaufbringungs- und Kapitalerhaltungsrechts, so auch das sog. „November-Urteil“[7] des *Bundesgerichtshofs*, aufgehoben werden, welche in der Praxis gerade im Bereich des Cash-Pooling zu immensen Rechtsunsicherheiten geführt hatten. Cash-Pooling beschreibt, vereinfacht ausgedrückt, die konzernweite Zusammenlegung freier Zahlungsmittel. Diese werden dergestalt disponiert, dass von einer zentralen Sammelstelle – dem Cash-Pool – sämtliche Liquiditätsüberschüsse einzelner Tochtergesellschaften abgezogen und anderen Konzerngliedern mit Liquiditätsbedarf zur Verfügung gestellt werden können. Es basiert auf der Überlegung, dass *Liquidität*[8] als Existenzbedingung im Konzern sichergestellt sein muss, da eine (dauerhafte) Illiquidität zwangsläufig die Insolvenz des Unternehmens bzw. Konzerns

---

1 *Schiller*, Die Räuber, S. 509

2 BGBl. I 2008, S. 2026ff.

3 *BGH*, Urt. v. 30.06.1958, WM 1958, 936 (937); *BGH*, Urt. v. 02.12.1968, NJW 1969, 840 (841); vgl. auch *Hollstein*, in: Hdb. GmbHR, § 5 Rn. 1; *Priester*, in: FS 100 Jahre GmbHG, S. 159ff.; einschränkend, *Schmidt*: sie seien mit dem Verweis auf die im GmbH-Recht existierenden Organisationsregeln vielmehr Kernstück der *Haftungsverfassung*, s. *K. Schmidt*, Gesellschaftsrecht, S. 1111

4 Dem englischen Sprachgebrauch folgend, ist nachstehend von dem „Cash-Pool“ die Rede, wenn es um die Einrichtung als solche geht, wohingegen die Tätigkeit als „Cash-Pooling“ bezeichnet werden soll, so auch *Hangebrauck*, Existenzschutz, S. 29

5 Begr. RegE MoMiG, BT-Drucks. 16/6140, u.a.: S. 25, 34, 40

6 BGBl. I 2009, S. 2479ff., weitestgehend in Kraft getreten am 01.09.2009

7 *BGH*, Urt. v. 24.11.2003, NJW 2004, 1111

8 In der Betriebswirtschaftslehre versteht man unter Liquidität die jederzeitige Fähigkeit des Unternehmens den bestehenden Zahlungsverpflichtungen vertragskonform nachzukommen, vgl. *Busse*, Grundlagen Finanzwirtschaft, S. 852; *Perridon/Steiner/Rathgeber*, Finanzwirtschaft, S. 12

nach sich zieht.[9] Trotz rechtlicher Unsicherheiten ist eine derartige Form des Cash-Managements zur Selbstverständlichkeit geworden: In etwa drei von vier Konzernen wird eine zentralisierte Zuteilung von Kapital genutzt.[10] Konzernen und mittelständischen Unternehmensgruppen werden nicht nur in Krisenzeiten teils überlebenswichtige Zinsersparnisse ermöglicht. In Anbetracht dieses hohen Stellenwertes des Cash-Pooling wurden die Forderungen der Praxis nach einer gesetzlichen Absicherung immer lauter.[11] Vor diesem Hintergrund war es erklärtes Ziel des Gesetzgebers, eine klare und unkomplizierte Regelungsstruktur zu schaffen.[12] Vornehmlich sollten die sich aus der ständigen Rechtsprechung des *BGH* ergebenden juristischen Bedenken gegen das Cash-Pooling, als betriebswirtschaftlich sinnvollem Instrument[13], ausgeräumt und Cash-Pooling-Systeme wieder auf eine tragfähige Rechtsgrundlage gestellt werden.[14] Die an die GmbH-Gesellschafter gezogenen Verbotsschranken sollten gelockert bzw. sogar beseitigt werden, um den Verbundbeteiligten die möglichst effiziente und einfache Liquiditätssteuerung im Wege eines zentralen Einzugs- und Ausgleichsmanagements zu ermöglichen. Mit dem ARUG wurde angestrebt, im Hinblick auf eine Tochter-AG in gleicher Weise zu verfahren.[15] Der Gesetzgeber hat hierzu hauptsächlich an zwei Stellschrauben gedreht: Zum einen hat er Regelungen in das Kapitalaufbringungsrecht aufgenommen, nach denen bei Erfüllung gewisser Tatbestände ein Gesellschafter seine Einlage auch dann wirksam erbracht hat, wenn der Einlagebetrag absprachegemäß wieder an ihn zurückfließt. Andererseits führt eine Darlehensgewährung an einen Gesellschafter aus gebundenem Kapital unter bestimmten Voraussetzungen nicht mehr zu einer Verletzung der Kapitalerhaltungsregeln.

Zweieinhalb Jahre nach den Gesetzesänderungen scheint es indes, als könnten die hochgesteckten Erwartungen mit Blick auf die Konzernfinanzierung vor allem im materiellen Recht nicht erfüllt werden. So wird beispielsweise angeführt, dass die Reform wohl „gut gemeint", im Endeffekt aber „weder Fisch noch Fleisch" sei, da weder die Abschaffung, noch die konsequente Beibehaltung des Kapitalsystems vorgenommen worden sei; bisherige Probleme würden lediglich durch neue ersetzt.[16] An anderer Stelle wird moniert, dass der „Gesetzgeber

---

9 *Wendland*, Finanzierung durch Cash Pooling, S. 1

10 *Makowski*, S. 1, *Theisen*, in: Holding-Hdb., S. 367

11 vgl. Stellungnahme des BDI, S. 14

12 vgl. *Bräunig/Hasselmann/Heidenhain*, BDI/Hengeler, Rn. 26

13 so z.B. *Zypries*, Bundesministerin der Justiz a.D., in: *Steinbeiss*, Handelsblatt v. 07.11.2005, S. 6.; *Hentzen*, ZGR 2005, 480 (481); Begr. RegE MoMiG, BT-Drucks. 16/6140, S. 40; *Bormann/Urlichs,* DStR 2009, 641 (643); krit. *Spindler*, ZHR 2007, 245 (249f.), der angesichts der potentiellen Externalisierung von Risiken eine gesteigerte Effizienz zumindest in Frage stellt

14 Begr. RegE MoMiG, BT-Drucks. 16/6140, S. 41

15 *Ekkenga*, ZIP 2010, 2469 (2469)

16 *Fest/Kunze*, MittBayNot 2009, 212 (213)

an seinem Privilegierungsziel gründlich vorbeireguliert" habe und gar von einem „dramatischen Versagen der Legislative" gesprochen.[17] Neben „handwerklichen Mängeln" fehle es ferner an einer ausreichenden Feinabstimmung mit den zwingenden EU-Richtlinienvorgaben.[18] Demnach kann von einem sprichwörtlichen Adlerflug zumindest keine Rede sein. Die teils unrealistischen Erwartungen konnte die *Jahrhundertreform*[19] – auch dadurch bedingt, dass die Gerichte den Gesetzgeber in einigen Punkten wieder in die Schranken gewiesen haben – offenbar nicht erfüllen.[20] Das betrifft nicht zuletzt die für Konzerne einschlägigen Änderungen des GmbH- und Aktienrechts hinsichtlich der Kapitalaufbringung und -erhaltung.

2. Relevante Aspekte der Kapitalaufbringung und -Erhaltung

Die Finanzordnung der *Gesellschaft mit beschränkter Haftung* besteht, ähnlich wie bei der *Aktiengesellschaft*, aus unterschiedlichen Regelungsbereichen, im Schwerpunkt aber aus den Problemkreisen der Kapitalaufbringung bzw. -sicherung, der Verwendung von Gewinnen und der Änderung des Stamm- bzw. Grundkapitals.[21]

Das sog. *Trennungsprinzip* im Gesellschaftsrecht, das sich in § 13 Abs. 2 GmbHG und in § 1 Abs. 1 Satz 1 AktG manifestiert, besagt, dass das Vermögen einer Gesellschaft von dem ihrer Gesellschafter zu trennen ist. Anders als bei Personengesellschaften haften bei der GmbH und der AG die einzelnen Gesellschafter nicht persönlich, sondern ausschließlich die GmbH bzw. die AG als juristische Person (*Haftungsprivileg*). Durch diese Beschränkung der Haftung sind die Gläubiger von Kapitalgesellschaften einer stärkeren Gefährdung ausgesetzt.

Eine Kapitalgesellschaft soll ein Mindestvermögen unbeschränkt erhalten und behalten, das dem Betrag des Grund-/Stammkapitals entspricht.[22] Die mitunter in §§ 3 Abs. 1 Nr. 3, 5 Abs. 1, 19 GmbHG und §§ 7f., 23 Abs. 3 Nr. 3, 27 AktG zum Ausdruck kommenden Grundsätze der *realen Kapitalaufbringung* stellen das Fundament für die Sicherstellung des Gläubigerschutzes dar. Damit soll der tatsächliche Vermögenszufluss zu Gunsten der Gesellschaft und der Gesellschaftsgläubiger gewährleistet werden. Reale Kapitalaufbringung bedeutet somit,

---

[17] *Ekkenga*, ZIP 2010, 2469 (2469)
[18] *Ekkenga*, ZIP 2010, 2469 (2469)
[19] Das MoMiG brachte nach ca. 40 kleineren Reformen die erste grundlegende Reform des GmbH-Rechts seit dessen Inkrafttreten am 20.04.1892 (RGBl. S. 477) und ist die erste Reform GmbH-Rechts seit 1980. Neben umfangreichen Neuerungen im GmbHG ergaben sich Änderungen in 20 weiteren Gesetzen; ausf.: *Schubert*, in: FS 100 Jahre GmbHG, S. 1ff.; *Hueck/Fastrich*, in: Baumbach/Hueck GmbHG, Einl., Rn. 35ff.
[20] *Bormann*, Börsen-Zeitung, 24.11.2010, S. 2
[21] *K. Schmidt*, Gesellschaftsrecht, S. 1111
[22] *Windbichler*, Gesellschaftsrecht 2009, § 25 Rn. 5

die Gesellschaft mit einem Mindestvermögen in Höhe des aufzubringenden Stamm- oder Grundkapitals auszustatten.[23] Oft werden die dabei einschlägigen Vorschriften streng, über den Wortlaut des Gesetzes hinaus ausgelegt.

Die Kapitalaufbringung ist eng mit der *Kapitalerhöhung* verwandt[24]; die gesetzlichen Regelungen zur Sicherung der Kapitalaufbringung werden durch die Vorschriften der §§ 55ff. GmbHG bzw. §§ 182ff. AktG vervollständigt. Um der Gläubigerbefriedigung angemessen Rechnung zu tragen, ist die ordnungsgemäße Aufbringung des Kapitals, sowohl bei einer Gesellschaftsgründung als auch bei einer Kapitalerhöhung zu gewährleisten. Nichts anderes gilt beim Cash-Pooling[25]. Die Beteiligung einer Konzerngesellschaft an einem Cash-Pooling-System kann gegen die Grundsätze der Kapitalaufbringung verstoßen. Zu denken ist aber vor allem auch an den Fall, dass die der Konzerngesellschaft im Wege der Barkapitalerhöhung zugeführte Barmittel alsbald in den Cash-Pool eingestellt werden.[26]

Ferner ist die Haftungsbeschränkung auf das Gesellschaftsvermögen durch die Gewährleistung der *Kapitalerhaltung* rechtfertigbar.[27] Das Kapitalerhaltungsgebot ergänzt das Kapitalaufbringungsgebot, quasi als komplettierenden Gegenspieler.[28] Der *Unversehrtheitsgrundsatz* im Kapitalgesellschaftsrecht verlangt, dass das Stamm-/Grundkapital der Gesellschaft ab dem Zeitpunkt ihrer endgültigen Entstehung ungeschmälert zur freien Verfügung steht.[29] Der Rechtsverkehr soll sich danach zumindest im Zeitpunkt der Entstehung der Gesellschaft Klarheit darüber verschaffen können, dass das garantierte Mindestkapital vorhanden ist und damit als gesicherter *Haftungsfonds* bereitsteht. Das zur Deckung der Stamm- bzw. Grundkapitalziffer erforderliche Vermögen ist nur dann in ausreichendem Maß vorhanden, wenn die Verbindlichkeiten durch Aktiva gedeckt sind und außerdem noch Vermögen in Höhe der Kapitalziffer stehenbleibt. Andernfalls fällt das auf der Aktivseite der Bilanz ausgewiesene Vermögen betragsmäßig unter die Summe, die sich auf der Passivseite durch Zusammenrechnung der Verbindlichkeiten und des dort ausgewiesenen Stamm-/Grundkapitals ergibt; es entsteht eine sog. *Unterbilanz*.[30] Die Stamm- bzw. Grundkapitalziffer wirkt somit konzeptionell als

---

[23] *Zick*, die verdeckte Sacheinlage, S. 47
[24] für die GmbH: *Bayer*, in: Lutter/Hommelhoff, GmbHG, § 19 Rn. 1; *Ziemons*, in: Beck´scher Online Kommentar, GmbHG, § 19 Rn. 80; für die AG: *Servatius*, in: Spindler/Stilz, AktG, § 188, Rn. 57; *Pfeiffer*, in: MünchKommAktG § 188, Rn. 1, 49
[25] zur Kapitalerhöhung im Cash-Pool: *Cahn*, ZHR 166 (2002), 278 (283ff.)
[26] *Vetter/Stadler*, Haftungsrisiken Cash-Pooling, Rn. 88
[27] *Jung*, in: Beck´sches Handbuch der GmbH, § 8 Rn. 1; *Schmolke*, Kapitalerhaltung in der GmbH, Rn. 2
[28] *Jung*, in: Beck´sches Handbuch der GmbH, § 8 Rn. 1
[29] *Windbichler*, Gesellschaftsrecht 2009, § 21 Rn. 15
[30] *Winkler/Becker*, ZIP 2009, 2361 (2361)

Ausschüttungssperre.[31] Verluste, die rein geschäftlich bedingt sind, also z.B. Ergebnis unzureichenden Wirtschaftens sind, werden vom Gesetzgeber nicht sanktioniert. Dies liefe sonst dem Grundsatz einer freien, *sozialen Marktwirtschaft*, die Markt und Wettbewerb im Rahmen eines gewissen sozialen Ausgleichs fördern soll zuwider. Das Vermögen einer GmbH kann außer durch Verluste auch dadurch unter die ausgewiesene Stammkapitalziffer fallen, wenn Geld oder andere Vermögengegenstände ohne Gegenleistung aus der Gesellschaft an die Gesellschafter fließen. Dabei ist zu beachten, dass das gesamte Gesellschaftsvermögen der AG einer strengen Bindung unterliegt, sofern keine Gewinnausschüttung oder Kapitalherabsetzungen erfolgt, während sich die Schutzwirkung bei der GmbH nur auf das Stammkapital beschränkt.[32]

Der effektiven Kontrolle der Kapitalaufbringung und Kapitalerhaltung zum Schutze der Gläubiger kommt gerade auch in Cash-Pooling-Zusammenhängen eine besondere Bedeutung zu. Wie angedeutet, beabsichtigen die Reformen im Recht der Kapitalaufbringung eine Liberalisierung zugunsten des Cash-Pooling. Diese soll vor allem über die eingeführten Auffangklauseln zur gesetzlichen Regelung bzgl. der Umgehung von Sacheinlagevorschriften[33] bzw. des absprachegemäßen Rückflusses[34] der erbrachten Geldeinlage erfolgen. Es wäre aber unzureichend, lediglich die reale Kapitalaufbringung sicherzustellen, das einmal aufgebrachte Kapital aber nicht gegen offene oder *verdeckte Rückfluss- bzw. Auszahlungsbegehren* der Anteilseigner abzusichern. Durch die Gesetzesänderungen des MoMiG und ARUG wurden darum auch wesentliche Vorschriften der Kapitalerhaltung novelliert.

II. Ziel der Arbeit und Gang der Untersuchung

Ziel der Arbeit ist es, die neuen Vorschriften zur Kapitalaufbringung und -Erhaltung im Cash-Pool kritisch zu untersuchen, dabei ihre Funktionsweise darzulegen und Lösungswege für etwaige Schwierigkeiten bei der praktischen Anwendung aufzuzeigen. Die gesamte Untersuchung ist von dem Gedanken geleitet wirtschaftsrechtliche Hintergründe und praktische Fra-

---

31 *Schickerling/Blunk*, GmbHR 2009, 1294 (1294)

32 *Fleischer*, in: Schmidt/Lutter-AktG, § 57 Rn. 6; *Kuhlmann/Ahnis*, § 3 Rn. 199a

33 Der *BGH* gebraucht seit seinem Urt. v. 15.01.1990, ZIP 1990, 156, für derartige Umgehungen der Sachgründungsvorschriften durchweg den Ausdruck *„verdeckte Sacheinlage"*. Zuvor war zumeist *„verschleierte Sacheinlage"* gebräuchlich, was historisch insofern seine Berechtigung findet, als die Problematik im ausgehenden 19. Jhd. erstmalig auftrat und im Zusammenhang mit *Schwindelgründungen* bei Aktiengesellschaften stand, vgl. dazu *Joost*, ZIP 1990, 449 (550); *Priester*, ZIP 1991, 345 (345)

34 Die Aufrechnungsverbote u. -beschränkungen des § 19 GmbHG dürfen nicht durch ein sog. *„Hin- u. Herzahlen"* desselben Betrages umgangen werden; um zu verdeutlichen, dass dabei die geleistete Bareinlage in kürzester Zeit wieder an den Gesellschafter zurückfließt, zog der *BGH* in seinem Urt. v. 10.11.1958, NJW 1959, 383 (384) den plastischen Vergleich der Einlageschuld mit einem „geworfenen Ball, der an einem Gummiband hängt und wieder zurückschnellt"

gen gleichermaßen zu beleuchten. In Anbetracht der eingangs angedeuteten harschen Kritik, soll das Augenmerk auf tatsächlich erfolgte Erleichterungen für die Praxis gerichtet sein. Auch sollen einzelne Schwierigkeiten, die erst durch die Neuregelungen zur Entstehung gelangt sind, erörtert werden. Dazu werden die neuen Vorschriften an den Vorgaben und Intentionen des Gesetzgebers gemessen und einer kritischen Evaluation unterzogen. In angemessenem Rahmen werden rechtshistorische Zusammenhänge und dogmatische Unstimmigkeiten der Gesetzänderungen dargestellt. Auf Rechtsfragen, die von den Änderungen des MoMiG und des ARUG weitgehend unberührt geblieben sind, wird verzichtet. Außerdem werden steuerliche sowie aufsichtsrechtliche Aspekte rund um das Cash-Pooling (weitestgehend) ausgespart.

Im Grundlagen-Teil erfolgt eine Einführung in das Cash-Management im Allgemeinen bzw. in das Cash-Pooling im Speziellen. Dabei wird ein Überblick über die wirtschaftlichen Hintergründe und Vorgänge im Cash-Pool gegeben. Daneben wird ein kurzer Abriss der konzernrechtlichen Zusammenhänge sowie der einschlägigen Rechtsprechungsentwicklung dargestellt. All dies ist Voraussetzung, um in der Folge die einzelnen Aspekte des Cash-Pooling juristisch differenzierend betrachten zu können. Dem Titel folgend untergliedert sich das Werk sodann in zwei Hauptabschnitte: Kapitalaufbringung und Kapitalerhaltung. Im Kapitalaufbringungsrecht sind die Änderungen im Hinblick auf Umgehungen der Kapitalaufbringung zu untersuchen. Neben einer grundsätzlichen Einordnung und rechtlichen Qualifikation der Vorgänge im Cash-Pool wird vorwiegend die Haftungslage der Geschäftsleiter beleuchtet. Im Bereich der Kapitalerhaltung ergeben sich Änderungen des Kapitalerhaltungs- und des Gesellschafterdarlehensrecht, die eingehend analysiert werden. Auch hier sollen Haftungsrisiken sowie insolvenzrechtliche Folgen untersucht werden. Danach schließt sich der Abschnitt über die Folgen der neuen Gesetzeslage für die Cash-Pool-Praxis an. Hierin werden organisatorische Maßnahmen und vertragsgestalterische Möglichkeiten vorgeschlagen, um es Unternehmen auch nach neuer Rechtslage zu ermöglichen, möglichst gefahrlos Cash-Pooling zu betreiben.

In Zwischenergebnissen erfolgt jeweils ein Gesamtüberblick über die gewonnenen Erkenntnisse und eine Würdigung der entsprechenden Problembereiche. Abgeschlossen wird die Arbeit mit einer Ergebnisdarstellung und abschließender Stellungnahme. In einem ersten Schritt werden nun die wirtschaftlichen Grundlagen aufgezeigt und eine grundsätzliche rechtliche Einordnung des Cash-Pooling vorgenommen.

B. Grundlagen

I. Ökonomischer Hintergrund und rechtliche Einordnung

1. Cash-Management-Systeme

a) Historische Entwicklung

Der Einsatz von Cash-Management-Systemen ist nicht neu. Zur effizienten Finanzverwaltung in Konzernen wurden im anglo-amerikanischen Wirtschaftsraum bereits in den 50er Jahren[35] des letzten Jahrhunderts eine Reihe von Optimierungstechniken entwickelt, für die im Allgemeinen der Begriff *Cash-Management* Verwendung findet. Grundsätzlich versteht man unter Cash-Management die zielgerichtete Organisation des kurzfristigen Finanzbedarfs einer Unternehmensgruppe durch Planung, Steuerung und Überwachung von Zahlungsströmen.[36] Als konzernübergreifendes Finanzmanagementsystem kommt dem Cash-Management die Aufgabe zu, die *jederzeitige Zahlungsfähigkeit* durch Prognose der zu erwartenden Zu- und Abgänge an liquiden Mitteln zu gewährleisten.[37]

In (mittel-)großen Unternehmen und Konzernen dient dieses Finanzinstrument somit regelmäßig der Steuerung und Koordination der täglichen Gelddispositionen und schließlich zur effizienten Abwicklung des Zahlungsverkehrs.[38] Durch die Zentralisierung und Optimierung der konzerninternen Liquiditätsplanung können bisher nur Banken vorbehaltene Finanzfunktionen auch innerhalb des Konzerns durchgeführt werden. *Cash-Pooling* stellt ein Mittel zu einem derartigen konzerninternen Liquiditätsausgleich dar und ist als solches eine Unterform des Cash-Managements.[39]

Die Zusammenfassung von Liquidität begann bei deutschen Unternehmen in den 1960er/ 1970er Jahren, während sie zuvor vorwiegend dezentral verwaltet wurden.[40] Durch die zunehmende Verbreitung von EDV-Systemen wurde das Cash-Management im Laufe der 1980er Jahre in zahlreichen Großunternehmen eingeführt und immer öfter durch Banken und Finanzdienstleister angeboten.[41] Endgültig durchsetzen konnte sich Cash-Management in Deutschland und Europa mit der Einführung einer gemeinsamen *Währungsunion*[42], wodurch

---

35 *Korts*, Cash Pooling, S. 4

36 *Scheffler*, Konzernmanagement, S. 224; *Wehlen*, in: Hdb. der Konzernfinanzierung, § 23 Rn. 1

37 *Werdenich*, S. 17

38 *Billek*, S. 3

39 *Billek*, S. 5; vielfach werden die Begriffe Cash-Management und Cash-Pooling synonym verwendet, dabei beziehen sich die Autoren aber meist auf das Pooling-Verfahren, so z.B.: *Gehrlein*, MDR 2006, 789 (789); *Fuhrmann*, NZG 2004, 552 (552)

40 *Ammelung/Kaeser*, DStR 2003, 655 (655); *Wehlen*, in: Hdb. der Konzernfinanzierung, § 23 Rn. 3

41 vgl. *Abolins*, DB 1985, 64 (64f.)

42 zu Auswirkungen der Euro-Einführung auf Cash-Pooling vgl. *Kohnen/Rocke*, FB 2004, 6 (6ff.); *Walter*, Europa-Bank, Handelsblatt vom 06.10.1999, S. 41

die Kosten der Liquiditätssteuerung durch die Vereinheitlichung von Rahmenbedingungen entscheidend gesenkt werden konnten.[43]

b) Bedeutung von Cash-Management

Heutzutage ist ein konzernweites, abgestimmtes Cash-Management aus der Konzernfinanzierung nicht mehr wegzudenken und hat seinen Weg längst auch in kleine und mittlere Firmengruppen gefunden.[44] Nicht von der Hand zu weisen ist, dass der Abbau von Beschränkungen im internationalen Kapitalverkehr, ein gestiegenes Angebot an Cash-Pooling-Systemen durch Banken und nicht zuletzt der Bedarf an Finanzinnovationen, die intensivere Nutzung des Liquiditätsmanagements begünstigt.[45] Hoher Kostendruck, zunehmender weltweiter Wettbewerb und starke Schwankungen an den Finanzmärkten (Zinsen, Wechselkurse) tun ihr Übriges dazu, dass Rationalisierungspotentiale im Finanzbereich eines Unternehmens in das Zentrum des Interesses gerückt sind.[46] Auf der anderen Seite sind Cash-Pooling-Produkte mittlerweile auch für Kreditinstitute eine nicht zu unterschätzenden Ertragsquelle.[47]

Auch nach der weltweiten Finanzkrise und den zunehmender Verschärfungen der Eigenkapitalvorschriften für Banken durch *Basel III* ist der *Trend zum Cash-Management* ungebrochen. Seit der Finanzkrise sind die Kosten der Fremdfinanzierung für Konzerne bereits erheblich gestiegen und sind im Begriff weiter zu steigen,[48] was den konzerninternen Liquiditätsausgleich umso wichtiger macht. Im Ergebnis führen Rationalisierungsmotive und die fortschreitende internationale Verflechtung zu einer stetig zunehmenden Attraktivität eines (globalen) Cash-Managements.[49]

---

[43] *Deckart*, S. 10; *Oho/Eberach*, DB 2001, 825 (825)

[44] *Wirsch*, S. 23; zwischen 30 und 50% der deutschen GmbHs sind verbundene Unternehmen, die Zahl bei AGs dürfte sogar noch höher sein, *Wenner/Schuster*, ZIP 2008, 1512 (1512)

[45] *Ammelung/Kaeser*, DStR 2003, 655 (655); *Kohnen/Rocke*, FB 2004, 6 (13)

[46] *Ammelung/Kaeser*, DStR 2003, 655 (655)

[47] *Asche*, Der Treasurer, Ausg. 18 vom 18.09.2008: „Banken lieben Cash Pooling", *ders.*, Der Treasurer, Ausg. 7, 08.04.2009: „Cash Management hilft Banken"; *Wand/Tillmann/Heckenthaler*, AG 2009, 148 (149), m.w.N.

[48] *Ruhkamp*, Finanzierungskosten der Unternehmen steigen, FAZ, vom 28.11.2008, S. 21; *Leisinger*, FAZ-Online-Ausgabe vom 26.03.2010: Moody's Studie – Europäische Unternehmen, Die Finanzierungskosten dürften steigen, http://www.faz.net/s/Rub09A305833E12405A808EF01024D15375/Doc~E5144E00B530C4 5C58541F1B01A09C1 7D~ATpl~Ecommon~Sspezial.html

[49] vgl. *Steiner*, in: Handwörterbuch des Bank- und Finanzwesens, S. 467f., 472f., *Deckart*, S. 10

2. Grundzüge des Cash-Pooling

a) Begriffsbestimmung

Cash-Pooling macht den wichtigsten und effektivsten Bestandteil des konzernweiten Cash-Managements aus.[50] Eine allgemeinverbindliche Begriffsbestimmung gestaltet sich aber schwierig. In der betriebswirtschaftlichen Literatur finden sich für Cash-Pooling viele unterschiedliche Definitionen, die auch je nach den Bedürfnissen und Anforderungen des Konzerns variieren. Deshalb gibt es kein Cash-Pooling an sich, sondern es unterscheidet sich von Konzern zu Konzern.[51] Die Bandbreite erstreckt sich vom bloßen virtuellen Cash-Pooling, bei dem die liquiden Mittel nur fiktiv gepoolt werden, bis zum vollständig zentralisierten Cash-Pooling, bei dem sämtliche finanziellen Angelegenheiten von einer zentralen *Betreibergesellschaft*[52] durchgeführt werden.[53] Ferner reichen die unterschiedlichen Ausgestaltungsformen von einfachen Vorstufen bis hin zu komplexen, modulartig zusammengesetzten Systemen (z. B. Globale Cash-Pooling-Systeme).[54]

In dieser Arbeit soll der Definition nach *Kremslehner/Polster*[55] gefolgt werden, wonach man unter Cash-Pooling die automatische Zusammenfassung der Kontenstände verschiedener Zahlungsverkehrskonten eines Unternehmens oder Konzerns in periodischen Abständen versteht. Die im Cash-Pool konzentrierte Liquidität wird primär dazu genutzt, diejenigen Konzernteile, die akuten Liquiditätsbedarf vorweisen, mit Liquidität zu versorgen.[56] Mit anderen Worten erfolgt eine Zahlungsbestandsoptimierung durch die zinsoptimierte Anlage überschüssiger Mittel bzw. durch die zinsoptimierte Aufnahme fehlender Mittel. Die vom Liquiditätsabzug betroffene Gesellschaft erhält einen Ausgleichsanspruch gegenüber der Mutter; die begünstigte Gesellschaft wird mit einer Rückzahlungsverpflichtung belastet.[57] Als deutsches begriffliches Pendant bietet sich eine sinngemäße Übersetzung mit „konzerninterner Liquiditätsausgleich“ an.[58]

---

[50] *Maier-Reimer*, VGR 2005, 127 (127f); *Theisen*, Der Konzern S. 454; *Wehlen*, in: Hdb. Konzernfinanzierung, § 23 Rn. 30

[51] *Wirsch*, S. 23

[52] *Müller-Bullinger*, S. 85ff.; teils auch „Inhouse-Bank“ oder „Treasury“ genannt; vgl. v.a. *OLG* Bremen ZIP 1999, 1671 (1676); *Altmeppen*, ZIP 2006, 1025 (1025), NZG 2010, 361 (361); *Jaeger*, DStR 1653 (1653); *Sieger/Hasselbach*, BB 1999, 645 (545) m.w.N.

[53] *Wirsch*, S. 23f.

[54] *Ammelung/Kaeser*, DStR 2003, 655 (655)

[55] *Kremslehner/Polster*, in: Polster-Grüll, Cash Pooling, S. 134f.

[56] *Vetter/Stadler*, Haftungsrisiken Cash-Pooling, Rn. 5

[57] *Wilhelm*, DB 2006, 729 (729); *Heckschen/Heidinger*, Die GmbH, § 11 Rn. 74

[58] so z.B. *Altmeppen*, ZIP 2006, 1025 (1025), *Wicke*, GmbHG, Einl., Rn. 24; andere geläufige Übersetzungen sind „Liquiditätsbündelung“, *Saenger/Koch*, GmbHR 2010, 113 (113), *Ammelung/Kaeser*, DStR 2003, 655 (660); „Zinskompensation“ oder „automatisches Umsatzübertragungsverfahren“, s. *Jetter*, S. 42; „Pooling“ wird z.T. auch unter dem Schlagwort „konzerninterner Finanzverbund“ zusammengefasst, *Zeidler*, S. 8; vgl.

b) Organisation des Cash-Pooling

Die beim konzernweiten Cash-Pooling von den *Töchtern* an die *Muttergesellschaften* überlassenen Darlehen erreichen teils erhebliche Summen.[59] Die Ausreichung der konzerninternen Darlehen ist in der Praxis in allen denkbaren Varianten zu beobachten: von der Tochter- an die Muttergesellschaft (aufsteigende Finanzierung, bzw. *upstream loans*), von der Mutter- an die Tochtergesellschaft (absteigende Finanzierung, bzw. *downstream loans*), aber auch von einer Tochtergesellschaft an eine andere Tochtergesellschaft derselben Muttergesellschaft (horizontale Finanzierung bzw. *sidestream loans*). Allerdings wird sidestream Pooling im Schrifttum nur als Zwischenmodell betrachtet, das je nach Cash-Pool-Abrede und Verrechnungsrichtung trotzdem als up- oder downstream Pooling eingeordnet wird.[60]

Jedes Konzernunternehmen führt ein eigenes Konto bei einem Kreditinstitut (*Unterkonto*)[61], (s. Abb. 1). Die liquiden Mittel, die auf diesen Konten eingehen, werden täglich auf ein zentrales Konto – im Folgenden als *Zentralkonto*[62] bezeichnet – weitergeleitet und dort gesammelt; im Gegenzug wird den Konzernunternehmen bei Bedarf Liquidität zur Verfügung gestellt.[63] Das Zentralkonto wird i.d.R. durch die Konzernmuttergesellschaft, eine Zwischenholding oder durch eine Betreibergesellschaft geführt. In diesen Ausführungen wird für die Inhaberin des Zentralkontos allgemein der Begriff „Betreibergesellschaft" benutzt.[64] Für den Fall der Installation einer speziellen Finanzierungsgesellschaft zur Führung des Zentralkontos, liegt ihr alleiniger Geschäftszweck in der Abwicklung des Cash-Pooling, wozu sie das Konto mittelbar für die Konzernmutter führt.[65] Eine derartige Gesellschaft betreibt regelmäßig kein mit eigenen Risiken verbundenes operatives Geschäft.[66] Ihr Vermögen wird durch die anderen Konzerngesellschaften besichert, deren Unterkonten selbst lediglich als Durchlauf- oder Zahlungsverkehrskonten fungieren. Somit weist das Zentralkonto nach Durchführung eines Pooling-Vorganges den Netto-Liquiditätssaldo des Konzerns aus.[67]

---

auch *Hormuth*, S. 55ff., bzw. in der wirtschaftswiss. Literatur: *Perridon/Steiner/Rathgeber*, Finanzwirtschaft, S. 146

59 *Rendels*, ZIP 2003, 1583 (1583)

60 *Willemsen/Rechel*, BB 2009, 2215 (2220); *Henze*, WM 2005, 717 (717)

61 auch Verrechnungskonto oder *Intercompany Account* genannt, *Hangebrauck*, Existenzschutz, S. 141; Hilgard, CH-D Wirtschaft 2006, 12 (13)

62 Diese Bezeichnung verwendete der *BGH* in seiner „Cash Pool I"-Entscheidung, Urt. v. 16.01.2006, ZIP 2006, 665 (666). Alternativ sind auch die Begriffe „*Zielkonto*", so z.B. bei *Altmeppen*, ZIP 2006, 1025 (1025), *Cahn*, ZHR 166 (2002), 278 (279) „Konzentrationskonto", so *Wehlen*, in: Hdb. Konzernfinanzierung, § 23 Rn. 28; „Master-Konto", so *Oho/Ebersbach*, DB 2001, 825 (825) bzw. „Master-Account" nach *Siegel/Hasselbach*, BB 1999, 645 (649) eingeführt

63 *Müller-Michaels*, KSI 3/06 100 (100)

64 so auch *Altmeppen*, ZIP 2006, 1025 (1025); *Schneider*, in: Lutter/Scheffler/Schneider, § 25 Rn. 6

65 *Altmeppen*, ZIP 2006, 1025 (1025)

66 *Billeck*, S. 6

67 *Theisen*, in: Holding-Hdb., § 11 Rn. 37

3. Funktionsweise eines Cash-Pools

a) Pooling-Struktur

Eine Pooling-Struktur besteht aus mindestens zwei hierarchisch angeordneten Konten, d.h. einem „abgebenden" und einem „aufnehmenden" Konto.[68] Liquiditätsströme fließen dabei „upstream", von abgebenden zu aufnehmenden Konten, als auch in umgekehrter Richtung, also „downstream".[69] Eine Pooling-Struktur kann wiederum aus mehreren Kreisen bestehen.[70] Ein solcher Pooling-Kreis (Abb.1) ergibt sich aus genau einem aufnehmendem und mindestens einem abgebenden Konto. Man unterscheidet ferner nach unternehmens-, währungs- und bankübergreifendem Pooling. Beim währungs- und bankübergreifenden Pooling lässt sich der größte Nutzen durch Einbindung der betragsmäßig wichtigsten Währungen bzw. transaktionsmäßig bedeutendsten Kreditinstitute erzielen.[71]

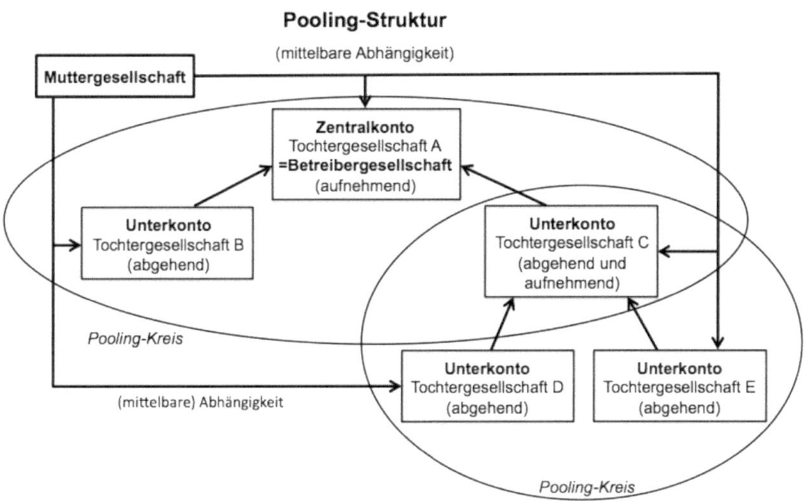

Abbildung 1: Pooling-Struktur[72]

Bei größeren, vornehmlich international tätigen Konzernen erfolgt das Cash-Pooling oftmals auf verschiedenen, hierarchisch gegliederten Ebenen (mehrstufiges Pooling).[73] Hierzu wird in regionalen oder nationalen Pooling-Kreisen bereits auf der unteren Ebene ein erster Abgleich

68 *Rieder*, in: Polster-Grüll, Cash Pooling, S. 47f.
69 vgl. B.I.2.b; *Billek*, S. 5
70 *Wendland*, Finanzierung durch Cash Pooling, S. 47
71 *Billek*, S. 5
72 frei nach *Billek*, S. 8
73 *Vetter/Stadler*, Haftungsrisiken Cash-Pooling, Rn. 6

zwischen den Unterkonten und dem Zentralkonto dieses Pooling-Kreises vorgenommen. Nachfolgend wird ein Ausgleich zwischen den Zentralkonten der unteren Pooling-Kreise mit dem Zentralkonto des nächsthöheren Pooling-Kreises vorgenommen, bis schlussendlich der finale Cash-Pool-Saldo des Konzerns erreicht ist.[74]

b) Realer Ablauf

aa) Durchführung des (physischen) Cash-Poolings

Zur Durchführung des Cash-Pooling erhält ein Kreditinstitut den Auftrag Liquiditätsverlagerungen vorzunehmen. Im Gegenzug erhält diese hierfür ein Entgelt, wobei in aller Regel Sicherheiten für den durch sämtliche Poolteilnehmer gestellt werden müssen.[75] Die Durchführung kann entweder durch eine Bank (*One-Bank Solution*) oder auch bankübergreifend (*Overlay Structure*) vonstatten gehen, wobei die Zahlungsströme wirtschaftlich als Geldmarktgeschäfte[76] zwischen Konzerngesellschaften eingeordnet werden.[77]

In regelmäßigen Zeitabständen, die üblicherweise einen Bankarbeitstag umfassen (Poolingtag), werden die Salden der Unterkonten physisch ausgeglichen. Habensalden der Unterkonten werden dem Zentralkonto gutgeschrieben (*Sweeping*), während Sollsalden der Unterkonten zu Lasten des Zentralkontos ausgeglichen werden (*Topping*).[78]

Üblicherweise erfolgt das Pooling abends nach Buchungsschluss mit gleichtägiger Valuta; dabei bekommt die Zentrale über benötigte bzw. überschüssige Geldströme bereits im Laufe des Tages von den einzelnen Gesellschaften Mitteilung, um anfallende Gelder entsprechend anlegen und aufnehmen zu können.[79]

bb) Unterformen des effektiven Cash-Poolings

Effektives Pooling erfolgt in der Bankenpraxis üblicherweise in zwei Unterformen, d.h. entweder dergestalt, dass sich die *Unterkonten* zu einem vorher festgelegten Zeitpunkt (meist werktäglich) automatisch, entweder vollständig (*Zero-Balancing*) oder nur bis zu vereinbarten Beträgen, ausgeglichen werden (*Target-Balancing*)[80]. Beim Zero-Balancing werden sämtliche Unterkonten jeweils am Ende des Pooling-Tages auf „Null“ gestellt und sämtliche Habensal-

---

[74] *Billeck*, S. 6
[75] *Altmeppen*, NZG 2010, 361 (362)
[76] i.S.v. Fremdkapital-Kontrakten mit einer Laufzeit von weniger als einem Jahr, die am Geldmarkt gehandelt werden; vgl. *Spremann/Gantenbein*, Kapitalmärkte, S. 37f.; *Billek*, S. 9, m.w.N.
[77] *Billek*, S. 9
[78] *Billek*, S. 10; *Morsch*, NZG 2003, 97 (97f.)
[79] *Ammelung/Grünwald/Kaeser*, DStR 2003, 655 (657)
[80] auch als *Conditional-Balancing* bezeichnet, vgl. *Oho/Eberbach*, DB 2001, 825 (827); *Deutsche Bank AG*, Tax Implications of International Liquidity Management Structures

den dem Zentralkonto gutgeschrieben, während sämtliche Sollsalden durch das Zentralkonto ausgeglichen werden.[81] Im Falle eines *manuellen Balancing*, findet der Ausgleich durch willkürliche Einzelüberweisungen statt.[82] Beim Target-Balancing wird nur der fortgeschriebene Valutasaldo des Pooling-Tages übertragen, indem ältere Valutasalden mit dem Valutasaldo des Pooling-Tages saldiert werden, wohingegen nach dem Pooling-Tag liegende Valutasalden nicht übertragen werden. Zudem werden für die Unterkonten oftmals bestimmte Parameter für den Ausgleich festgelegt, wie z.B. ein Zielsaldo, Mindestüberträge oder Übertragseinheiten.[83]

c) Netting

Zwar steht Cash-Pooling, als ein Instrument das Cash-Management fördert und optimiert, im Mittelpunkt der Konzernfinanzierung; gleichwohl gilt es dieses Finanzierungselement insbesondere vom Netting abzugrenzen. Denn innerhalb eines Konzernverbundes kommt es häufig zu Leistungsbeziehungen zwischen verflochtenen Gesellschaften, sodass sich diese wechselseitig als Schuldner und Gläubiger gegenüberstehen. Gegenstand des Netting[84] ist demnach das Verrechnen und Berechnen konzerninterner Forderungen und Verbindlichkeiten. Diese müssen ebenso bedient werden, wie Forderungen externer Drittgläubiger.[85]

Dabei zielt das Verfahrens darauf ab, zwischen den Konzerngesellschaften nicht die einzelnen Forderungen und Verbindlichkeiten auszugleichen, sondern nur den zu bestimmten Zeitpunkten festgestellten Saldo.[86] Es ermöglicht die periodische, bi-/multilaterale bzw. multinationale Aufrechnung[87] von konzerninternen Forderungen und Verbindlichkeiten, bei dem die Vielzahl an *upstream* und *downstream loans* durch Verrechnung – oftmals auch trotz fehlender Gegenseitigkeit – bereinigt werden, um möglichst wenig unnötige Einzelüberweisungen zu erhalten.[88] Die relevanten Daten aus den Buchhaltungen der Konzerngesellschaften werden zu diesem Zweck gesammelt, gegenseitig abgestimmt und zu einer Verrechnungsmatrix zusam-

---

[81] *Altmeppen*, ZIP 2006, 1025 (1025)

[82] vgl. dazu *OLG* München, ZIP 2006, 25ff.; *Schilmar*, DStR, 2006, 568 (569); *Heckschen/Heidinger*, Die GmbH, § 11 Rn. 74

[83] *Billek*, S. 11

[84] Häufig auch als „*Clearing*" bzw. „Konzern-Clearing" bezeichnet, vgl. zur uneinheitlichen Begriffsverwendung: *Rendels*, ZIP 2003, 1583 (1584)

[85] *Canaris*, Bankvertragsrecht, Rn. 885ff.; *Hormuth*, S. 63, 104; *Jäger*, DStR 2000, 1653 (1653); *Müller-Bullinger*, S. 34

[86] *Rendels*, ZIP 2003, 1583 (1584)

[87] Diese *kontokorrentmäßigen* Verrechnungen werden als antizipierte Aufrechnungen qualifiziert (§§ 389, 387 BGB), wobei angesichts der Fülle an entstehenden gegenseitigen Darlehen dabei – gleich einer Kontokorrentvereinbarung (§ 355 HGB) – nur der festgestellte Saldo zu festgelegten Terminen durch Überweisungen ausgeglichen wird, *Vetter/Stadler*, Haftungsrisiken Cash-Pooling, Rn. 13; *Heublein*, ZIP 2000, 161 (161ff.); *Makowski*, S. 24; *Hamann*, NZI 2008, 667 (667)

[88] *Rendels*, ZIP 2003 1583 (1584)

mengestellt.[89] Aus diesem Schema lassen sich dann die Nettoforderungen und -verbindlichkeiten der einzelnen Konzernmitglieder errechnen.[90]

Bilaterales Netting bezeichnet den Fall, wenn nur zwei Konzerngesellschaften an diesem Verfahren beteiligt sind. Sind noch weitere Konzerngesellschaften involviert, spricht man vom multilateralen Netting. In diesem Fall werden die Verbindlichkeiten aller beteiligten Konzerngesellschaften typischerweise gleichzeitig verrechnet.[91]

Die Vorteile einer konzerninternen Verrechnung liegen in – teilweise erheblichen – Ersparnissen bei Transaktionskosten, Devisentauschkosten und Zinsvorteilen.[92] Die Einsparungen können mit bis zu 1,5 % der aufgrund des Netting nicht übertragenen Summe zu Buche schlagen.[93]

d) Kombination von Pooling und Netting

Beim „reinen" Cash-Pooling erfolgt, anders als beim Netting-Verfahren, keine Aufrechnung tatsächlich bestehender Forderungen und Verbindlichkeiten zwischen einzelnen Konzerngesellschaften, sondern eine davon unabhängige Zusammenführung der Kontostände aller am Pooling beteiligten Unternehmen.[94]

In der Praxis kommt es vielfach zu einer Kombination von Pooling und Netting: bedingt durch die Vielzahl von Zahlungsvorgängen, die sich beim Cash-Pooling innerhalb eines vergleichsweise kurzen Zeitraumes ergeben können, wird das effektive Cash-Pooling sehr häufig in Verbindung mit (multilateralem) Netting durchgeführt.[95] Vor allem in mehrstufigen und internationalen Konzernen können sich daher relativ stark unterscheidende, komplexe Systeme ergeben.[96]

e) Pooling-Modelle und Pooling-Surrogate

Prinzipiell gibt es zwei unterschiedliche Pooling-Verfahren, die den Saldo physisch oder virtuell erzeugen.[97] Allerdings erfolgt Cash-Pooling in der Praxis i.d.R. im Wege des effektiven

89 *Perridon/Steiner/Rathgeber*, Finanzwirtschaft, S. 146
90 *Perridon/Steiner/Rathgeber*, Finanzwirtschaft, S. 146
91 *Wehlen*, in: Hdb. Konzernfinanzierung, § 2 Rn. 39
92 *Billeck*, S. 4
93 *Hormuth*, S. 85
94 *Ammelung/Grünwald/Kaeser*, DStR 2003, 655 (657)
95 *Rendels*, ZIP 2003 1583 (1584)
96 *Zahrte*, S. 48
97 *Ammelung/Grünwald/Kaeser*, DStR 2003, 655 (657)

Poolings (Cash-Pooling i.e.S.). Ansonsten wird es als fiktives Pooling (Notional-Pooling) und teilweise auch in Form von Pooling-Surrogaten betrieben.

aa) Money Transfer/Cash Concentrating/Effektives Cash-Pooling

Cash-Pooling ist eine Erweiterung der sog. *Money-Transfer* Anwendungen. Bei Money-Transfer handelt es sich um eine Komponente des Cash-Managements, die es ermöglicht, Zahlungen in den konvertierbaren Währungen durch Überweisungen, Lastschrift etc. auf elektronischem Wege vorzunehmen.[98] *Cash-Concentrating* gilt als Vorstufe des Cash-Pooling; hierbei werden bei Partnerbanken geführte Konten zunächst (auf Landesebene) verdichtet, anschließend erfolgt die Übertragung dieser Konten auf ein Hauptkonto.[99]

Das sog. „effektive Pooling“ bildet mit seinem regelmäßigen physischen Ausgleich der Konten und der zentralen Zusammenführung von Liquidität quasi die „Grundform“ des Cash-Pooling. Dabei führen wie dargelegt die Konzerngesellschaften regelmäßig ihre überschüssige Liquidität an einen zentralen Cash-Pool ab.

bb) Fiktives Pooling/Notional Pooling

Fiktives Pooling, auch bekannt als Notional Pooling, ist eine abgeschwächte Form des Cash-Pooling. Der Pooling-Vorgang wird nur über eine *virtuelle* Zusammenlegung der Banksalden durchgeführt, während ein Liquiditätsausgleich zwischen den teilnehmenden Konten nicht vollzogen wird.[100] Beim fiktiven Pooling wird die Liquidität der einzelnen Konzernkonten lediglich rechnerisch auf einem gedachten Zentralkonto zusammengeführt, um aufgrund dessen fiktiven Saldos dann die Zinsen zu berechnen.[101] Da hierbei weder ein Transfer von Liquidität noch eine Darlehensgewährung[102] erfolgt, lassen sich die obengenannten Vorteile des Cash-Pooling lediglich in begrenztem Maße, nämlich nur im Hinblick auf Zinskompensation und -verrechnung erreichen; eine geeignete Grundlage für die Sicherung der Liquiditätsversorgung eines Konzern kann diese Form des Pooling aber nicht darstellen.[103] Weil der Ausgleich von Banksalden unterschiedlicher Währungen aufgrund Umtausch- oder Kurssicherungskosten kostspielig ist, wird auch eine Kombination von Cash-Pooling und Notional Cash-Pooling angeboten. Hierbei werden die auf Euro lautenden Unterkonten tatsächlich

98 *Steiner*, in: Handwörterbuch des Bank- und Finanzwesens, S. 468
99 *Ammelung/Grünwald/Kaeser*, DStR 2003, 655 (657)
100 *Priester*, ZIP 2006, 1557 (1557); *Morsch*, NZG 2003, 97 (98)
101 *Billeck*, S. 12
102 *Priester*, ZIP 2006, 1557 (1557),
103 *Vetter/Stadler*, Haftungsrisiken Cash-Pooling, Rn. 10

transferiert, während Unterkonten in anderen Währungen nur über ein Notional Cash-Pooling einbezogen werden.[104]

cc) Poolingsurrogate

Hierunter versteht man Vereinbarungen oder Methoden zur Optimierung der Zinssätze eines Konzerns, die zum Zwecke des – vollständigen oder teilweisen – Ersatzes des effektiven oder fiktiven Poolings zwischen einem Konzern und Kreditinstituten geschlossen werden.[105] Bei diesen Formen handelt es sich jedoch ebenfalls um rein theoretische Berechnung, denen kein effektiver Liquiditätstransfer innerhalb des Konzerns folgt, sodass sie sehr große Ähnlichkeiten zum Notional Pooling aufweisen. Auch die Pooling-Surrogate erreichen nicht die Vorteile des effektiven Cash-Pools; demgegenüber sind aber auch die Gefahren deutlich reduziert. Mangels rechtlich relevanter Zahlungsvorgänge zwischen den Konzernteilen bleiben Poolingsurrogate für die folgenden Problembetrachtungen unerheblich und werden nicht weiter thematisiert.

4. Wirtschaftliche Bedeutung

Cash-Pooling geht von *betriebswirtschaftlichen Optimierungsüberlegungen* (vgl. B.I.1.a) aus. Daher erscheint es sinnvoll, die wirtschaftliche Dimension, also die Vor- und Nachteile detailliert darzustellen.

a) Vorteile

Der eingangs angedeutete Siegeszug von Cash-Pooling-Systemen der letzten Jahre legt den Schluss nahe, dass sich daraus viele Vorzüge ergeben müssen. Allen in der Praxis existierenden Cash-Management-Systemen und speziell dem hier in Vordergrund stehenden Cash-Pooling ist gemeinsam, dass diese Form der Konzernfinanzierung zu Kostenvorteilen führt.[106] Einfache Rentabilitätsüberlegungen führen dazu, entsprechende Teile der Unternehmensfinanzierung, nicht extern über kostenintensive Bankkredite abzuwickeln, sondern Liquidität, die in einem Teil des Konzerns ohnehin überschüssig ist, zunächst konzernintern dort zu allozieren, wo diese gerade fehlt.[107] Die von ertragsstarken Konzerngesellschaften gewährten Kredite können anderen Schwesterkonzerngesellschaften zur Verfügung gestellt oder zur Bedienung von Drittverbindlichkeiten des Konzerns genutzt werden.[108] Überschüssige Liquidität kann außerdem am Markt angelegt werden. Allein durch die teilweise Entbehrlichkeit exter-

[104] *Oho*, in: Konzernsteuerrecht, § 10 Rn. 104
[105] *Billek*, S. 13
[106] *Ammelung/Kaeser* DStR 2003, 655 (655)
[107] *Deckart*, S. 1
[108] *Wand/Tillmann/Heckenthaler*, AG 2009, 148 (157)

ner Kreditfinanzierung sind konzernweit beträchtliche Einsparungen zu erreichen.[109] Je nach Höhe des Finanzierungsvolumens und Anzahl der teilnehmenden Gesellschaften kann sich diese eingesparte *Zinsmarge* im Bereich von zu einen *dreistelligen Millionenbetrag* bewegen.[110]

Andererseits führt Cash-Pooling aus Konzernsicht bei der Kreditaufnahme zu einem Zinsvorteil, der sich aus der Haftungskonsolidierung von Guthaben und Schulden verschiedener Konzerngesellschaften ergibt.[111] *Rating-Agenturen*, wie Standard & Poor's, Moody's und Fitch, sehen grundsätzlich eine eigenständige Kreditaufnahme von einzelnen Konzerngesellschaften am Kapitalmarkt kritisch. Die Kreditgeber der Konzernobergesellschaft würden dabei mit ihren Rückzahlungsansprüchen wirtschaftlich gegenüber den Gläubigern der operativen Tochtergesellschaften nachrangig bedient („*structural subordination*").[112] Legen die Konzerngesellschaften mit Liquiditätsüberschuss ihre Mittel bei der Obergesellschaft an, verbessert das aus der Sicht der externen Gläubiger der Obergesellschaft die Deckungsmasse. Die Bündelung der freien Kapitalmittel des Konzerns führt zur Verkürzung der Bilanz und zur Verbesserung der Eigenkapitalquote.[113] Wenn nur die Konzernobergesellschaft Mittel am Kapitalmarkt aufnimmt, erhält sie aufgrund des geringeren Risikoprofils für den Kapitalmarkt ein besseres *Rating*.[114] Infolgedessen erhöht sich die Verhandlungsposition der Unternehmung und die benötigten Kredite können zu günstigeren Konditionen bezogen werden.[115] Die günstigeren Finanzierungskonditionen für den Konzern insgesamt, können und sollen über die Innenfinanzierung weitergegeben werden.

Mit Hilfe von Liquiditätsmanagement lassen sich zudem positive Volumeneffekte (*Skaleneffekte*) durch die Umlage von Fixkosten (Personal-, Transaktions- und Koordinationskosten) auf alle am Cash-Pool teilnehmenden Gesellschaften realisieren. Damit können Verwaltungs- und Personalkosten für die Mittelaufnahme eingespart werden, da die einzelnen Konzerntoch-

[109] Die Ersparnishöhe entspricht dem konzernweiten Ausgleichsbetrag multipliziert mit der Differenz zwischen dem durchschnittlichen Soll- und Habenzins. Dabei ist ein konzernweiter Ausgleichsbetrag der Betrag, den den die Konzernunternehmen mit Liquiditätsüberschuss den liquiditätsbedürftigen Unternehmen bereitstellen, *Cahn*, ZHR 166 (2002), 279 (279f.); *Wehlen*, in: Hdb. Konzernfinanzierung, § 23 Rn. 28f., m.w.N.

[110] *BDI/GDV*, Stellungnahme, S. 15

[111] *Spliedt*, ZIP 2009, 149 (152)

[112] *Hentzen*, ZGR 2005, 480 (483)

[113] *Billek*, S. 7

[114] *Hentzen*, ZGR 2005, 480 (482)

[115] *Altmeppen*, ZIP 2006, 1025 (1026); *Gerke*, in: Unternehmenstätigkeit, S. 197ff.; *Vetter/Stadler*, Haftungsrisiken Cash-Pooling, Rn. 8

tergesellschaften z.B. kein eigenes Personal mehr für die Organisation ihrer Liquiditätsversorgung bereitstellen müssen.[116]

Zu guter Letzt eröffnet Cash-Pooling der Konzernspitze die Möglichkeit, durch eine zentrale Steuerung des Kapitalflusses im Konzern dessen *Finanzverfassung* straffer und zentraler zu organisieren und zu kontrollieren; das Know-How zu Finanzierungsfragen wird bei der Konzernspitze gebündelt.[117] Auch spielen die Risikominimierung, insbesondere des Zins- und Währungsrisikos von international aufgestellten Konzernen, eine wichtige Rolle.[118]

b) Nachteile

Allerdings stehen den sich für die Konzerne eröffnenden ökonomischen Vorteile auch Risiken diametral entgegen. Es sind gerade teils scherwiegende Nachteile, illuminiert durch diverse Unternehmenskrisen und Gerichtsurteile, die den *BGH* zu einer restriktiven Haltung i.S.e. Verschärfung des Gläubigerschutzes bestärkt haben. Bisweilen bestehen für den Konzern sich kumulierende Risiken, vor allem bedingt durch die erhöhte Unselbstständigkeit der am Cash-Pool beteiligten Konzerntochterunternehmen. Je vollständiger ein Unternehmen am Cash-Pool beteiligt ist, d.h. je geringer die Rate selbst aufgenommener Bankkredite ist, desto höher ist die Effektivität des Poolings. Jedoch geht damit auch einher, dass sich die Verbindungen der Tochtergesellschaft zu Kreditinstituten reduziert, was im Krisenfalle eine eigenständige Liquiditätsversorgung der Tochtergesellschaft gefährden kann.[119]

Der Konzern (bzw. die Liquidität abführende Konzerngesellschaft) übernimmt das Kreditrisiko. Es besteht die Gefahr, dass ein am Cash-Pool beteiligtes Konzernunternehmen einzelne Schwesterunternehmen bzw. den gesamten Rest-Konzern mit in die Krise zieht, wenn es dem Cash-Pool übermäßig Liquidität entzieht und sich die Krise dadurch auf die anderen Unternehmen überträgt. Man spricht dabei vom sog. „*Dominoeffekt*“, der letztlich den gesamten Konzern betreffen kann,[120] wie dies die Insolvenzen von über Cash-Pools verbundener Konzerne (so z.B. AEG oder Bremer Vulkan) in aller Deutlichkeit veranschaulicht haben.[121]

---

[116] *Vetter/Stadler*, Haftungsrisiken Cash-Pooling, Rn. 9; *Cahn*, ZHR 166 (2002), 278 (280)

[117] *Vetter/Stadler*, Haftungsrisiken Cash-Pooling, Rn. 8; *Altmeppen*, NZG 2010, 361 (361): *Lammel*, in: Die Aktiengesellschaft, Rn. 1072

[118] *Werdenich*, S. 17

[119] *Billek*, S. 8

[120] *Spliedt*, ZIP 2009, 149 (150); *Spindler*, ZHR 171 (2007), 245 (250); *Vetter*, in: Goette/Habersack, MoMiG § 4 Rn. 44, hier allerdings bzgl. des herrschenden Mutterunternehmens

[121] *Billeck*, S. 8

Ferner belastet Cash-Pooling deren Mitglieder mit dem Bonitätsrisiko des Gesamtpools (sog. „*Klumpenrisiko*"). Zusätzlich zum (konzernimmanenten) *Eigenkapitalrisiko*[122] übernehmen die Liquidität abführenden Gesellschaften – bei gleichzeitigem Fehlen eigener Fremdkapitalversorgung – das üblicherweise den Banken überlassene Rückzahungs- und Insolvenzrisiko der Betreibergesellschaft.[123] Die einzelnen Konzerngesellschaften haben mit der Finanzierungsgesellschaft nur einen einzigen Schuldner. Es wird also auf eine Risikostreuung verzichtet. Faktisch übernehmen die Cash-Pool-Teilnehmer damit das Bonitätsrisiko des gesamten Konzerns, da die Betreibergesellschaft keine eigenen operativen Tätigkeiten entfaltet.[124] Ein Ausfall wäre, anders als bei Vorliegen mehrerer Schuldner, nicht zu kompensieren.[125]

Eine zusätzliche Gefahr kann sich bei externer Kreditaufnahme der Betreibergesellschaft ergeben. Da die Betreibergesellschaft oftmals nicht über nennenswerte Vermögenswerte verfügt, werden Kreditinstitute die Einräumung von Kreditlinien von deren Besicherung durch die teilnehmenden Konzernunternehmen abhängig machen.[126] Es kommt sodann zu einer Mithaftung der am Pool beteiligten Konzerngesellschaften, ein *Haftungsverbund* entsteht.

Lediglich bei der Variante des *effektiven Cash-Pooling* werden sämtliche aufgezeigten Vorteile wie auch die beschriebenen Nachteile virulent; auch treten weitgehend nur bei dieser Form des Cash-Pooling die in der Arbeit diskutierten rechtlichen Probleme auf. In den weiteren Ausführungen beziehen sich die Begriffe „Cash-Pool" und „Cash-Pooling" daher ausschließlich auf das effektive Cash-Pooling, während die nur kurz erläuterten Varianten (fiktives Cash-Pooling, Poolingsurrogate) außer Betracht bleiben.

5. Zivilrechtliche Einordnung

a) Vertragliche Grundlagen

Für den rechtssicheren Ablauf des Cash-Poolings sind solide vertragliche Grundlagen notwendig. Dies gilt nicht zuletzt für den bei mittelständischen Unternehmen oftmals anzutreffenden Fall, dass zwischen den teilnehmenden Unternehmen keine expliziten Vereinbarungen getroffen worden sind. Früher wurde angenommen, dass durch die tatsächliche Durchführung des Liquiditätsausgleiches zumindest konkludent eine schuldrechtliche Basis geschaffen wer-

[122] das Eigenkapitalrisiko wird u.a. durch die Eigenkapitalrentabilität (Jahresüberschuss/durchschnittliches Eigenkapital) ermittelt, die wiederum die Verzinsung des Eigenkapitals darstellt

[123] *Billek*, S. 8; *Eusani*, Jura 2009, 502 (504); *Vetter*, in: Holding Hdb., § 8 Rn. 3; *Lammel*, in: Die Aktiengesellschaft, Rn. 1073; *Schneider*, in: Hdb. Konzernfinanzierung, § 25 Rn. 52

[124] *Billeck*, S. 8

[125] *Zahrte*, S. 61

[126] vgl. dazu *Vetter/Stadler*, Haftungsrisiken Cash-Pooling, Rn. 22; *Billek*, S. 8; *Bender*, BB 2005, 1492 (1492); *Wand/Tillmann/Heckenthaler*, AG 2009 148 (148); *Makowski*, S. 35f.

de.[127] Das *OLG* München[128] stellte allerdings klar, dass ohne ein klares belastbares schriftliches Vertragswerk, d.h. z.B. auch bei Vorliegen einer nur mündlich getroffenen Cash-Pool-Abrede, eine *Sorgfaltspflichtsverletzung* des Geschäftsführers der auszahlenden Gesellschaft begründet werden kann. In Bezug auf die zivilrechtliche Wirkung des Vertrags ist zwischen Innen- und Außenverhältnis zu differenzieren.[129]

b) Außenverhältnis

Der Cash-Pool-Vertrag[130] regelt das Außenverhältnis, also das Verhältnis zwischen *Cash-Pool-Führerin*, also i.d.R. der Betreibergesellschaft, und den Cash-Pool-Teilnehmern. Dabei handelt es sich um den Cash-Pool-Vertrag im eigentlichen Sinn. Die herrschende Meinung qualifiziert diese Rahmenvereinbarungen über die Bereitstellung der Cash-Pool-Architektur als Geschäftsbesorgungsvertrag.[131] Vertragsparteien sind grundsätzlich nur die Betreibergesellschaft, als Inhaberin des Zentralkontos und eine Bank, die dieses Konto führt.[132] Neben einer „einfachen" Cash-Pool-Abrede kann ein Cash-Pool auch im Rahmen eines *Beherrschungs- bzw. Gewinnabführungsvertrag* i.S.d. § 291 AktG begründet werden.

Vertragsinhalt des Cash-Pool-Vertrags ist die Verpflichtung der Betreibergesellschaft, negative Saldos der Tochtergesellschaften auszugleichen, während sie selbst die Berechtigung erhält, positive Saldos zu ihren Gunsten abzuschöpfen.[133] D.h. dass die Bank, in der Praxis, am Ende eines jeden Geschäftstages etwaige Haben-Saldos auf einem Unterkonto einer Tochter auf das Zentralkonto zu übertragen, bzw. etwaige Soll-Saldos auf einem Unterkonto durch das Zentralkonto auszugleichen hat.[134]

Abgesehen von den Elementarregelungen werden in den Cash-Pool-Vertrag üblicherweise auch Bestimmungen über zu entrichtende Bankgebühren, die Mithaftung der Konzerngesellschaften für ein Soll-Saldo des Zentralkontos, die Laufzeit und Kündigungsfristen sowie den etwaigen Beitritt zum Cash-Pool-Verfahren weiterer Konzerngesellschaften aufgenommen.[135]

---

127 *Schneider*, in: Hdb. der Konzernfinanzierung, § 25 Rn. 11
128 *OLG* München, Urt. v. 24. 11.2005, ZIP 2006, 25 (26)
129 *Hellwig*, in: FS für Peltzer, S. 165; *Schneider*, in: Hdb. Konzernfinanzierung, § 25 Rn. 1ff.
130 auch als „Cash-Pooling-Rahmenvertrag" oder „Treasury Guidelines" bezeichnet, *Werdenich*, S. 117, 13
131 *Ammelung/Grünwald/Kaeser*, DStR 2003, 655 (660); *Schneider*, in: Hdb. Konzernfinanzierung, § 25 Rn. 14; *Hangebrauck*, Existenzschutz, S. 62; *Makowski*, S. 51; vgl. auch §§ 675, 611 BGB
132 *Hellwig*, in: FS für Peltzer, S. 165
133 *Altmeppen*, ZIP 2006, 1025 (1025)
134 vgl. *Schneider*, in: Hdb. der Konzernfinanzierung, § 25 Rn. 21; *Makowski*, S. 34
135 *Morsch*, NZG 2003, 97 (98)

c) Innenverhältnis

Um das Innenverhältnisses zu regeln bedarf es für das physische Cash-Pooling vertraglicher Regelungen. Zivilrechtlich betrachtet handelt es sich nach weit überwiegender Meinung[136] der Literatur[137], wie auch der Rechtsprechung[138], bei den geschäftstäglich ausgeführten Glattstellungen der Konten zwischen der Betreibergesellschaft und den Konzerngesellschaften, jeweils um Darlehensbeziehungen gem. §§ 488ff. BGB (Abb. 2). Zu Gunsten der am Cash-Pool teilnehmenden Unternehmen werden intern Kreditlinien vereinbart, bis zu deren Erreichen Sollsalden der Konzernkonten ausgeglichen werden können.[139] Bei rechtstechnischer Betrachtung verkörpert jede Zahlung der Gesellschaft an ihren Gesellschafter eine Darlehensgewährung, die ins *Kontokorrent* gestellt und sodann verrechnet wird.[140] Für Zwecke des Kapitalaufbringungsrechts ist indes nicht auf eine rechtstechnische, sondern auf eine wirtschaftliche Betrachtung abzustellen.[141]

Beim Sweeping liegen *upstream loans* vor, die einen Darlehensanspruch der Konzerngesellschaft gegen die Betreibergesellschaft begründet. Beim *Topping* handelt es sich um *downstream loans*, die der Betreibergesellschaft einen Darlehensanspruch gegen die Konzerngesellschaft einräumen. Diese Darlehensansprüche stehen jeweils dem Liquiditätsabfluss als bilanzierbarer Aktivposten gegenüber.[142]

136 nur *Hommelhoff* plädierte lange für einen „*Vertrag sui generis*" als Rechtsgrundlage der Zahlungsströme, da die Bedarfsdeckung an Liquidität einziger Zweck sei und konzerninterne Liquiditätsverschiebungen nicht in erster Linie zu artgleichen Rückerstattungen bestimmt seien, WM 1984, 1105 (1106), ist neuerdings aber a.A.: *Hommelhoff*, in: Lutter/Hommelhoff GmbHG § 30 Rn. 37; andere Autoren gehen aufgrund der jederzeitigen Verfügbarkeit und der Parallele zum Giroverhältnis von einem *unregelmäßigen Verwahrungsvertrag* nach § 700 Abs. 1 S. 3 i.V.m. § 695 BGB aus, s. *Wirsch*, S. 66

137 *Schneider*, in Handbuch der Konzernfinanzierung, § 25 Rn. 11; *Zeidler*, S. 11; *Makowski*, S. 51; *Altmeppen*, ZIP 1025 (1026); *Klinck/Gärtner*, NZI 2008, 457 (457); *Cahn*, ZHR 166 (2002), 278 (280); *Hellwig*, in: FS für Peltzer, S. 165; *Ränsch*, in: The Int'l Lawyer, S. 558

138 *BGH*, Urt. v. 16.01.2006, ZIP 2006, 665 (666)

139 *Bonn*, FB 2007, 73 (76)

140 *Bormann/Urlichs*, DStR 2009, 641 (641), vgl. auch Fn. 87

141 *Bormann/Urlichs*, DStR 2009, 641 (641); *BGH*, Urt. v. 16.01. 2006, ZIP 2006, 665

142 *Altmeppen*, ZIP 2006, 1025 (1026)

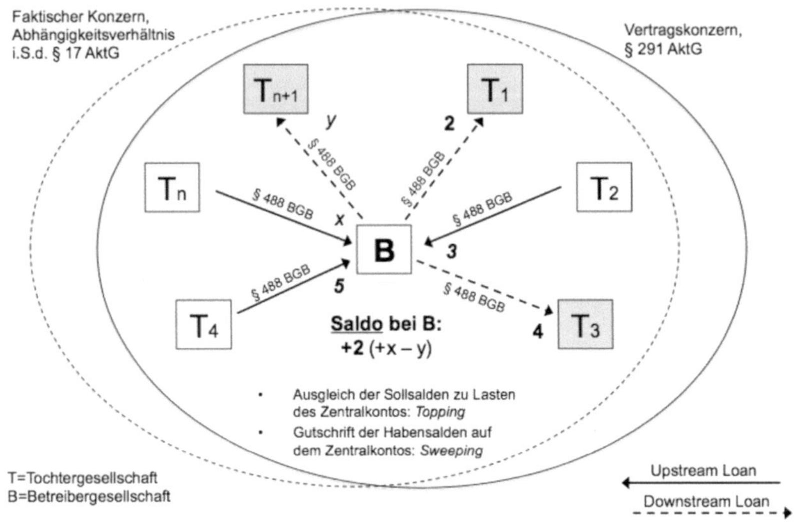

Abbildung 2: Funktionsweise und Darlehensbeziehungen im Cash-Pool

II. Grundsätzliche konzernrechtliche Zusammenhänge

Ein wichtiges Wesensmerkmal des Cash-Managements liegt darin, dass es sich um Instrument der Unternehmensfinanzierung eines Konzerns handelt. Aufgrund der damit einhergehenden Abhängigkeiten und wirtschaftlichen Verflechtungen der Beteiligten, erscheinen derartige Maßnahme des Finanzmanagements außerhalb eines Konzerns als nicht denkbar.[143] Die Erfüllung der Konzerneigenschaft ist demnach zwingende Voraussetzung für Cash-Pooling. Es ist daher notwendig, grundlegende konzernrechtliche Zusammenhänge zu erläutern.

1. Konzernbegriff

Unter einem *Konzern*[144] i.S.d. § 18 Abs. 1 AktG versteht man die Zusammenfassung von zwei oder mehr rechtlich selbständigen Unternehmen unter einheitlicher Leitung.[145] Er entsteht dadurch, dass ein herrschendes und ein oder mehrere abhängige Unternehmen nach einem einheitlichen Zielsystem geführt werden. Ob ein herrschendes oder abhängiges Unternehmen

143 *Wirsch*, S.29

144 Um die Wettbewerbsfähigkeit, auch i.S.v. Finanzierungsüberlegungen, zu steigern, beobachtet man in marktwirtschaftlich orientierten Staaten seit der Einführung der Gewerbefreiheit (ca. ab der *frz. Revolution*, von 1789), einen Bedeutungszuwachs von Konzernen und Unternehmenszusammenschlüssen, vgl. dazu *Horn/Kocka*, Recht und Entwicklung der Großunternehmen, S. 167ff.

145 Emmerich/Habersack, § 4 Rn. 11

im Konzern vorliegt bestimmt sich danach, ob sich die betrachtete Einheit in der Lage sieht, auf ein anderes Unternehmen herrschenden Einfluss ausüben zu können.[146]

Grundsätzlich lässt sich ein Konzern auf zwei verschiedene Arten aufbauen. Entweder werden die Gesellschaften durch Unternehmensverträge (*Vertragskonzern*) miteinander verbunden oder es bleibt bei der Verbindung über den Anteilsbesitz ohne gesetzlich bestimmte Leitungsmacht und damit bei einer bloß faktischen Einheit (*faktischer Konzern*).[147]

Im Vertragskonzern drückt sich die Verbindung zwischen den beteiligten Unternehmen durch einen Beherrschungsvertrag gem. § 291 Abs. 1 Satz 1 Alt. 1 AktG aus. Dieser verschafft der Obergesellschaft ein *Weisungsrecht* (§ 308 Abs. 1 AktG) und begründet die unwiderlegbare Vermutung, dass ein Konzern vorliegt, § 18 Abs. 1 Satz 3 AktG.[148]

Ein faktischer Konzern liegt dann vor, wenn eine oder mehrere abhängige Gesellschaften aufgrund ihrer Gesellschafterstruktur, ohne Vorliegen eines Beherrschungsvertrages bzw. einer Eingliederung, rein faktisch unter einheitlicher Leitung der herrschenden Gesellschaft verbunden sind.[149] D.h. das herrschende Unternehmen übt seine Herrschaft allein über seine Mehrheit als Gesellschafter des abhängigen Unternehmens aus. Es liegt somit ein Abhängigkeitsverhältnis i.S.d. § 17 AktG vor, wobei das herrschende Unternehmen unmittelbar oder mittelbar einen beherrschenden Einfluss ausüben kann. Während im Vertragskonzern das Weisungsrecht der herrschenden Gesellschaft durch Abschluss des Beherrschungsvertrags begründet wird, besteht ein solches im faktischen Konzern nicht.[150] Die Leitungsmacht ist nirgendwo gesetzlich legitimiert, zu beachten ist aber das *Verbot der Nachteilszufügung* (§ 311 Abs. 1 AktG). Entscheidend für die einheitliche Leitung ist hier der tatsächlich vorhandene Einfluss gegenüber der abhängigen Gesellschaft.

Im Unterschied zum AktG kennt das GmbHG keine Vorschriften zu verbundenen Unternehmen.[151] Das spezielle GmbH-Konzernrecht ist aber im Wege der *Rechtsfortbildung* auf für den in der Praxis bedeutenden Bereich der abhängigen GmbH erweitert worden.[152] GmbHs sind, auch aufgrund ihrer Organisationsverfassung, häufig in einen Unternehmensverbund einbezogen, und zwar nicht bloß als abhängiges, sondern auch als herrschendes Unterneh-

---

146 *Hüffer*, § 17 Rn. 4; *Emmerich*, in: AG/GmbH-KonzernR, § 17 Rn. 5
147 *Hüffer*, § 311 Rn. 3
148 *Kuhlmann/Ahnis*, § 1 Rn. 13
149 *Habersack*, in: AG/GmbH-KonzernR., Rn. 14
150 *Hormuth*, S. 118
151 *Habersack*, in: AG/GmbH-KonzernR, Einl., Rn. 14
152 *Risse*, in: Konzernsteuerrecht, § 2 Rn. 200

men.[153] Im faktischen GmbH-Konzern macht im Übrigen das Weisungsrecht aus § 37 Abs. 1 Alt. 2 GmbHG einen Beherrschungsvertrag überflüssig. Cash-Pools findet man zwar vorwiegend in Vertragskonzernen, durchaus aber auch in faktischen Konzernen.[154] Mithin findet Cash-Pooling in Konzernen jedweder Art und Zusammensetzung statt.

2. Interessenskonflikte

Auf das Vermögen der übergeordneten Gesellschaften oder der Schwestergesellschaften ihres Schuldners können die Gläubiger im Insolvenzfall nicht ohne weiteres zugreifen. Dies führt im Konzern dazu, dass an der Konzernspitze Entscheidungen getroffen werden, die das Vermögen einer oder auch mehrerer Konzerngesellschaften betreffen können. Die Entscheidungsträger sehen den Konzern dabei als wirtschaftliche Einheit; die jeweiligen Interessen der Konzerngesellschaften werden bei solchen Entscheidungen der Konzernspitze oft nicht einmal wahrgenommen.[155] Schon bei der Einführung eines zentralen Cash-Pools in eine Unternehmensverbindung offenbaren sich typische Interessensgegensätze, die unter dem Begriff „*Konzernkonflikt*"[156], zusammengefasst werden. Dieser Interessenskonflikt beinhaltet die nachteilige Ausnutzung der Beteiligungsrechte an der abhängigen Gesellschaft für eigene sonstige unternehmerische Zwecke.[157]

Beim Cash-Pooling strebt die Konzernführung dessen Implementierung hauptsächlich aufgrund organisatorischer und finanzieller Vorteile an. Die einzelnen Konzerngesellschaften hingegen stehen dem Cash-Pooling regelmäßig kritischer gegenüber. Allen voran ergeben sich unkontrollierbare finanzielle Risiken (z.B. ein erhöhtes Insolvenzrisiko) und sonstige Nachteile (z.B. Verlust an Eigenverantwortlichkeit sowie Ertragsverluste).[158] Entsprechend können bei Cash-Management-Systemen rechtliche bzw. haftungsmäßige Schwierigkeiten entstehen.

3. Konzernrechtliche Zulässigkeit von Cash-Management-Systemen

Die Installation eines Cash-Management-Systems führt zu einschneidenden Veränderungen in der Organisationsstruktur des Konzerns, sowohl bei der herrschenden als auch bei der be-

---

153 *Habersack*, in: AG/GmbH-KonzernR, Einl., Rn. 14
154 *Schneider*, in: Hdb. Konzernfinanzierung, § 25 Rn. 46ff. bzw. § 25 Rn. 80
155 *Wenner/Schuster*, ZIP 2008, 1512 (1513)
156 vgl. *LG* Hannover, ZIP 2009, 761 (763) („Continental/Schaeffler"); *Wazlawik*, NZI 2009, 291 (293); auch „Konzerngefahr" genannt, s. dazu: *Gröning*, in: Rischbieter/Gröning, Gründung und Leben der GmbH, § 14 Rn. 11ff.; *K. Schmidt*, ZIP 1993, 549 (550); *Schall*, in: Spindler/Stilz, AktG, Vor. § 15 Rn. 27f.
157 vgl. *BGH*, Urt. v. 13.10.1977, NJW 1978, 104
158 vgl. *Wirsch*, S. 33

herrschten Gesellschaft.[159] Das Konzernrecht verwirklicht den Schutz von Minderheiten und Gläubigern gegen potentiell nachteilige Durchsetzung von Mehrheitsinteressen auf unterschiedliche Weise. In diesem Zusammenhang kommt es zunächst darauf an, wie sich die Organisation des Konzerns ausgestaltet, d.h. ob ein Vertragskonzern oder ein faktischer Konzern besteht. Aus konzernrechtlicher Sicht ist außerdem fraglich, ob Cash-Management rechtlich einwandfrei eingeführt werden kann, oder ob es gesetzliche Vorschriften gibt, die dem entgegenstehen. Dieser Frage widmet sich der folgende Abschnitt, der zunächst der Lage im faktischen Konzern annimmt und sodann die Situation, die sich für die abhängige Gesellschaften im Vertragskonzern ergibt, beleuchtet.

a) Ausgangspunkt im faktischen Konzern

Hinsichtlich ihrer Zulässigkeit bereiten Cash-Management-Systeme v.a. im faktischen Konzern[160] Probleme, weil die abhängige Gesellschaft die Verfügungsmacht über ihren Finanzmittelüberschuss verliert und grundsätzlich mit dem Liquiditätsrisiko anderer Konzerngesellschaften belastet werden kann. Wichtig ist, dass alleine die Existenz eines Cash-Pool-Vertrags die Parteien faktisch konzernieren kann.[161]

Im Aktienrecht gilt für die faktische Konzernierung mit den §§ 311ff. AktG ein spezielles Regelungssystem, insbesondere das Verbot der Nachteilszufügung (§ 311 Abs. 1 AktG). Dem Konzernkonflikt soll begegnet werden, indem dem herrschenden Unternehmen und seinen gesetzlichen Vertretern, wie auch den Mitgliedern des Vorstandes und des Aufsichtsrates, besondere Verhaltensweisen auferlegen werden.[162]

Konzernleitende Maßnahmen müssen demzufolge mindestens auch im unternehmerischen Interesse der Tochter liegen. Das herrschende Unternehmen darf also die abhängige AG nur ausnahmsweise zu für diese nachteiligen Rechtsgeschäften veranlassen, sofern die daraus resultierenden Nachteile noch im selben Geschäftsjahr ausgeglichen bzw. der Ausgleich zumindest verbindlich bestimmt wird.[163] Andernfalls verwandelt sich diese Ausgleichspflicht nach Fälligkeit in einen Schadensersatzanspruch nach § 317 AktG. Nach allgemeiner Definition umfasst der *Nachteilsbegriff* jede Minderung oder konkrete Gefährdung der Vermögens- oder Ertragslage der Gesellschaft ohne Rücksicht auf Quantifizierbarkeit, soweit sie auf die

[159] *Hormuth*, S. 115
[160] praktisch wohl am relevantesten für das Cash-Pooling sind Fälle, bei denen am Cash-Pooling neben der Betreibergesellschaft, ausschließlich GmbHs teilnehmen, die mit der Konzernspitze nicht durch Unternehmensverträge verbunden sind, *Klinck/Gärtner*, NZI 2008, 457, Fn. 4
[161] *Hangebrauck*, S. 64f.; *Deckart*, S. 18
[162] *Habersack*, in: AG/GmbH-KonzernR, § 311 Rn. 1
[163] *Habersack*, in: AG/GmbH-KonzernR, § 311 Rn. 4

Abhängigkeit zurückzuführen ist.[164] Die Einbindung der abhängigen Gesellschaft in ein zentrales Cash-Management wird allerdings nicht per se als nachteilig gesehen.[165]

Im Rahmen dieser Arbeit, sollen nur jene Nachteile, die für Cash-Pooling von Relevanz sind behandelt werden. Zu denken ist dabei vor allem an diejenigen Nachteile, die sich *bilanziell* niederschlagen, weil der Darlehensrückzahlungsanspruch abzuwerten oder die Verzinsung unter Marktniveau liegt.[166]

b) Ausgangspunkt im Vertragskonzern

Das Deutsche Recht unterstellt, dass oftmals individuelle Interessen von Tochtergesellschaften im Konzern unterlaufen würden. Eine nachteilige Leitungsausübung im Vertragskonzern ist gesetzlich vorgesehen und teilweise privilegiert, falls Gläubigerinteressen genügend gewahrt werden.[167] Während der Vertragskonzern im Verhältnis zur abhängigen Aktiengesellschaft wohl die Regel darstellt, trifft man ihn im Verhältnis zur abhängigen GmbH aufgrund bedingt der unterschiedlichen Organisationsverfassung, seltener an.[168]

Schon der Gesetzgeber der §§ 291ff. AktG von 1965 setze voraus, dass vertraglich konzernierte Unternehmen wirtschaftlich verschmelzen können.[169] Im Unterschied zum faktischen Konzern besteht im Vertragskonzern grundsätzlich eine strengere *Haftungsverfassung*, die etwaige Einflüsse der Obergesellschaft auf die Konzernunternehmen, auch im Hinblick auf die Erhaltung des zur Kapitaldeckung erforderlichen Vermögens, legitimiert.[170] Cash-Pooling ist im Vertragskonzern also gerade deswegen erlaubt, weil der Gesetzgeber ein Regelungsprogramm geschaffen hat, das bei richtigem Verständnis Gläubiger und außenstehende Aktionäre vor jeglicher Schädigung bewahrt.[171]

Vor dem MoMiG wurde der Praxis geraten, vor der Teilnahme am Cash-Pooling ein Vertragskonzernverhältnis zu etablieren, um nicht in Konflikt mit der strengen *BGH-*

---

[164] *Habersack*, in: AG/GmbH-KonzernR, § 311 Rn. 39; *Hüffer*, AktG, § 311 Rn. 25; *Altmeppen*, ZIP 2009, 49 (50f.); *BGH*, Urt. v. 01.12.2008, („MPS"), AG 2009, 81 (82) und v.a. *BGH*, Urt. v. 01.03.1999, JuS 1999, 1132 (1133)

[165] *Habersack*, in: AG/GmbH-KonzernR, § 311 Rn. 48; Begr. RegE MoMiG 16/6140, S. 41: Cash-Pooling dient regelmäßig auch dem wirtschaftlichen Interesse der Konzerntöchter

[166] *Zahrte*, S. 159

[167] *Zahrte*, S. 167; vgl. auch Begr. RegE. AktG, 1965 bei *Kropff*, S. 374; *Habersack/Schürnbrand*, NZG 2004, 689 (691)

[168] *Gröning*, in: Rischbieter/Gröning, Gründung und Leben der GmbH, § 14 Rn. 66

[169] *Altmeppen*, ZIP 2006, 1025 (1032)

[170] *Westermann*, in: Scholz GmbHG, § 30 Rn. 51

[171] *Altmeppen*, ZIP 2006, 1025 (1032)

Rechtsprechung (dazu sogleich) zu geraten.[172] Sofern ein vollwertiger Verlustausgleichsanspruch i.S.d. § 302 AktG vorlag, gestaltete sich ein im Konzerninteresse liegendes Cash-Pooling als unbedenklich.[173] Demgegenüber war aber zu beachten, dass die Kapitalaufbringungsregeln (§§ 27, 36ff., 54 AktG) auch im Vertragskonzern nicht aufgehoben (vgl. § 291 Abs. 3 AktG a.F.) sind.[174]

Nach Inkrafttreten des MoMiG ist die Frage nach der Zulässigkeit von Cash-Pooling im GmbH-Vertragskonzern unproblematisch. Aus dem Gesetz lässt sich ableiten, dass aktienrechtlichen Regelungen für GmbH-Vertragskonzern einschlägig sind: indem der § 30 Abs. 1 Satz 2 GmbHG explizit auf § 291 AktG verweist, wird deutlich, dass das Recht des Aktienvertragskonzerns auch auf vertraglich konzernierte GmbHs anzuwenden ist. Ungeachtet dieses Verweises bleibt es zwar bei einer lediglich analogen Anwendbarkeit der sonstigen Normen auf die GmbH, es besteht jedoch bei der praktischen Rechtsausübung kein Unterschied zwischen beiden Rechtsformen.[175] Die Rechtslage richtet sich also insbesondere nicht danach, ob der Vertragskonzern mit der AG oder der GmbH betrieben wird.

III. Überblick über die Rechtsprechungsentwicklung

Angesichts der Komplexität der Materie des Kapitalaufbringungs- und Kapitalerhaltungsrechts ist es zweckmäßig die Ausführungen nicht auf die bloße Darstellung der Neuregelungen zu beschränken. Vielmehr ist für das Verständnis der Auswirkungen der Gesetzesänderungen eine eingehende Analyse der Rechtsprechungshistorie bzgl. des Cash-Pooling angezeigt. Einschlägige Fälle, in denen entweder Cash-Management-Systeme oder jedenfalls konzerninterne Darlehen eine Krise zumindest mitverursacht, bzw. auf andere (Tochter-)Gesellschaften ausgeweitet haben, gibt es zuhauf. Prominenteste Beispiele hierfür sind die Konkurse der AEG und ihrer an sich gesunden Töchter[176] sowie die spektakulären Insolvenzen und Krisen bei Harpener/Omni[177], Bremer Vulkan[178] und Babcock Borsig[179].

---

172 *Bayer*, in: MünchKommAktG, § 57 Rn. 143; *Langenbucher*, in: Schmidt/Lutter-AktG, 2008, § 291 Rn. 70; *Cahn/v.Spannenberg*, in: Spindler/Stilz, AktG, § 57 Rn. 33ff.; *Wessels*, ZIP 2006, 1701 (1707f.)

173 *Altmeppen*, ZIP 2006, 1025 (1032f.)

174 *Spindler*, ZHR 171 (2007), 245 (273); *Hentzen*, DStR 2006, 948, 949 (953f.); *Wessels*, ZIP 2006, 1701 (1707f.)

175 *Wirsch*, S. 170

176 die Tochtergesellschaften waren im Zeitpunkt der Insolvenz der AEG an das Konzern-Clearing angeschlossen. Dabei hatten sie dort noch beträchtliche Guthaben, was zur Illiquidität der Töchter führte; ausf. Darstellung des Sachverhalts bei *Kübler*, ZGR 1984, 560 (562ff.)

177 *OLG* Hamm, Urt. v. 10.05.1995, („Harpener/Omni"), ZIP 1995, 1263

178 *BGH*, Urt. v. 17.09.2001, NJW 2001, 3622

179 *Rendels*, ZIP, 1583 (1583); *Gassmann*, Babcock stand schon Ende 2001 vor dem Aus, FTD vom 20.11.2002, S.11; *Bialdiga*, Ex-Babcock-Chef Lederer erstattet Selbstanzeige, FTD vom 05.06.2003, S. 4

Schillerndste Beispiele der jüngeren Vergangenheit sind der Opel/GM-Fall[180], in der der Dachkonzern in eine Schieflage geraten ist, sowie das Quelle-Insolvenzverfahren, wo im konzernweiten Cash-Pool eigene Kreditlinien für Quelle fehlten[181].

Für die Gesellschaftsrechtspraxis ist die Rechtsprechungsentwicklung dahingehend relevant, als sie für die Prognose dienlich sein kann, inwieweit Cash-Management-Systeme in Zukunft effektiv und rechtlich unbedenklich der gesellschaftsrechtlichen Realität, d.h. einer immer stärkeren Konzernierung angepasst werden können.[182] Insbesondere auch deshalb, da sich das deutsche Kapitalgesellschaftsrecht zu einer Art „*Case Law*“ entwickelt hat, in welchem die gesetzlichen Regelungen erst durch zahlreiche Entscheidungen mit Leben gefüllt werden.[183] Darüber hinaus sind es gerade höchstrichterliche Entscheidungen, die den Gesetzgeber vielfach erst auf den Plan gerufen haben. Diesen Gesichtspunkten Rechnung tragend werden nun die wichtigsten, für das Cash-Pooling relevanten, Entscheidungen und Ergebnisse dargestellt.

1. Existenzvernichtender Eingriff

Eine vielbeachtete Entscheidung des *BGH* zum Liquiditätsausgleich im Konzern war die „*Bremer Vulkan*-Entscheidung“[184]. Spätestens dieses Urteil hat deutlich werden lassen, dass auch Cash-Management-Systemen rechtliche Schranken gesetzt sind.[185]

Cash-Pooling ist vor allem dann problematisch, wenn Mittel in einem Liquiditäts- und/ oder Haftungsverbund einbezogen werden, die die daran teilnehmenden Gesellschaften zur Erhaltung ihres Kapitals bzw. zur Aufrechterhaltung ihrer Zahlungsfähigkeit benötigen.[186] Hintergrund ist, dass das rein vermögensbezogene Kapitalschutzsystem die Gesellschaft nicht vor planmäßigem Entzug ihrer Liquidität schützt.[187] Aus diesem Grund entwickelte der *BGH* eine Haftung für sog. existenzvernichtende Eingriffe und entwickelte dieses – mit dem „Bremer Vulkan“-Urteil eingeführte – Rechtsinstitut in Grundsatzentscheidungen fort.[188] Im Überschuldungsfall können die Gesellschafter einer Kapitalgesellschaft ausnahmsweise haften,

180 *Klesse*, WIWO, Cash Pooling: Gefährliche Gemeinschaftskasse

181 *Pluta*, ZIP 2009, 1826 (1834); auch wurden Vorwürfe laut, die Mutter habe der Tochter per Cash-Pool übermäßig Liquidität weggenommen und so erst in die Insolvenz geführt, *Asche*, Der Treasurer, Ausg. 13, 02.07.2009: „Cash Management hilft Banken”

182 *Schmelz*, NZG 2006, 456 (456)

183 *Eusani*, Jura 2009, 502 (502)

184 *BGH*, Urt. v. 17.09.2001, NJW 2001, 3622

185 *Ammelung/Kaeser*, DStR 2003, 655 (655)

186 *Burgard*, in: Gesellschaftsrecht in der Diskussion 2002, S. 66

187 *Vetter*, ZGR 2005, 788 (794); *Röhricht*, in: FS 50 Jahre BGH, S. 92ff.

188 Einschlägige *BGH*-Urteile sind: „Autokran“ – *BGH*, ZIP 1985, 1263 und „TBB“ – *BGH*, ZIP 1993, 589, (jeweils zur urspr. *qualifiziert faktischen Konzernhaftung*), sowie „Bremer Vulkan“ – *BGH*, NJW 2001, 3622; „KBV“ – *BGH*, NJW 2002, 3024 (jeweils zur Existenzvernichtungshaftung) und „*Trihotel*“, 2007, BGHZ 173, 246 (*deliktsrechtliche Innenhaftung*, bestätigt durch *BGH*, Urt. v. 07.01.2008, DStR 2008, 886)

falls ein gezielter, betriebsfremden Zwecken dienender und somit sittenwidriger Eingriff in das Gesellschaftsvermögen vorausging. Die *Existenzvernichtungshaftung* ist nunmehr als *deliktsrechtliche Innenhaftung* ausgestaltet, führt aber in der Gesellschaftsinsolvenz zu einer Massemehrung zugunsten der mittelbar geschädigten Insolvenzgläubiger, sodass neben gesellschaftsrechtlichen auch insolvenztypische Ziele verfolgt werden.[189] Das Verbot des existenzvernichtenden Eingriffs ist für *alle Konzernierungs- und Rechtsformen* einschlägig.[190]

Im konkreten Fall der Bremer Vulkan hatte eine Tochtergesellschaft im Zuge des Cash-Poolings liquide Mittel an die Mutter abgeführt, diese jedoch aufgrund einer Krise des Konzerns nicht mehr zurückbekommen, sodass sie ihrerseits Insolvenz anmelden musste.

Führt der missbräuchliche Entzug von Liquidität durch die Muttergesellschaft im Cash-Pool zur Existenzvernichtung der Tochter, ist mangels individualisierbarer einzelner Eingriffe, die Existenzvernichtungshaftung des *BGH* für die Gesellschafter der Tochter zu bejahen.[191] Die den Cash-Pool installierende Muttergesellschaft obliegt eine *Fürsorgepflicht*[192] für das Vermögen ihrer Konzerngesellschaften. Sie darf der Gesellschaft nicht so viel Kapital entziehen, dass diese zur Bedienung ihrer eigenen Verbindlichkeiten nicht mehr in der Lage ist und sich in ihrer Existenz gefährdet sieht.[193] Auch darf die Muttergesellschaft die Tochter nicht zu einer Darlehensvergabe veranlassen, wenn die Rückzahlung des Darlehens nicht sichergestellt ist und die Tochtergesellschaft bei einem Ausbleiben der Rückzahlung außerstande ist, ihre eigenen Verbindlichkeiten zu bedienen.[194] Die Gesellschafter der Muttergesellschaft müssen der abhängigen Tochtergesellschaft die Mittel zur Verfügung stellen, die nötig sind, um ihre Verbindlichkeiten zu begleichen.

2. Abwendung von der bilanziellen Betrachtungsweise

a) Das November-Urteil

Das eingangs erwähnte „November-Urteil" des *BGH* ist besonders herauszustellen, da hier der restriktiven Haltung des *BGH* hinsichtlich des Cash-Pooling in erheblichem Maße Ausdruck verliehen wurde. Die sich im Urteil manifestierende Abkehr von der *bilanziellen Be-*

---

[189] *Gottwald/Kolmann*, in: Insolvenzrechts-Handbuch, § 132 Rn. 99

[190] *Wessels*, ZIP 2006, 1701 (1708); *BGH*, NJW 2001, 3622; *BGH*, NJW 2002, 3024; *BGH*, ZIP 2005, 117, dazu *Wilhelmi*, EWiR 2005, 221 (221)

[191] *Heidinger*, in: Michalski, GmbHG, § 30 Rn. 81

[192] diese kommt den Vorstandsmitgliedern bzw. Geschäftsführern sowie der Muttergesellschaft zu, *BGH*, NJW 2001, 3622ff., („Bremer Vulkan"); *BGH*, NJW 2002, 3024ff., („KBV")

[193] *Lammel*, in: Die Aktiengesellschaft, Rn. 1081

[194] *Lammel*, in: Die Aktiengesellschaft, Rn. 1081

trachtungsweise[195] warf nämlich die Grundsatzfrage auf, ob Cash-Pooling nach bisherigem Strickmuster überhaupt noch durchgeführt werden kann. Bilanziell gesehen können grundsätzlich nur solche Beträge ausgezahlt werden, um die das *Reinvermögen*[196] der Gesellschaft den Betrag des Stamm-/Grundkapitals übersteigt. Der *II. Zivilsenat* judizierte dazu, dass unbesicherte Kredite an Gesellschafter aus gebundenem Gesellschaftsvermögen auch bei Vollwertigkeit des Rückgewähranspruchs regelmäßig eine unzulässige *Einlagenrückgewähr* darstellten. Damit versetzte dieser Richterspruch die gesamte deutsche Konzernwelt in Unruhe, die die sich daraus ergebende Gefährdung des Cash-Pooling als „dramatisch" wertete[197] und die Innenfinanzierung der gesamten deutschen Wirtschaft auf dem Prüfstand sah.[198]

Das November-Urteil des *BGH* wurde mehrfach unterschiedlich interpretiert und die getroffenen Aussagen teils als generelle Abkehr von der bilanziellen Betrachtungsweise, teils als bloße Einzelfallentscheidungen gewertet.[199] *Fuhrman* erschien es sogar durchaus möglich, dass der *BGH* die Konsequenzen seiner Entscheidung nicht erkannt hatte.[200] Obwohl es sich formal nicht um einen Cash-Management-Fall handelt, ist sich die Literatur einig, dass die darin entwickelten Grundsätze auch für Liquiditätsmanagement im Konzern einschlägig sind.[201] Tatsächlich verbietet das zur Rechtslage der GmbH ergangene Urteil die Kreditgewährung an Gesellschafter, die nicht aus Rücklagen oder Gewinnvorträgen, sondern zu Lasten des gebunden Vermögens der GmbH erfolgt, auch dann, wenn der *Rückzahlungsanspruch* gegen den Gesellschafter im Einzelfall *vollwertig* sein sollte und die Verzinsung angemessen sei. Nach zuvor geltender Rechtslage verstieß die Abführung von Liquidität aus dem Stammkapital an die Obergesellschaft dann nicht gegen die Kapitalerhaltungsvorschriften, wenn der Darlehensrückzahlungsanspruch werthaltig und gesichert war und die Verzinsung einem *Drittvergleich* standhielt.[202] Hauptargument des *BGH* für die Aufgabe der bilanziellen Sichtweise war die nicht sachgerechte Substituierung liquider Haftungsmasse gegen einen zeitlich hinausgeschobenen schuldrechtlichen Rückgewähranspruch.[203]

---

[195] Bereits im „HeLaBa-Sonnenring-Urteil" v. 21.09.1981, NJW 1982, 383 bestanden schon Zweifel, ob der *BGH* für eine bilanzielle Betrachtungsweise eintritt. Später hatte sich z.B. auch *Stimpel*, in: FS 100 Jahre GmbHG, 1992, S. 335, 351ff. für eine Verabschiedung davon ausgesprochen

[196] Aktivvermögen abzüglich Verbindlichkeiten

[197] *Heidinger*, in: Michalski, GmbHG, § 30 Rn. 81

[198] *Fuhrmann*, NZG 2004, 552, (553); *Bender*, BB 2005, 1492; *Heidinger*, in: Beck´scher Online Kommentar GmbHG, § 30 Rn. 47.2, m.w.N.

[199] *Leistikow*, Das neue GmbH-Recht, 2008, § 1 Rn. 11

[200] *Fuhrmann*, NZG 2004, 552 (553)

[201] *Bender*, BB 2005, 1492 (1492); *Reiner/Brakemeier*, BB 2005, 1458 (1461); *Langner/Mentgen*, GmbHR 2004, 1121 (1121); *Fuhrmann*, NZG 2004, 552 (552); a.A.: *Schäfer*, GmbHR 2005, 133 (133)

[202] *Hilgard*, CH-D Wirtschaft 2006, 12 (16)

[203] *Reidenbach*, WM, 2004, 1421 (1422); *Winter*, DStR 2007, 1484 (1485)

Breite Verunsicherung herrschte besonders in der Frage, ob bzw. unter welchen Voraussetzungen gebundenes Gesellschaftsvermögen darlehensweise an einen Gesellschafter fließen dürfe. Indem nämlich die Kreditgewährung seitens einer GmbH an einen Gesellschafter, als eine verbotene Auszahlung nach § 30 Abs. 1 GmbHG a.F. zu qualifizieren war, wurde ungewiss, ob das in der Praxis weit verbreitete Verfahren des Cash-Pools ohne Verstoß gegen die Kapitalerhaltungsgrundsätze, d.h. ohne erhebliche Haftungsrisiken, überhaupt weiter durchgeführt werden kann.[204] Dabei erwies sich insbesondere auch, dass bestehende Cash-Pooling-Vereinbarungen oftmals nicht mehr den verschärften Anforderungen der Rechtsprechung des *BGH* genügten.[205]

Konsequenzen ergaben sich speziell für Fälle der *upstream guarantees*[206] und *upstream loans*.[207] Problematisch erschien dabei immer die Frage, ob eine Zahlung im Rahmen des Cash-Pooling aus gebundenem Vermögen erfolgte bzw. ob es dadurch angegriffen wurde.[208] Um dies zu klären, hätte beim Cash-Pooling eine fast tägliche bilanzielle Stichtags-Verprobung erfolgen müssen.[209] Jede Glattstellung des Tagessaldos zugunsten der Betreibergesellschaft war nämlich als rückzahlungspflichtige Auszahlung an den Gesellschafter zu betrachten.[210] Gänzlich gefahrlos konnten Cash-Pool-Systeme nur noch aus *ungebundenem Eigenkapital*, d.h. aus sonstigen Kapital- oder Gewinnrücklagen der Gesellschaft, heraus betrieben werden.[211] Um bis zu einer möglichen Auflösung des Problems auf der juristisch sicheren Seite zu bleiben, blieb keine andere Möglichkeit, als das Stammkapital der Gesellschaft auf ein Sonderkonto einzuzahlen, das nicht in ein gruppeninternes Finanzierungssystem angeschlossen war.[212]

b) Gläubigerschutz als Triebfeder der restriktiven BGH-Rechtsprechung

Der Urteilsspruch überraschte auch deshalb, da es sich bei der Gewährung eines Darlehens bei gleichzeitigem Bestehen eines vollwertigen Rückzahlungsanspruches um einen reinen *Aktivtausch* handelt.[213] Dieser ist bilanziell gesehen neutral und verstößt insofern nicht gegen

[204] *Heckschen/Heidinger*, Die GmbH in der Gestaltungs- und Beratungspraxis, 2009, § 16 Rn. 32ff.
[205] *Langner*, GmbHR 2005, 1017 (1017)
[206] auch: upstream securities, Darlehensbesicherung durch Garantien der Tochtergesellschaft zu Gunsten der Muttergesellschaft
[207] so z.B. im Urteil des *OLG* München, ZIP 2006, 25
[208] *Weier*, in: Rischbieter/Gröning, Gründung und Leben der GmbH, § 4 Rn. 7
[209] *Weier*, in: Rischbieter/Gröning, Gründung und Leben der GmbH, § 4 Rn. 7
[210] *Westermann*, DZWIR 2008, 485 (492)
[211] *BGH*, NJW 2004, 1111; *Emmerich, F.*, Konzernweite Cash-Pool-Finanzierung, S. 1; *Hentzen*, ZGR 2005, 480 (506)
[212] *Peschke*, in: Rischbieter/Gröning, Gründung und Leben der GmbH, § 3 Rn. 70; *Priester*, ZIP 2006, 1557 (1558)
[213] *Wicke*, GmbHG, § 30 Rn. 9

Kapitalerhaltungsvorschriften.[214] Demgegenüber argumentierte der *BGH*, dass die rein bilanzielle Betrachtungsweise in Bezug auf den Kapitalerhaltungsgrundsatz zu kurz greifen würde. Dessen Zweck läge im Schutz des Mindestbetriebsvermögens der GmbH und in der Sicherung einer *Befriedigungsreserve* für den Gläubiger. Mit dieser Zielsetzung, so der *BGH* weiter, wäre es nicht vereinbar, wenn die Gesellschafter der GmbH zu Lasten des gebundenen Gesellschaftsvermögens Kapital entziehen könnten und im Austausch gegen reales Vermögen, der GmbH lediglich ein zeitlich hinausgeschobener schuldrechtlicher Rückzahlungsanspruch verbliebe.[215] Damit war Cash-Pooling wegen des Verstoßes gegen die Kapitalerhaltungsvorschriften unzulässig und eine an sich relativ unproblematische und sachgerechte Selbstfinanzierung verbundener Gesellschaften praktisch nicht mehr durchführbar.[216] Oder anders ausgedrückt, wurde die Gründung einer Tochtergesellschaft unter sofortiger Einbeziehung in ein Cash-Pool-System *de jure* unmöglich gemacht.[217]

Erwähnenswert ist dabei, dass der *BGH* restriktive Ausnahmemöglichkeiten in einem *obiter dictum* zu seinem Urteil vom 23.11.2003 aufgezeigt hat. Demnach konnte eine Darlehensvergabe, selbst wenn sie im Zustand einer *Unterbilanz* gewährt wurde, zulässig sein, sofern:

> „[1] die Darlehensvergabe im Interesse der Gesellschaft liegt, [2] die Darlehensbedingungen dem Drittvergleich standhalten und [3] die Kreditwürdigkeit des Gesellschafters selbst bei Anlegung strengster Maßstäbe außerhalb jedes vernünftigen Zweifels steht *oder* die Rückzahlung des Darlehens durch werthaltige Sicherheiten voll gewährleistet ist."

Die drei Ausnahmevoraussetzungen, unter denen er die Zulässigkeit eines Darlehens auf Kosten des Stammkapitals zumindest nicht ausschließen will, waren kumulativ zu erfüllen.[218] In diesem Zusammenhang ist zu betonen, dass aus Sicht des *BGH* dem Gesellschafter für diese Bedingungen eine strenge Darlegungs- bzw. Beweispflicht zukommt.[219]

c) Anwendungsschwierigkeiten und logische Widersprüche des Ausnahmetatbestands

Für die Praxis ergaben sich durch den Ausnahmetatbestand neue Anwendungsschwierigkeiten vor allem aus den Fragen, *wann* genau ein Darlehen im Interesse der Gesellschaft lag und *wie* konkret die Kreditwürdigkeit des Gesellschafters bewiesen werden sollte. Eine theoretische Möglichkeit, die Ausnahme des *BGH* nutzbar zu machen, war die Sicherheitenbestellung; allerdings schied eine derartige Besicherung der Rückzahlungsansprüche der Untergesell-

---

214 *Hueck/Fastrich*, in: Baumbach/Hueck GmbHG, § 30 Rn. 16; *Westermann*, in: Scholz, GmbHG, § 30 Rn. 25
215 *BGH*, Urt. v. 24.11.2003, NJW 2004, 1111f.
216 *Goette*, Einführung in das neue GmbH-Recht, Rn. 51
217 *Peschke*, in: Rischbieter/Gröning, Gründung und Leben der GmbH, § 3 Rn. 70
218 Die dritte Voraussetzung ist zweigeteilt und muss alternativ vorliegen, s. *Wessels*, ZIP 2006, 1701 (1705)
219 *Weier*, in: Rischbieter/Gröning, Gründung und Leben der GmbH, § 4 Rn. 11

schaften im Cash-Pool durch Dritte, insbesondere durch Banken, regelmäßig aus wirtschaftlichen Gründen aus.[220] Die Kosten für die Sicherheitenbestellung hätten nämlich die Kostenvorteile und damit die Vorzüge des Cash-Pooling aufgezehrt. In Betracht kamen aber (werthaltige) Sicherheiten durch Gesellschaften aus dem Konzern, die nicht am Cash-Pool beteiligt sind.[221] Auch warf die Formulierung eines Ausnahmetatbestands die Frage auf, wie eine selbst bei Insolvenz des Gesellschafters, vollwertige und liquide Sicherung aussehen sollte.[222]

Zu den Auslegungsproblemen kommen generelle Unstimmigkeiten des Ausnahmefalls hinzu. Zwar könnte diese Ausnahme im Ansatz einleuchten, gleichwohl verwickelt sich das Gericht in logische Widersprüche. Der *BGH* führt zwar im Einzelnen drei Bedingungen an, unter denen er die Zulässigkeit eines Darlehens auf Kosten des Stammkapitals zumindest nicht ausschließen will. Da er aber zugleich erklärt, dass es für seine Beurteilung weder auf die Vollwertigkeit des Rückzahlungsanspruchs[223] ankomme, noch darauf, ob das Darlehen „angemessen verzinst" sei[224], bleibt von den drei Ausnahmekriterien letztlich nur die Darlehensvergabe im Gesellschaftsinteresse übrig. Gleichzeitig nimmt der *BGH* aber an, dass dieser Ausnahmetatbestand „im Streitfall ersichtlich nicht eingreift"[225] und unterstellt somit implizit, dass die Darlehensvergabe im konkreten Fall gerade *nicht* im Gesellschaftsinteresse lag.[226] Andernfalls nämlich wären sämtliche Voraussetzungen des Ausnahmetatbestands gegeben, was der *BGH* aber verneint.[227] Liegt die Darlehensvergabe aber nicht im Interesse der Gesellschaft, ist es nur selbstverständlich, dass diese Maßnahme die *Geschäftsführerhaftung* nach sich zieht. Der *Standard des ordentlichen Kaufmanns* nach § 43 Abs. 1, 3 GmbHG ist nämlich nach h.M. stets verletzt, wenn eine Geschäftsführungsmaßnahme nicht dem Gesellschaftsinteresse entspricht.[228] Des argumentativen Umwegs über §§ 30, 43 Abs. 3 GmbHG a.F. hätte es dann gar nicht bedurft, es sei denn, die Beeinträchtigung des Gesellschaftsinteresses bestünde gerade im Verstoß gegen § 30 GmbHG. *Reiner/Brakemeier* sehen darin mit Recht einen *Zirkelschluss*, soll doch die Frage, ob trotz Darlehensgewährung auf Kosten des Stammkapitals ausnahmsweise kein Verstoß gegen § 30 GmbHG vorliegt, ihrerseits davon abhängen, ob die Maßnahme gegen das Gesellschaftsinteresse verstößt.

---

220 *Langner*, GmbHR 2005, 1017 (1022)

221 *Langner/Mentgen*, GmbHR 2004, 1121 (1126)

222 *Wessels*, ZIP 2006, 1705

223 *BGH*, Urt. v. 24.11.2003, NJW 2004, 1111 (1111), unter II.2.c

224 *BGH*, Urt. v. 24.11.2003, NJW 2004, 1111 (1111), unter II.2.c.aa.

225 *BGH*, Urt. v. 24.11.2003, NJW 2004, 1111 (1112), unter II.2.c.dd.

226 *Reiner/Brakemeier*, BB 2005, 1458 (1460)

227 *Reiner/Brakemeier*, BB 2005, 1458 (1460)

228 Für die GmbH: *BGH*, Urt. v. 18.03.2002, WM 2002, 963 (965), für eine entsprechende Pflichtbindung des AG-Vorstands: § 93 Abs. 1 S. 2 AktG; s. *Reiner/Brakemeier*, BB 2005, 1458 (1460)

Ungeachtet dieser Unwägbarkeiten folgte das *OLG* München im Jahr 2005 der „November-Rechtsprechung“ des *BGH* und bestätigte sein restriktives Stammkapitalverständnis speziell für das Cash-Pooling.[229] Die Spruchpraxis des *Oberlandesgerichts* fügte sich damit nahtlos in die, in der Vergangenheit systematisch aufgebaute höchstrichterliche Rechtsprechung ein, die den traditionell kapitalorientierten Gläubigerschutz beständig verfestigt hat.

Durch die großen Unsicherheiten in der Beratungspraxis wurde eine gesetzliche Regelung oder abschließende Klärung durch die Rechtsprechung händeringend herbeigesehnt.[230] Es erstaunt also nicht, dass nach dieser Entscheidung die betroffenen Kreise mit aller Entschlossenheit an das Bundesministerium der Justiz und die gesetzgebenden Körperschaften herangetreten sind, aufgetretene Schwierigkeiten in ihrem Sinn aufzulösen.[231]

3. Kein Sonderrecht für Cash-Pools

Davon unbeeindruckt, führte der *BGH* seine restriktive, gläubigerschützende Haltung in seinem „*Cash-Pool I*“-Urteil vom 16. Januar 2006 fort. Nachdem das November-Urteil einschneidende Auswirkungen auf das Cash-Pooling unter dem Aspekt der Kapitalerhaltung bei der GmbH hatte, ergaben sich aus der „Cash-Pool I“-Entscheidung unmittelbare Einschränkungen für die Kapitalaufbringung.

Der *BGH* hatte nämlich in der Überweisung, der für eine Kapitalerhöhung eingebrachten Summe in einen – gemeinsam mit der Inferentengesellschaft betriebenen – Cash-Pool, eine verdeckte Sacheinlage gesehen.[232] Die Privilegierung der Kapitalaufbringung bei der GmbH wurde also im Cash-Pool-Konzern abgelehnt. Genauer gesagt, wurde festgestellt, dass der gesellschaftsrechtliche Grundsatz der realen Kapitalaufbringung auch im Cash-Pool-System gilt: „Die in ein Cash-Pool-System einbezogenen Gesellschaften mit beschränkter Haftung unterliegen [...] den Kapitalaufbringungsvorschriften des GmbHG und den dazu von der höchstrichterlichen Rechtsprechung entwickelten Grundsätzen.“[233] Es sollte also gerade kein „Sonderrecht“ für eine auf Cash-Pooling basierender Konzerninnenfinanzierung entstehen.[234]

---

229 vgl. *Weier*, in: Rischbieter/Gröning, Gründung und Leben der GmbH, § 4 Rn. 6, 10; *OLG* München ZIP, 2006, 25ff.; kritisch hierzu: *Pentz*, ZIP 2006, 781 (781ff.)

230 *Brocker/Rockstroh*, BB 2009, 730 (730)

231 *Goette*, Einführung in das neue GmbH-Recht, Rn. 51

232 *BGH*, Urt. v. 16.01.2006, ZIP 2006, 665 (665ff.); dazu: *Schäfer*, BB-Spezial 2006, 5 (7)

233 *BGH*, ZIP 2006, 665 (665)

234 *BGH*, ZIP 2006, 665 (665, 668) Rn. 21; zuvor hatte sich schon das *OLG* München im Urt. v. 24.11.2005 gegen eine solche Sonderbehandlung ausgesprochen, ZIP 2006, 25 (25ff.)

Das hatte die damals geltenden Rechtsfolgen: Die zugrunde liegenden Rechtsgeschäfte waren unwirksam und die Einlagesumme galt als nicht erbracht.[235] Den GmbH-Gesellschaftern drohte die Pflicht auf (erneute) Leistung der Einlagen nach § 19 GmbHG, während sich Geschäftsführer nach § 43 GmbHG schadensersatzpflichtig machen konnten.

4. MoMiG – Zurück in die Zukunft

Grundsätzlich wurden in Deutschland nicht erst seit dem „November-Urteil" immer strengere Anforderungen an die Zulässigkeit von Kreditvergaben innerhalb eines Konzerns gestellt. Diese aufgebauten Hürden für die konzerninterne Finanzierung sollten durch das MoMiG und durch seine Ausflüsse im ARUG wieder herabgesetzt werden. Zugleich wollte der Gesetzgeber einen Ausgleich zwischen den Konzernfinanzierungsinteressen und den Grundsätzen der Kapitalerhaltung bzw. -aufbringung schaffen.[236]

Durch das MoMiG sollten die drei unter B.II.2 diskutierten Ausnahmevoraussetzungen des *BGH* klargestellt, ausgeweitet und gesetzlich festgeschrieben werden.[237] Bereits der *Referentenentwurf* des MoMiG hatte diese Wünsche der Praxis aufgegriffen, ohne sie jedoch einer rechtssicheren und handhabbaren Lösung zuzuführen, wie u.a. in den lebhaften Diskussionen beim 66. Deutschen Juristentag deutlich geworden ist.[238] Demgegenüber erscheint die Lösung des *Regierungsentwurfs* zumindest geeigneter, Cash-Pooling, einschließlich der Variante der Sicherheitenbestellung durch die einzelnen Gesellschafter durchzuführen.

Die Neuregelungen führen schließlich, getreu dem Motto der „Rückkehr zur rein bilanziellen Betrachtungsweise", zur Rückbesinnung auf die vor der „November-Rechtsprechung" herrschende Sicht. Danach wird, bei *Vollwertigkeit des Rückzahlungsanspruches* durch die Darlehensvergabe an Gesellschafter, der rechnerische Wert des Gesellschaftsvermögens nicht negativ beeinflusst.[239] Das Stammkapital ist nun wieder eine bilanzielle (und nicht mehr eine absolute) Ausschüttungssperre.[240] Mit Einleitung dieser 180°-Wende im Sinne einer Korrektur der höchstrichterlichen Rechtsprechung, macht der Gesetzgeber nun gewissermaßen einen Schritt „zurück in die Zukunft", um Cash-Pooling wieder zu erleichtern.

---

[235] *Benecke*, ZIP 2010, 105 (109)
[236] *Brocker/Rockstroh*, BB 2009, 730 (730)
[237] *Hölzle*, GmbHR 2007, 729 (734)
[238] *Goette*, Einführung in das neue GmbH-Recht, Rn. 52
[239] *Hueck/Fastrich*, in: Baumbach/Hueck GmbHG, § 30 Rn. 54
[240] *Zimmermann*, Das MoMiG in der notariellen Praxis, S. 86

Mit dem „*MPS-Urteil*" vom 1.12.2008[241] hat der *BGH* zur Zulässigkeit von Darlehensgewährungen der faktisch konzernierten Tochter-AG an die Obergesellschaft Stellung genommen und sich – in Übereinstimmung mit den durch das MoMiG in das Aktien- und GmbH-Recht eingeführten Neuerungen (§ 30 Abs. 1 Satz 2 GmbHG, § 57 Abs. 1 Satz 3 AktG) – dezidiert für eine bilanzielle Betrachtung ausgesprochen. Die Rechtsausführungen behandeln zwar in erster Line die Frage nach der Vereinbarkeit derartiger Kredite mit § 311 AktG; mittelbar ist die Entscheidung des *BGH* aber auch für die Auslegung der §§ 57 AktG, 30 GmbHG maßgebend.[242] Bemerkenswert ist, dass der *BGH* ausdrücklich d.h. auch für Altfälle, Abstand von seiner November-Entscheidung genommen hat.

Das „*Qivive-Urteil*"[243] des *BGH* vom 16.02.2009 brachte schließlich erste höchstrichterliche Präzisierungen zum Recht der verdeckten Sacheinlage und zum Kapitalersatz, war sie nämlich eine der ersten Positionierungen des *II. BGH-Senats* zu den MoMiG-Änderungen. Der *BGH* bestätigt darin für das GmbH-Recht, dass Dienstleistungen nicht sacheinlagefähig sind[244] und dass die gesetzliche Aussage der Nichteinlagefähigkeit von Dienstleistungen kein Verbot dahingehend enthält, dass Mutter und Tochter miteinander nicht in einen Leistungsaustausch treten dürfen.[245] Die Vorschriften über die verdeckte Sacheinlage greifen somit nicht ein, wenn es an einem sacheinlagefähigen Gegenstand fehlt. Ferner hat der Senat das Hin- und Herzahlen als einen gesetzlich zugelassenen Fall der verdeckten Finanzierung der Einlagemittel durch die Gesellschaft eingeordnet. Dabei soll insbesondere auch der darlehensweise Einlagenrückfluss in einem Cash-Pool erfasst werden.[246]

Sodann hatte der II. Zivilsenat – wie schon im „Cash-Pool I"-Urteil – in seiner Grundsatzentscheidung vom 20.07.2009 erklärt, dass im Cash-Pool die gleichen Kapitalaufbringungsregeln gelten, wie in jedem anderen Fall auch. Diese „*Cash-Pool II*"-Entscheidung ist eine Bestätigung und Erläuterung dieser Rechtsprechung für das neue Recht des MoMiG.[247] Demzufolge wird, ausweislich der Gesetzesbegründung zum MoMiG sowie der bisherigen Judikatur des *BGH*, für Kapitalerhöhungen im Cash-Pool kein Sonderrecht anerkannt; es sind die allgemeinen Vorschriften anzuwenden.[248]

---

241 *BGH*, Urt. v. 01.12.2008, AG 2009, 81
242 *Bayer/Lieder*, AG 2010, 885 (885)
243 *BGH*, Urt. v. 20.07.2009, WM 2009, 1574 (1574ff.)
244 *Schodder*, EWiR, 443 (444)
245 *Goette*, DStR 2010, 2579 (2581)
246 *BGH*, Urt. v. 20.07, 2009, WM 2009, 1574 (1575), Rn. 16
247 *Strohn*, DB 2010, 37 (38)
248 *Hiort*, CFL 2010, 379 (382)

Die „Eurobike"-Entscheidung gab dem *BGH* die Möglichkeit, seinen Standpunkt aus dem „Qivive"-Urteil fortzuentwickeln und in „ungewohnter Breite"[249] (weiter) klarzustellen. Im Ergebnis bestätigt der *BGH* die zum GmbH-Recht ergangene Entscheidung indem er feststellte, dass die Grundsätze der verdeckten Sacheinlage auf entgeltliche Dienstleistungen keine Anwendung finden und die „Qivive"-Rechtsprechung konsequenterweise auf das Aktienrecht übertrug.

Mit dem sog. „*AdCoCom*"-Urteil[250] vom 22. März 2010 hatte der *BGH* die Gelegenheit, weitere Klarheit bei der Anwendung der neuen Regeln über die verdeckte Sacheinlage zu schaffen. Darin führte der *BGH* eingehend aus, dass die vom Gesetzgeber angeordnete Rückwirkung der neuen Regeln für verdeckte Sacheinlagen verfassungskonform sei und auch für Altfälle vor dem 1. November 2008 gelte.

IV. Zwischenergebnis

Kapitalaufbringung und Kapitalerhaltung sind die Grundpfeiler des Kapitalgesellschaftsrechts.[251] Gerade bei der mit dem Cash-Pooling einhergehenden Darlehensvergabe spielen die Kapitalaufbringung und Kapitalerhaltung im Rahmen des *präventiven Gläubigerschutzes* eine entscheidende Rolle. Cash-Pooling ist für Konzerne ein bewährtes Instrument und wird immer wichtiger. Unternehmensgruppen können ihren Außenfinanzierungsbedarf und die Konzerntöchter ihre konzernweiten Finanzierungskosten entscheidend reduzieren.

Welche Gefahren von einer intensiven finanziellen Verflechtung innerhalb eines Konzerns dennoch ausgehen können, illustrieren nicht nur die Krisen bekannter Konzerne, sondern auch die Vielzahl an teils richtungsweisenden Gerichtsentscheidungen, in denen die rechtlichen Schranken sowie die Verantwortlichkeiten der Handelnden herausgearbeitet wurden. Insgesamt überwiegen bei Cash-Pool-Systemen die *Kosten- und Organisationsvorteile* über die Risiken, wobei diese aber keineswegs zu unterschätzen sind. Wird Cash-Pooling als Teil eines langfristigen Finanzmanagements oder gar eines Krisenmanagements eingesetzt, so lauern erhebliche Gefahren; sinnvoll ist es daher nur im kurzfristigen Finanzmanagement.[252]

Der *BGH* hat seit dem spektakulären Fall der Bremer Vulkanwerft, und in der weiteren Folge seit der vielbeachteten „November-Entscheidung", kaum eine Gelegenheit ausgelassen hat, die Anforderungen an die Zulässigkeit von Krediten innerhalb eines Konzerns drastisch zu

[249] *Lieder*, EWiR 169 (169)
[250] *BGH*, ZIP 2010, 978
[251] vgl. *Wissmann*, MoMiG Das neue GmbH-Recht, § 9 Rn. 1; *Pentz*, in: MünchKommAktG, § 27 Rn. 4
[252] *Vetter*, in: Holding Hdb., § 8 Rn. 55, vgl. auch RefE. MoMiG, S. 55

verschärfen.[253] Dem Kapitalschutz wurde gegenüber der Konzerninnenfinanzierung eindeutig Vorrang eingeräumt. Die Grundsätze, die in zahlreichen Entscheidungen des Bundesgerichtshofs aufgestellt wurden, weisen eine nur schwer überschaubare Komplexität auf, die vielfach für die gesellschaftsrechtliche Praxis zu erheblichen Unsicherheiten führte. Das gilt nicht zuletzt für rechtsfortbildende Entscheidungen, die auch in der Vergangenheit abgeschlossene Sachverhalte erfassen.[254]

Die daraus resultierenden *Nachteile* treffen hauptsächlich mittelgroße Unternehmen, die sich über den Stand der Rechtsentwicklung u.U. nicht im Klaren sind oder den fortlaufenden Beratungsaufwand scheuen.[255] Obwohl Cash-Pooling nach den MoMiG- und ARUG-Änderungen und der Rückkehr zum handelsbilanziellen Denken im faktischen Konzern und im Vertragskonzern zulässig sein soll, bestehen noch eine Reihe von ungeklärten Fragen. Offene Problemfelder bei der Kapitalerbringung und Kapitalerhaltung sollen nachfolgend analysiert werden.

---

[253] vgl. *Gesellensetter*, Ein Pool für alle Fälle, http:// www.handelsblatt.com/unternehmen/management/strategie /ein-pool-fuer-alle-faelle/2736720.html

[254] *Bräunig/Hasselmann/Heidenhain*, BDI/Hengeler, Rn. 26

[255] *Bräunig/Hasselmann/Heidenhain*, BDI/Hengeler, Rn. 26

C. Kapitalaufbringung im Cash-Pool

I. Kapitalaufbringung nach MoMiG und ARUG

1. Vom Referentenentwurf zum MoMiG/ARUG

Den dominierenden Themenbereich im Recht der Konzernfinanzierung der letzten Jahren bildete die Trias aus verdeckter Sacheinlage, Darlehen der Gesellschaft an ihre Gesellschafter und kapitalersetzenden Gesellschafterdarlehen. In all diesen Fällen gestaltete es sich für die Beratungspraxis zunehmend schwieriger, für legitime Gestaltungswünsche ihrer Mandanten juristisch „wasserdichte“ Strukturen zu entwickeln. Sei es wegen einer immer unüberschaubarer gewordenen Entscheidungspraxis der Gerichte, oder sei es infolge der sich bisweilen abzeichnenden Tendenz der Rechtsprechung, anhand von atypischen Missbrauchsfällen allgemeingültige Rechtssätze aufzustellen, die im Ergebnis auch den an sich regelkonformen Normalfall diskreditierten.[256]

Das GmbH- und Aktienrecht hat sich in den Jahren nach seiner Etablierung, zumindest was den Kernbereich des Kapitalaufbringungsrechts angeht, als weitgehend stabil gezeigt.[257] Erst durch das MoMiG ergaben sich im Bereich der Kapitalaufbringung vielfältige Änderungen. Dies war nach Vorlage des *Referentenentwurfs* noch nicht abzusehen, enthielt er für den Komplex der Kapitalaufbringung doch – im Vergleich zur letztendlich verabschiedeten Fassung – nur moderate oder weniger technische Änderungen.[258] Allerdings änderte sich dies durch die Vorschläge des Regierungsentwurfs[259], die erstmals auch die Rechtsfiguren der verdeckten Sacheinlage und des Hin- und Herzahlens umfassten.[260] In der endgültigen Fassung des MoMiG sind diese Neuerungen ebenfalls aufgenommen, wobei auf Empfehlung des Rechtsausschusses[261] noch verschiedene Modifizierungen vorgenommen wurden.

Das MoMiG hat auch das Aktienrecht nicht unwesentlich geändert. Mit der Harmonisierung der Behandlung von Darlehen der Gesellschaft im Rahmen der Kapitalerhaltung, der insolvenzrechtlichen Beurteilung von Gesellschafterdarlehen, und der insolvenzspezifischen Pflichten der Geschäftsleiter, wurde für einen weitgehenden Gleichlauf zwischen Aktien- und GmbH-Recht gesorgt. Hinsichtlich der Kapitalaufbringungsvorschriften hat der Gesetzgeber

---

256 *Gesell*, BB 2007, 2241 (2241), vgl. auch B.III

257 zur GmbH: vgl. auch Fn. 19, zur Entwicklung der AG: vgl. *Habersack*, AG 2009, 1 (1ff.); *Markwardt*, BB 2008, 2414 (2414): Kapitalaufbringung als „etablierte Säule des Kapitalgesellschaftsrechts“

258 *Bormann/Urlichs*, in: GmbH-Beratung, S. 37; vgl. auch: *Bormann*, GmbHR 2006, 1021(1021ff.)

259 RegE, BR-Drucks. 354/07

260 zur Kapitalaufbringung nach dem Regierungsentwurf vgl. *Kindler*, NJW 2008, 3249 (3249f.); *Büchel*, GmbHR 2007, 1065 (1065ff.) und speziell zum Hin- und Herzahlen: *Bormann/Urlichs*, GmbHR 2008, 119 (119f.); vgl. auch RL 77/91/EWG v. 13.12.1976, ABl. EG 1976 Nr. L 26, Art. 15 Abs. 1 lit. a) und c), S. 11

261 BT-Drucks. 16/9737, S.1, 7, 17, 56

aber zunächst der Versuchung widerstanden, die Neuregelung über die verdeckte Sacheinlage und das Hin- und Herzahlen auf das Aktienrecht zu erstrecken.[262] Dies lag v.a. daran, dass das Kapital der AG und die Regeln über seine Aufbringung, Gegenstand der sog. Kapitalmarktrichtline[263] sind und daher wesentliche Teile des Aktienrechts europarechtlich beeinflusst werden. Speziell für die Grundsätze über die Sacheinlage, liegt seit 6. September 2006 eine Änderungsrichtlinie[264] vor, die zwar am Prinzip des festen Kapitals und an der Unterscheidung zwischen Bar- und Sacheinlagen festhält, aber durchaus beachtliche Lockerungen im Zusammenhang mit der Erbringung offener Sacheinlagen zulässt. Entsprechend wollte der MoMiG-Gesetzgeber der zu erwartenden Umsetzung der Änderungsrichtlinie nicht vorgreifen und hat sich deshalb zunächst bzgl. der Regelungen über die Kapitalaufbringung bei der AG zurückgehalten. Auch sollte „die Akzeptanz der für die GmbH [...] gefundenen Regelungen abgewartet"[265] werden. Letzten Endes fiel die „Analyseperiode" von sechs Monaten relativ kurz aus. Im Übrigen erscheint die Auffassung des Rechtsausschusses, die Regelungen seien von Praxis und Wissenschaft „überwiegend gut aufgenommen" angesichts der verbreitet geübten Kritik[266] und der nach wie vor ungeklärten Streitfragen doch recht euphemistisch.[267]

Nach den Gesetzesänderungen sehen sich die Literatur, die höchsten Richter und die Praxis mit vielen neuen Fragen der ordnungsgemäßen Kapitalaufbringung konfrontiert. Gleichzeitig wirft die geänderte Rechtslage, besonders im Bereich der Umgehung der Kapitalaufbringung Probleme auf, welche auch und gerade für Cash-Pools durchaus einschneidende Folgen haben und daher für Konzerne hohe Relevanz entwickeln.

2. Umgehung der Kapitalaufbringung

a) Hintergründe und historische Einordnung

Die neue Rechtslage zur Kapitalaufbringung im Cash-Pool und die Beurteilung potentieller gesetzgeberischer Mängel ist kaum ohne die Gesetzgebungsgeschichte zu verstehen. Bei der Kapitalaufbringung (und -Erhaltung) prallen widerstreitende Interessen aufeinander. Einerseits ist das Stamm- und Grundkapital Wesensmerkmal der Kapitalgesellschaft und Sicherheit für ihre Gläubiger, andererseits ist die Bindung des Kapitals für Gründer und Gesellschafter mehr als lästig, wenn es anderweitig benötigt wird; daher ist die Praxis der Kapitalaufbrin-

---

262 *Habersack*, AG 2009, 557 (557)
263 RL 77/91/EWG v. 13.12.1976, ABl. EG 1976 Nr. L 26, S.1-13
264 RL 2006/68/EG v. 06.09.2006, ABl. EG 2006 Nr. L 264, 32
265 Begr. RegE ARUG, BR-Drucks. 847/08, S. 28
266 exemplarisch: *Büchel*, GmbHR 2007, 1065 (1071); *König/Bormann, J.*, DNotZ 2008, 652 (662); *Bayer*, in: Lutter/Hommelhoff, GmbHG, § 19 Rn. 51, 89
267 *Bayer/Schmidt, J.*, ZGR 2009, 805 (822f.)

gung seit jeher „ein Lehrstück der Gesetzesumgehung".[268] Das aus dem römischen Recht stammende Rechtsinstitut wird bis heute herangezogen.[269] Die frühere Rechtsprechung sah sowohl die verdeckte Sacheinlage als auch das Hin- und Herzahlen als Gesetzesumgehung an.[270]

Versuche die Sachgründungs- bzw. Sachkapitalerhöhungsvorschriften zu umgehen sind bei der AG und auch bei der GmbH häufig vorzufinden. Dies liegt darin begründet, dass die *Sachgründung*/Sachkapitalerhöhung im Vergleich zur Bargründung/-Barkapitalerhöhung die aufwendigere, langwierigere und teurere Variante der Kapitalaufbringung darstellt.[271] Die Offenlegung, Bewertung und *registergerichtliche Kontrolle* der Sacheinlage sind zeit- und kostenintensiv, was zur Umgehung der Sachgründungsvorschriften verleitet.[272] Vor allem wird meist die aufwändige Beibringung der Bewertungsunterlagen gescheut[273] und deshalb, unter Umgehung der Vorschriften für die Erbringung einer Sacheinlage, eine verdeckte Sacheinlage geleistet.[274] Dazu gilt es allerdings anzumerken, dass nicht von vornherein Bestrebungen unterstellt wurden, die Kapitalaufbringungsvorschriften wegen mangelnder Werthaltigkeit zu umgehen; gerade vor Bekanntwerden der einschlägigen *BGH*-Rechtsprechung zur verdeckten Sacheinlage, wurde eine derartige Vorgehensweise von vielen Notaren, und sogar von Registergerichten selbst, angeraten.[275]

Bereits das ADHGB von 1870 führte für das Recht der Aktiengesellschaft Schutzvorschriften für *Sachgründungen* ein, die aufgrund sich häufender Schwindelgründungen im Zuge der Novelle von 1884 nochmals deutlich verschärft wurden.[276] Weniger strenge Regelungen enthielt von Anfang an das Recht der 1892, als nicht-börsennotierte Rechtsform, neu *geschaffenen Gesellschaft mit beschränkter Haftung*, da hier keine Schutzvorschriften für Anleger-Gesellschafter erforderlich waren.[277] Obwohl der Gesetzgeber die Gefahren der Umgehung

---

[268] *Benecke*, ZIP 2010, 105 (105)

[269] vgl. die „fraus-legis-Doktrin" im römischen Recht, s. *Benecke*, Gesetzesumgehung im Zivilrecht, S. 8ff.; Heutzutage finden sich gesetzliche Umgehungsverbote im Verbraucherschutzrecht (§§ 306a, 312f., 475, 487 S. 2, §§ 506, 655 Abs. 1 S. 2 BGB, vgl. auch § 75d S. 2 HGB). Das *BAG* begründete seine Rechtsprechung zu befristeten und auflösend bedingten Arbeitsverträgen vor dem TzBfG mit Gesetzesumgehungen. Eine wichtige Rolle spielen Umgehungsüberlegungen im IPR und im internationalen Prozessrecht, s. *Benecke*, Gesetzesumgehung im Zivilrecht, S. 57ff., 106ff., 219ff.

[270] *Benecke*, ZIP 2010, 105 (105)

[271] *Pentz*, in: MünchKommAktG, § 27 Rn. 84

[272] *Oppenländer*, in: Oppenländer/Trölitzsch, § 4 Rn. 30

[273] *Winter*, in: Goette/Habersack, MoMiG, § 2 Rn. 24

[274] *Blasche*, GmbHR 2010, 288 (289)

[275] *Pentz*, in: MünchKommAktG, § 27 Rn. 84

[276] *Bayer*, in: FS für Kanzleiter, S. 75; Überblick bei *Bayer*, in: Bayer/Habersack, Aktienrecht im Wandel, Bd. II, Kap. 17, Rn. 22-35; zu den Sachgründungsvorschriften der 1. Aktienrechtsnovelle v. 11. Juni 1870: *Lieder*, in: Aktienrecht im Wandel, Bd. I, Kap. 10 Rn. 52-56

[277] *Bayer*, in: FS für Kanzleiter, S. 76

der Sacheinlagevorschriften für den Gläubigerschutz schon bei Einführung des GmbH-Gesetzes gesehen hatte, waren die Grundsätze der *verdeckten Sacheinlage* bis dato auch im GmbH-Recht keiner positiv-rechtlichen Normierung unterworfen.[278]

Bis heute gilt aber, dass Sacheinlagen in der Satzung festgesetzt und in der Anmeldung offengelegt werden; bei der AG muss außerdem eine Wertprüfung erfolgen, bei der GmbH kann das Registergericht Wertnachweise verlangen.[279] Eine Verrechnung der Einlageschuld mit dem Kaufpreis der vom Inferenten eingebrachten Sache war indes unwirksam. Erstmalig wurde diese Rechtsfolge für die GmbH durch das *Reichsgericht* mit dem Urteil vom 1. Februar 1896 ausgesprochen[280]; auch für die AG urteilte das *Reichsgericht*, dass die Übernahme von Sachgegenständen unwirksam ist, wenn diese Absicht bereits bei Gründung der Gesellschaft bestand, jedoch keine Sacheinlage, sondern eine *Bareinlage* verabredet wurde.[281]

Der *BGH* hat sich der Rechtsprechung des *Reichsgerichts* vollkommen angeschlossen und diese konsequent erweitert: insbesondere mache es keinen Unterschied, ob eine Forderung auf Leistung der Bareinlage mit der Kaufpreisforderung aus dem abgekoppelten Verkehrsgeschäft in unzulässiger Weise „verrechnet" werde, oder ob ein Hin- und Herzahlen stattfinde.[282] Diese Rechtsprechung wurde in der Folgezeit gezielt fortgeführt und auch auf die Kapitalerhöhung ausgedehnt.[283]

b) Relevante Anwendungsfälle

Bedeutungsvolle Anwendungsfälle im Gesellschaftsrecht sind auch heutzutage die *verdeckte Sacheinlage* und das *Hin- und Herzahlen.*[284] Um den Tatbestand einer Umgehung präzise abzugrenzen, war vor den MoMiG-Reformen neben den gesetzlichen Regeln ein, von der Rechtsprechung entwickelter, Umgehungsschutz erforderlich, denn weder §§ 19 Abs. 5, 56 GmbHG a.F., noch §§ 27, 183 AktG a.F. regelten einen Umgehungsschutz von Gesetzes wegen abschließend.[285]

---

278 *Zick*, die verdeckte Sacheinlage, S. 70f.

279 *Bayer*, in: FS für Kanzleiter, S. 76

280 RGZ 36, 108 (113)

281 RGZ 121, 99 (102ff.)

282 *BGH*, Urt. v. 10.11.1958, NJW 1959, 383 (384)

283 *Bayer*, in: FS für Kanzleiter; RGZ 157, 213 (223ff.); *BGH*, Urt. v. 15.01.1990, („IBH/Lemmerz"), ZIP 1990, 156 (158ff.)

284 *Benecke*, ZIP 2010, 105 (105)

285 *Veil*, ZIP 2007, 1241 (1242); bereits früh wurden die vermeintlich unscharfen bzw. zu weiten tatbestandlichen Voraussetzungen (*Hachenburg*, Anm. zum *KG* Berlin, JW 1924, 199; *Geßler*, in: FS für Möhring, S. 173) kritisiert; *Bayer*, in: FS für Kanzleiter, S. 78

Im Allgemeinen erachtet das Gesetz beide Fälle aus der Sicht der Funktion der Kapitalschutzregeln als besonders gefährlich und stellt dementsprechend – u.a. durch die Anordnung von Publizität und Werthaltigkeitskontrolle – besonders hohe Anforderungen an den präventiven Schutz.[286] In der Praxis spielen beide Neuregelungen zur Gründung (§ 19 Abs. 4, 5 GmbHG, § 27 Abs. 3, 4 AktG) vorwiegend bei Kapitalerhöhungen eine große Rolle.[287]

II. Abgrenzung der verdeckten Sacheinlage vom Hin- und Herzahlen

Die Regelungen in § 19 Abs. 4 u. Abs. 5 GmbHG bzw. § 27 Abs. 3 und Abs. 4 enthalten mit der Anrechnungs- und Erfüllungslösung unterschiedliche Konzepte. Dies und die durch das MoMiG gewollte Abschaffung der *BGH*-Rechtsprechungsregeln[288] führen dazu, dass aufgrund unterschiedlicher Formen der Vorbeugung und der angeordneten Rechtsfolgen eine deutlichere Unterscheidung zwischen beiden Rechtsinstituten angebracht ist. Die Unterschiede sollen nachfolgend genauer abgegrenzt werden, bevor die Auswirkungen auf das Cash-Pooling aufgezeigt werden.

1. Drakonische Rechtsfolgen vor Inkrafttreten des MoMiG

a) verdeckte Sacheinlage

Nach früherer Rechtsprechung des *BGH* waren im Falle einer verdeckten Sacheinlage in entsprechender Anwendung des § 27 Abs. 3 Satz 1 AktG a.F. sowohl der schuldrechtliche Verpflichtungsvertrag über die verdeckte Sacheinlage als auch das dingliche Rechtsgeschäft der Gesellschaft gegenüber unwirksam.[289] Die Übernahme der Bareinlageverpflichtung war zwar wirksam, die Einlageverpflichtung wurde aber nicht erfüllt, da der Betrag nicht in bar eingebracht wurde.[290] Auf eine Vollwertigkeit des verdeckt eingebrachten, nichtgeldlichen Gegenstandes im Einbringungszeitpunkt konnte sich der Inferent indes nicht berufen.[291]

Dies hatte zur Folge, dass selbst bei vollem Wert der eingebrachten Sacheinlage, den Gläubigern ohne wirtschaftliche Berechtigung, die Einlage doppelt zur Verfügung steht, da der Inferent zweimal zu leisten hat.[292] Nach Vorarbeiten der Literatur reagierte der *BGH*[293] indem er zwar die Heilung verdeckter Sacheinlagen durch Umwandlung der Bar- in eine Sacheinlage ermöglichte. Jedoch führte diese Möglichkeit in der Praxis nicht im erhofften Umfang zum

---

286 vgl. §§ 19 Abs. 5, 5 Abs. 4, 56a GmbHG bzw. §§ 27 Abs. 4, 7, 183, 194, 205 AktG
287 *Altmeppen*, NZG 2010, 441 (441)
288 Begr. RegE MoMiG, BT-Drucks. 16/6140, S. 26
289 *Blasche*, GmbHR 2010, 288 (288); *Schäfer*, in: Bork/Schäfer GmbHG, § Rn. 22, 32
290 *Markwardt*, BB 2008, 2414 (2415)
291 *Priester*, DStR 2010, 494 (499); *Winter*, in: FS für Priester, S. 869
292 *Winter*, in: FS für Priester, S. 871
293 *BGH*, Urt. v. 18.02.1991, ZIP 1991, 511 (513); *BGH*, Beschl. v. 04.03.1996, ZIP 1996, 668 (669)

Erfolg, da verdeckte Sacheinlagen häufig erst in der Insolvenz entdeckt wurden (und immer noch werden) und somit eine Heilung in diesem Zeitpunkt mangels Werthaltigkeit des Anspruchs, den der Gesellschafter gegenüber der GmbH aus der verunglückten Sacheinlage hatte, häufig ausschied.[294]

In der Insolvenz der Gesellschaft konnte die vereinbarte Bareinlage durch den Insolvenzverwalter nicht nur neu eingefordert werden, sondern die geleistete Sacheinlage verblieb im Ergebnis zusätzlich bei der Gesellschaft, weil dem Gesellschafter lediglich ein oft wertloser Bereicherungsanspruch gegen die Insolvenzmasse zustand.[295] Anders ausgedrückt bedeutet dies, dass die Muttergesellschaft im Insolvenzfall der Tochter erneut und ohne Berücksichtigung des Wertes der eingebrachten Sache zur Einlageleistung verpflichtet war. Bezüglich der tatsächlich geleisteten Sacheinlage konnte sie aber lediglich eine Insolvenzforderung geltend machen, wenn nicht ausnahmsweise ein Aussonderungsrecht gem. § 47 InsO bestand, weil der Vermögensgegenstand noch in natura vorhanden war.[296] Da die Bareinlageverpflichtung fortbestand, sämtliche im Zusammenhang mit der verdeckten Sacheinlage geschlossenen Vereinbarungen zwischen der Gesellschaft und dem Gesellschafter aber unwirksam waren, blieb diesem nur ein Herausgabeanspruch gegenüber der Gesellschaft aufgrund Zweckverfehlung nach § 812 Abs. 1 Satz 2 Alt. 2 BGB.[297] Bestand die verdeckte Sacheinlage in der Befreiung von einer Verbindlichkeit, blieb der Gesellschafter weiterhin zur Leistung der übernommenen Bareinlage verpflichtet. Gleichwohl konnte er die ursprünglich geleistete Einlage nach § 812 Abs. 1 Satz 2 Alt. 2 BGB kondizieren, wobei die Gesellschaft ihrerseits mit ihrem Anspruch auf Rückgewähr des zur Darlehensrückzahlung Geleisteten aus § 812 Abs. 1 Satz 1 Alt. 2 BGB aufrechnen konnte.[298] Die bereicherungsrechtlichen Ansprüche waren in der Insolvenz zur Tabelle anzumelden[299] und wurden lediglich mit einer – meist verschwindend geringen – Quote bedient.[300]

Im Ergebnis verblieb es meist bei einer derartigen „Überreaktion des Rechts“[301] mitsamt seinen „drakonischen“[302] Rechtsfolgen, insbesondere in den Fällen, wie dem in früheren Jahren

[294] *A. Steiner*, BWNotZ 2009, 193 (198)
[295] *Hueck/Fastrich*, in: Baumbach/Hueck, § 19 GmbHG Rn. 42
[296] *Markwardt*, BB 2008, 2414 (2415); *Herrler/Grigoleit*, DB 2008, 2347 (2347)
[297] *Bormann/Urlichs*, DStR 2009, 641 (641)
[298] *Bormann/Urlichs*, DStR 2009, 641 (641)
[299] *Depré/Büteröwe*, in: Beck/Depré, Praxis der Insolvenz, § 31 Rn. 8
[300] vgl. *Schall*, ZGR 2009, 126 (139)
[301] *Priester*, ZIP 2008, 55 (56); *Winter* sieht einen „formalen Rechtsfehler“, FS für Priester, S. 871
[302] *Bayer*, ZIP 1998, 1985 (1989); *Brandner*: „katastrophale Rechtsfolge“, FS für Boujong, S. 38

aus steuerlichen Gründen häufig praktizierten „*Schütt-aus Hol-zurück-Verfahren*“[303]. Im Ergebnis kommen die scharfen Rechtsfolgen für den Inferenten einer Art Schadensstrafe (vgl. im US-amerikanischen Recht: „*punitive damages*“) gleich, also einem Rechtsinstitut, das das deutsche Recht so nicht kennt.[304]

b) Hin- und Herzahlen

Demgegenüber waren die Ergebnisse der im Vergleich dazu gesellschafterfreundlichen Rechtsprechung zum Hin- und Herzahlen[305] primär bei Leistung der Einlage auf ein Zentralkonto im Cash-Pool in die Kritik geraten.[306] Auch im Falle des Hin- und Herzahlens blieb die Einlageverpflichtung mangels unwirksamer Leistung gem. § 362 Abs. 1 BGB, § 7 Abs. 3 analog GmbHG a.F. bestehen. Da sich die gegenseitigen Bereicherungsansprüche wegen Unwirksamkeit der Zahlung und rechtsgrundloser Darlehensausreichung jedoch saldieren, blieb es bei der einfachen Zahlungsverpflichtung, bei der die vermeintliche Rückzahlung auf das Darlehen als Leistung der Einlage zu verstehen war.[307] Zwar konnte die Einlage immerhin noch durch Rückzahlung an die Gesellschaft erbracht werden, nach höchstrichterlicher Auffassung sogar dann, wenn diese Rückzahlung als Rückführung eines Darlehens bezeichnet war.[308] Dies funktionierte aber nicht in Cash-Pool-Systemen, da dort eine Zuordnung zu der noch offenen Einlageschuld nicht möglich ist.[309] Es stellte sich die Frage, wann das an den Cash-Pool gewährte Darlehen nun zurückgezahlt, die Einlage also endgültig geleistet war. Eine rechtliche Klärung dieser Problematik ist nie wirklich erfolgt. Allerdings wurde die Rückzahlung des Darlehens mit dem Verbrauch der Einlage abgelehnt,[310] womit man nur nach der Beendigung des Cash-Pooling und Durchführung des finalen Saldo-Ausgleiches von der Rückzahlung des Darlehens ausgehen konnte.

2. Entschärfung durch das MoMiG: Anrechnungs- und Erfüllungslösung

Durch die Normierung hat der Gesetzgeber auch auf die Rufe der Praxis reagiert, welche diese bisherigen Rechtsfolgen der verdeckten Sacheinlage als zu hart bzw. die Rechtsprechung

303 Dabei handelt es sich um ein Verfahren zur Auszahlung von Gewinnen und anschließenden Zurückholung dieser Beträge im Wege der Kapitalerhöhung, *Roth*, NJW 1991, 1913 (1916)

304 *Winter*, in: FS für Priester, S. 871

305 vgl. v.a. *BGH*, Urt. v. 21.11.2005, ZIP 2005, 2203; *BGH*, Hinweisbeschl. v. 15.10.2007, ZIP 2008, 1281: die Rückzahlung der als Darlehen zurückgewährten Einlage führte zur Befreiung von der Einlageschuld; die Gesellschafter liefen also nicht Gefahr zweimal leisten zu müssen, s. *Casper*, in: Ulmer, GmbHG, Ergänzungsband MoMiG, § 19 Fn. 4

306 *Casper*, in: Ulmer, GmbHG, Ergänzungsband MoMiG, § 19 Rn. 4

307 *BGH*, Urt. v. 12.06.2006, ZIP 2006, 1633 (1634) Rn. 13

308 Zur Heilung durch „Darlehensrückzahlung“: *Mayer*, in: FS für Priester, S. 458ff.

309 *Strohn*, DB 2010, 37 (38).

310 *Leistikow*, Das neue GmbH-Recht , § 5 Rn. 42

des *BGH* zur Erfüllungsschädlichkeit eines Cash-Pooling als unverhältnismäßig empfand. Anders als noch im Referentenentwurf geplant[311], verfolgte man am Ende eine Fassung des § 19 GmbHG, welche die Folgen der verdeckten Sacheinlage und des Hin- und Herzahlens für den Inferenten teilweise abmildert und damit als konsequente Fortführung des bilanziellen Betrachtungsweise fungieren soll.[312]

Erste Entwürfe billigten noch eine volle Erfüllungswirkung, nicht nur beim Hin- und Herzahlen, sondern auch bei der verdeckten Sacheinlage. Dies ist zu Recht als „Kapitalaufbringung nach Gutdünken" kritisiert worden.[313] Mit einer solchen Erfüllungslösung wäre es nämlich zu einem eklatanten Gestaltungsfehlanreiz gekommen: die verdeckte Sacheinlage würde dann den Regelfall darstellen und damit wären die gesetzlichen Regeln zur offenen Sacheinlage praktisch obsolet.

Tatsächlich ergeben sich nun erheblich entschärfte, wenn auch differenzierende Rechtsfolgen: während die Anrechnung bei der verdeckten Sacheinlage zum teilweisen Erlöschen der Einlageverpflichtung führen kann, kommt im Falle des Hin- und Herzahlens nur dem in vollem Umfang vollwertigen Rückgewähranspruch Erfüllungswirkung zu (sog. *Erfüllungslösung*).[314] Für die verdeckte Sacheinlage ist somit die sog. *Anrechnungslösung* Gesetz. Sie bleibt unzulässig, der objektive Wert der eingelegten Sache wird aber auf den fortbestehenden Bareinlageanspruch ex lege angerechnet.[315] Somit wurden die strengen Vorschriften, die früher zum Teil an die verdeckte Sacheinlage geknüpft waren, gelockert. Die geradezu fatalen Rechtsfolgen einer faktischen Doppelzahlungsverpflichtung sind zugunsten einer Anrechnungslösung mit Differenzhaftung im Grundsatz bereinigt. Nichtsdestoweniger bleibt eine (entschärfte) Sanktionierung der verdeckten Sacheinlage aufrechterhalten.[316]

3. Die verdeckte Sacheinlage

a) Tatbestand

Gemäß der Legaldefinition in § 19 Abs. 4 GmbHG bzw. § 27 Abs. 3 AktG spricht man von einer verdeckten Sacheinlage, wenn die gesetzlichen Regelungen über Sacheinlagen dadurch

[311] Eine Ausnahmemöglichkeit sollte sich unter Anwendung der Grundsätze des November-Urteils ergeben. Die Begründung des RefE. spricht insofern davon, „dass die in § 30 GmbHG, § 57 AktG geregelten Maßstäbe ohne weiteres auch dorthin [d.h. auf das Recht der Kapitalaufbringung] übertragen werden können"; zust. *Seibert*, ZIP 2006, 1157 (1163), s. *Zahrte*, S. 134, Fn. 270

[312] Begr. RegE. BT-Drucks. 16/6140, S. 41, 76

[313] *Priester*, ZIP 2008, 55 (55f.)

[314] *Blasche*, GmbHR 2010, 288 (292)

[315] *Casper*, in: Ulmer, GmbHG, Ergänzungsband MoMiG, § 19 Rn. 6

[316] *Bormann*, juris-PR, S. 3

unterlaufen werden, dass zwar eine Bareinlage vereinbart wird, die Gesellschaft aber bei wirtschaftlicher Betrachtung von dem Inferenten aufgrund einer im Zusammenhang mit der Übernahme der Einlage getroffenen Absprache vollständig oder teilweise einen Sachwert erhalten soll und ihr wegen der für den Sachwert zu leistenden Vergütung die Bareinlage nicht auf Dauer zufließt. Auch nach dem MoMiG bleibt die verdeckte Sacheinlage grundsätzlich verboten.[317]

Begriffsprägendes Merkmal der verdeckten Sacheinlage ist der wirtschaftliche Empfang eines Sachwertes durch die Gesellschaft. Wirtschaftlich gesehen wird also nicht Geld, sondern ein Gegenstand oder eine Forderung „verdeckt" eingebracht.[318] Der Inferent erhält nach Erbringung der von ihm übernommenen Bareinlageverpflichtung einen Geldbetrag in einem engen zeitlichen und sachlichen Zusammenhang[319] zurück, indem er mit der Gesellschaft ein Verkehrsgeschäft (z.B. Kaufvertrag, Forderungsverrechnung) abschließt. In konsequenter Anwendung des neuen Gesetzes ist auch für den *BGH* auschlaggebend, ob die Gesellschaft, die den erhaltenen Geldbetrag an den Gesellschafter zurückgezahlt hat, hierfür im Ergebnis einen Sachwert erhalten hat.[320] Ein derartiger Sachwert kann etwa darin liegen, dass die Gesellschaft eine Leistung, zum Beispiel einen Gegenstand des Anlagevermögens erhält, den sie mit der Einlage bezahlt hat, oder aber dass die Rückzahlung des Geldbetrages durch die Gesellschaft zu einer Tilgung einer Verbindlichkeit der Gesellschaft führt. Der erhaltene Sachwert liegt dann in der Befreiung der Gesellschaft von der ihr vor Zahlung obliegenden Verbindlichkeit.[321] Der Nachweis der Werthaltigkeit des verdeckt eingelegten Vermögensgegenstands kann schwierig oder sogar unmöglich sein, wenn seit dem Zeitpunkt der verdeckten Sacheinlage ein längerer Zeitraum vergangen ist, daher sollte sie entweder ganz vermieden oder eingehend dokumentiert werden.[322]

Für das Vorliegen einer verdeckten Sacheinlage ist es unerheblich, ob die Beteiligten die Sachgründungsvorschriften bewusst umgehen wollen.[323] Es genügt, dass der Zweck der umgangenen Norm objektiv verletzt wird.[324] Erforderlich ist aber eine „Abrede", die festlegt dass die Bareinlage des Gesellschafters im wirtschaftlichen Ergebnis durch eine andere Leistung

---

[317] *BGH*, Urt. v. 20.07.2009, WM 2009 1574 (1575) Rn. 19 („Cash-Pool II")
[318] *Bode, Herzing*, BC 2009, 227 (228)
[319] nach h.M. ist für den zeitlichen Zusammenhang regelmäßig eine Frist von ca. 6 Monaten anzusetzen, vgl. *OLG* Köln v. 02.02.1999, NJW-RR 1999, 1262; *OLG* Hamburg v. 31.10.2006, NZG 2007, 393 (395); *Hueck/Fastrich*, in: Baumbach/Hueck, GmbHG, § 19 Rn. 39
[320] *BGH*, Urt. v. 20.07.2009, WM 2009, 1574 (1575), („Cash-Pool II")
[321] *Hermanns*, DNotZ 2011, 325 (327)
[322] *Verspay*, MDR 2009, 117 (119)
[323] h.M., vgl. statt aller: *Märtens*, in: MünchKommGmbHG, § 19 Rn. 200
[324] *Bayer*, in: Lutter/Hommelhoff, § 19 Rn. 54

als in Geld erbracht werden kann. Diese Abrede muss spätestens zwischen den Gesellschaftern oder mit dem Geschäftsführer im Zeitpunkt der Übernahme des Geschäftsanteils getroffen worden sein.[325] Erfolgt eine Verrechnung oder ein schädliches Austauschgeschäft zeitnah mit der Bargründung oder der Barkapitalerhöhung, wird die entsprechende Absprache einer verdeckten Sacheinlage widerleglich vermutet.[326] Allerdings kommt eine verdeckte Sacheinlage dann nicht in Betracht, wenn der im Rahmen des Verkehrsgeschäfts eingebrachte Vermögensgegenstand nicht sacheinlagefähig ist.[327]

Im Prinzip ist die gängige, in der Rechtsprechung entwickelte Definition der verdeckten Sacheinlage übernommen worden.[328] Genaugenommen ist aber die gesetzliche Regelung mit der früheren *BGH* Judikatur nicht vollkommen deckungsgleich, da das die verdeckte Sacheinlage kennzeichnende Umgehungselement unberücksichtigt bleibt.[329] Im Interesse der Kontinuität mit der aus der Rechtsprechung üblichen Definition hat der Gesetzgeber bewusst die weitere Präzisierung des Tatbestands der verdeckten Sacheinlage der Rechtsprechung überlassen.[330] Dies gilt vor allem für die aus einem Sach- und Zeitzusammenhang zwischen Kapitalerhöhung und dem Verkehrsgeschäft hergeleitete Vermutung einer Abrede.[331]

Die Neuregelung zur verdeckten Sacheinlage gilt nach § 56 Abs. 2 GmbHG/ § 183 Abs. 2 AktG auch im Fall der Kapitalerhöhung. Eine Heilung[332] der verdeckten Sacheinlage durch satzungsändernden Beschluss, ist nicht mehr erforderlich, bleibt jedoch nach der Gesetzesbegründung[333] möglich. Ihr Zweck läge darin, die Beweislast für die (fehlende) Werthaltigkeit wieder vom Inferenten auf die Gesellschaft bzw. auf deren potentiellen Insolvenzverwalter zu verlagern und etwaige Haftungsgefahren für Geschäftsleiter zu vermeiden.[334]

---

325 *A. Steiner*, BWNotZ 2009, 193 (197)

326 *A. Steiner*, BWNotZ 2009, 193 (197)

327 *BGH*, Urt. v. 16.02.2009, („Qivive“), GmbHR 2009, 540 (541)

328 vgl. *BGH*, Urt. v. 07.07.2003, ZIP 2003, 1540; *BGH*, Urt.v. 16.01.2006 („Cash-Pool I“), ZIP 2006, 665; *BGH*, Urt. v. 20.11.2006, ZIP 2007, 178; *BGH*, Urt. v. 09.07.2007 („Lurgi“), ZIP 2007, 1751; Begr. RegE MoMiG, BT-Drucks. 16/6140, S. 40; von „problemloser Subsumption“ spricht *Veil*, ZIP 2007, 1241 (1242), zust. *Büchel*, GmbHR 2007, 1065 (1070); krit.: *Pentz*, GmbHR 2009, 126 (127), *ders.*, in: FS für K. Schmidt, S. 1273f., der die Legaldefinition als „missglückt” bezeichnet, allerdings auch davon ausgeht, dass es für die Definition der verdeckten Sacheinlage trotz der Subsumptionsschwierigkeiten bei den bisherigen Grundsätzen verbleiben soll

329 *Blasche*, GmbHR 2010, 288 (289); näher zu materiellen Fragen: *Pentz*, FS für K. Schmidt S.1281ff.; zu prozessualen Fragen: *Pentz*, GmbHR 2009, 126 (129ff.).

330 *Veil*, ZIP 2007, 1241 (1242); *Schluck-Amend/Penke*, DStR 2009, 1433 (1434); vgl. auch Begr. RegE MoMiG, BT- Drucks. 16/6140, S. 41, 92

331 *Büchel*, GmbHR 2007, 1065 (1070)

332 zur Heilung der verdeckten Sacheinlage: *Hueck/Fastrich*, in: Baumbach/Hueck, GmbHG, § 19 Rn. 46

333 Begr. RegE, BT-Drucks. 16/6140, S. 40

334 *Tebben*, RNotZ 2008, 441 (460)

b) Rechtsfolgen

Wie bereits dargestellt wurde das Vorliegen einer verdeckten Sacheinlage nach altem Recht mit scharfen Sanktionen belegt. Das MoMiG vollzog mit der Lockerung der strengen Vorschriften einen Kurswechsel. Auf der Rechtsfolgenseite bleibt es gemäß § 19 Abs. 4 Satz 1 Halbsatz 2 GmbHG und § 27 Abs. 3 Satz 1 Halbsatz 2 AktG dabei, dass weder die Einzahlung der Bareinlage noch die verdeckte Sacheinlage zur Erfüllung der Einlageverpflichtung führt. Zwar bleibt die Bareinlageverpflichtung bestehen, jedoch wird – allerdings erst mit der Eintragung – der Wert der verdeckten Sachleistung auf die Einlageverpflichtung angerechnet, wobei die Beweislast der Werthaltigkeit nach § 19 Abs. 4 Satz 5 GmbHG beim Gesellschafter verbleibt. Wie bisher darf der Geschäftsleiter somit nicht gemäß § 8 Abs. 2 GmbHG/ § 37 Abs. 1 AktG versichern, dass die Einlageforderung erfüllt sei. Tut er dies dennoch, obwohl er um die verdeckte Sacheinlage weiß, so erfüllt er den Straftatbestand des § 82 Abs. 1 Nr. 1 GmbHG bzw. § 399 Abs. 1 Nr. 1 AktG.[335] Das Registergericht, das von der verdeckten Sacheinlage erfährt, kann die Eintragung auch dann ablehnen, wenn der Wert der verdeckten Sacheinlage den geschuldeten Einlagebetrag erreicht.[336] Auf diese Rechtsfolgen einer verdeckten Sacheinlage sollten die Gründer deutlich hingewiesen werden.[337]

4. Hin- und Herzahlen

a) Tatbestand

Nach bisherigem Recht war das Hin- und Herzahlen eine der „Todsünden" im Kapitalaufbringungsrecht.[338] Das MoMiG ändert dies, indem es auch diese, durch die Rechtsprechung entwickelte Rechtsfigur[339], in dem neugestalteten § 19 Abs. 5 GmbHG legitimiert. Das Gesetz definiert das Hin- und Herzahlen als eine Leistung der Gesellschaft an den Gesellschafter, die vor der Einlage vereinbart worden ist, wirtschaftlich einer Rückzahlung der Einlage entspricht und nicht als verdeckte Sacheinlage i. S. v. § 19 Abs. 4 zu beurteilen ist. Aus der Definition folgt, dass § 19 Abs. 5 GmbHG gegenüber § 19 Abs. 4 GmbHG subsidiär ist.

Auch das Hin- und Herzahlen kommt sowohl bei der Konstellationen der Gründung einer Kapitalgesellschaft als auch bei der Durchführung einer Kapitalerhöhung zum Tragen. Dabei stellt in beiden Fällen die Vereinbarung einer Bareinlagenpflicht den Regelfall dar.[340] Wie bei

---

335 *Tebben*, RNotZ 2008, 441 (459); *Seibert/Decker*, ZIP 2008, 1208 (1210)

336 Begr. RegE MoMiG, BT-Drucks. 16/6140, S. 56

337 *Tebben*, RNotZ 2008, 441 (459)

338 *Pentz*, GmbHR 2009, 505 (511)

339 vgl. bspw. *BGH*, Urt. v. 30.06.1958, WM 1958, 936; *BGH*, Urt. v. 02.12.2002, ZIP 2003, 211 (212); *BGH*, Urt. v. 21.11.2005, ZIP 2005, 2203 (2204); *BGH*, Hinweisbeschl. v. 15.10.2007, ZIP 2008, 1281

340 *Avvento*, BB 2010, 202 (202)

der verdeckten Sacheinlage fließt absprachegemäß die in bar zu erbringende Einlageleistung wirtschaftlich betrachtet an den Inferenten zurück. Jedoch führt der Inferent der Gesellschaft beim Hin- und Herzahlen keinen realen Vermögenswert zu, da die Gesellschaft insoweit nur eine Forderung gegen den Inferenten – typischerweise eine Darlehensforderung – erwirbt und keine Altverbindlichkeit der Gesellschaft gegenüber dem Inferenten getilgt wird.[341]

Im Unterschied zur verdeckten Sacheinlage, die die Nichtbeachtung der Sacheinlagevorschriften sanktioniert, geht es beim Hin- und Herzahlen um die Frage des Vorliegens einer Leistung zur endgültig freien Verfügung der Geschäftsleitung (§ 7 Abs. 3 und § 8 Abs. 2 Satz 1 GmbHG bzw. § 36 Abs. 2 Satz 1 und § 37 Abs. 1 Satz 2 AktG).[342] Dazu ist grundsätzlich erforderlich, dass der Leistende seine Verfügungsmacht ohne Beschränkungen und Vorbehalte endgültig zugunsten der Gesellschaft aufgibt und auf Seiten der Gesellschaft eine unbeschränkte und endgültige Vermögenszufuhr erfolgt.[343]

§ 19 Abs. 5 GmbHG n. F. erfasst zwar nach seinem Wortlaut nur das Hin- und Herzahlen, ist jedoch – ebenso wie § 27 Abs. 4 AktG – analog auch auf das *Her- und Hinzahlen* anzuwenden.[344] Obwohl sich der Wortlaut der Norm nur auf den Fall des Hin- und Herzahlens bezieht kann das Her- und Hinzahlen aufgrund seiner spiegelbildlichen Konstruktion zum Hin- und Herzahlen, nicht anders zu beurteilen sein. Denn die *ratio* der Norm ist unabhängig davon, in welcher Richtung die Zahlungsströme fließen; eine unterschiedliche Behandlung beider bisher gleich[345] behandelten Konstellationen würde zu unbefriedigenden *Wertungswidersprüchen* führen.[346]

b) Rechtsfolgen

Durch das MoMiG wurde im Bereich des Hin- und Herzahlens eine grundlegende Änderung der Rechtslage vorgenommen. Eine Bareinlage befreit den Gesellschafter prinzipiell nicht von seiner Einlagepflicht, wenn sie aufgrund einer vor der Einlage getroffenen Vereinbarung an den Leistenden zurückfließt. Allerdings ordnen nun die §19 Abs. 5 GmbHG/ §27 Abs. 4 AktG die Erfüllungswirkung im Falle des Hin- und Herzahlens an, wenn die Abrede vor Bewirkung der Einlage getroffen wurde, der Gegenleistungs- oder *Rückgewähranspruch* in voller Höhe *vollwertig* und *liquide* ist oder durch fristlose Kündigung jederzeit fällig gestellt

[341] *Schluck-Amend/Penke*, DStR 2009, 1433 (1435)
[342] *Oppenländer*, in: Oppenländer/Trölitzsch, § 4 Rn. 35
[343] *Oppenländer*, in: Oppenländer/Trölitzsch, § 4 Rn. 35
[344] *Herrler/Grigoleit*, DB 2008, 2347 (2348)
[345] *BGH*, Urt. v. 12.06.2006, ZIP 2006, 1633 (1634)
[346] *Bayer/Schmidt, J.*, ZGR 2009, 805 (838)

werden kann. Sodann wird der Gesellschafter bzw. Aktionär von seiner Bareinlageverpflichtung frei. Die Rechtsfolge des Hin- und Herzahlens weicht damit von der Anrechnungslösung bei der verdeckten Sacheinlage insoweit ab, als die Bareinlageschuld zwar erlischt, an ihre Stelle indes eine andere Forderung der Gesellschaft tritt. Zudem muss eine solche Abrede bei der Eintragung dem Gericht offen gelegt werden.

So wie im Recht der Kapitalerhaltung wird die Transaktion durch dic Leistungsfähigkeit der Mutter als Geldempfangsstelle legalisiert.[347] Diese Auffangregelung ist als Gegenstück zu den Öffnungsklauseln der § 30 Abs. 1 Satz 2 GmbHG, § 57 Abs. 1 Satz 3 AktG gedacht.[348] Der Gesetzgeber bezweckt damit die Herstellung eines kapitalschutzrechtlichen „*Safe Harbour*" für das konzernweite Cash-Pooling.[349]

c) Spezielle Erfüllungsvoraussetzungen beim Hin- und Herzahlen

aa) Kriterium der Vollwertigkeit

(1) Begriffsbestimmung

Bedauerlicherweise hat der Gesetzgeber nicht näher dargelegt, wie die nach der Neuregelung maßgebliche „Vollwertigkeit" zu bestimmen ist. Die Regierungsbegründung zur Parallelvorschrift des § 30 Abs. 1 Satz 2 GmbHG hebt zwar ausdrücklich hervor, die Neuregelung kehre zu herrschenden „bilanziellen Betrachtungsweise" zurück, die sich als „roter Faden" [350] durch die Neuregelungen zur Kapitalaufbringung und -erhaltung ziehen soll; lapidar heißt es aber weiter, dass eine Durchsetzbarkeit des Rückerstattungsanspruchs Teil der Definition des Vollwertigkeitsbegriffs sei und diese daher keiner besonderen Erwähnung bedürfe. [351] Auch das vom *BGH* als Pendant eingeführte Merkmal des „konkreten Ausfallrisikos"[352] lässt sowohl die Frage nach den für die Beurteilung maßgeblichen Kriterien als auch die Frage nach dem Maßstab offen, anhand dessen konkrete von abstrakten Ausfallrisiken abzugrenzen sind.[353]

Entgegen der recht knappen Regierungsbegründung und der diffusen Terminologie des *BGH* ist eine detailliertere Beantwortung der Frage, was genau unter dem Terminus „Vollwertigkeit" zu verstehen ist, nötig – gerade auch vor dem Hintergrund ihrer Funktion als Freistellungsbedingung und der historischen Unsicherheiten. Aus dem Kontext der Begründung lässt

[347] *Bayer*, in: Lutter/Hommelhoff, GmbHG, § 19 Rn. 98
[348] *Ekkenga*, ZIP 2010, 2469 (2470)
[349] *Ekkenga*, ZIP 2010, 2469 (2470)
[350] Begr. RegE MoMiG, BT-Drucks. 16/6140, S. 35
[351] Begr. RegE MoMiG, BT-Drucks. 16/6140, S. 41
[352] *BGH*, Urt., v. 01.12.2008, („MPS"), AG 2009, 81 (82), Rn. 13
[353] *Cahn*, Kredite an Gesellschafter, S. 28

sich folgern, dass die Vollwertigkeit des Anspruchs auf Rückzahlung, der in den Pool eingebrachten Mittel, nach den „allgemeinen Bilanzierungsgrundsätzen" zu bestimmen ist. Die Hervorhebung der bilanziellen Sichtweise stellt einen ersten „Vorfilter" dar, denn bedrohte Forderungen sind in der Bilanz abzuschreiben (§ 253 Abs. 3 Satz 2 u. Abs. 4 HGB).[354] Daher ist nach den allgemeinen Grundsätzen der Forderungsbewertung des HGB, insbesondere nach § 252 Abs. 3. Satz 2 HGB auf die Bonität des Gesellschafters abzustellen. Danach bedeutet Vollwertigkeit, dass die Einbringbarkeit der Forderung unter Berücksichtigung des individuellen Kreditrisikos des Schuldners nicht zweifelhaft ist.[355] Die Forderung muss mit 100 Prozent ihres Nennwerts aktiviert werden können.[356] Zur Vollwertigkeit der Forderung gehört auch, dass sie rechtlich durchsetzbar ist, also z.B. keine Einreden bestehen.[357]

Insgesamt ist es nach höchstrichterlicher Meinung ausreichend, dass die Kreditwürdigkeit nicht absehbar in Frage gestellt wird. Die durch den *BGH* aufgestellten Anforderungen, dass die Kreditwürdigkeit auch „bei Anlegung strengster Maßstäbe außerhalb jedes vernünftigen Zweifels" stehen müsste,[358] ist ausdrücklich nicht mehr notwendig[359].

(2) Bonität

In Anlehnung an diesen Gedanken entschied das *OLG* München unlängst, dass das Registergericht auch die Vorlage der entsprechenden Verträge sowie einen Nachweis über die Bonität des Gesellschafters verlangen kann. Dies gilt auch für ein öffentlich zugängliches *Rating* einer anerkannten Ratingagentur, wobei ein positives Rating selbst als geeigneter Bonitätsnachweis in Betracht kommt.[360] Zwar ist die Vorlage von Nachweisen im Gesetz nicht ausdrücklich angeordnet, nach dem Willen des Gesetzgebers kann aber die vorzunehmende Prüfung durch den Registerrichter nur erfolgen, wenn diesem die für die Liquidität und Vollwertigkeit des Rückgewähranspruchs maßgeblichen Angaben nachgewiesen werden. Anders als bei der haftungs- und strafbewehrten Versicherung des Geschäftsführers über die Einlageleistung[361], stand bei der durch das MoMiG eingefügten Vollwertigkeitsprüfung von Rückgewähransprüchen nicht die Vereinfachung und Beschleunigung des Registerverfahrens im

354 *Wirsch*, S. 105

355 *Altmeppen*, in: Roth/Altmeppen, GmbHG, § 30 Rn. 96; *Gelhausen*, in: WP Handbuch 2006, Bd. I, Abschnitt E, Rn. 435; *Wiedmann*, in: Ebenroth/Boujong/u.a. HGB § 253 Rn. 104; *Wicke*, GmbHG, Rn. 10; *Büchel*, GmbHR 2007, 1065 (1067), jew. m.w.N.

356 *Drygala/Kramer*, ZIP 2007, 1289 (1294)

357 *Heuel/Luxem*, S. 166

358 *BGH*, Urt. v. 24.11.2003, (November-Urteil"), NJW 2004, 1111

359 *BGH*, Urt. v. 01.12.2008 („MPS"), AG 2009, 81 (83): „Eine an Sicherheit grenzende Wahrscheinlichkeit der Darlehensrückzahlung [...] ist nicht erforderlich"

360 *OLG* München, Beschl. v. 17.02.2011, ZIP 2011, 567 (567)

361 Begr. RegE MoMiG, BT-Drucks. 16/6140, S. 67

Vordergrund, sodass die Anforderungen an die mit der Anmeldung vorzulegenden Unterlagen insoweit nicht herabgesetzt sind. Dies hat bei Cash-Pool-Sachverhalten zur Folge, dass dem Registergericht auf Anforderung die Liquidität und Vollwertigkeit des Rückgewähranspruchs nachzuweisen sind, wobei der entsprechende *Bonitätsnachweis* im Rahmen der Kapitalaufbringung jedenfalls durch ein positives Rating einer anerkannten Ratingagentur geführt werden kann. Angesichts des gleichen Wortlauts des § 30 Abs. 1 Satz 2 GmbHG gilt dies auch für den Nachweis eines vollwertigen Rückgewähranspruchs bei der Kapitalerhaltung. Bei der Beteiligung an Cash-Pool-Systemen schafft die Entscheidung zumindest für Geschäftsführer von Gesellschaften Sicherheit, deren Rückgewähransprüche sich gegen Gesellschafter mit einem entsprechenden positiven Rating richten.[362]

In Anbetracht des *Amtsermittlungsgrundsatzes* nach § 26 FamFG verwundert es allerdings, dass der bloße Verweis auf „aktuelle, öffentlich zugängliche Ratings“ nicht ausreicht[363], sondern die Mitwirkungspflicht im Anmeldungsverfahren deren Vorlage erfordert.[364] Nach Auffassung des *Oberlandesgerichts* ist das Registergericht aufgrund der Beweislast der Gesellschaft nicht gehalten, sich die benötigten und öffentlich zugänglichen Informationen selbst zu verschaffen, sodass diese von der Gesellschaft beigebracht werden müssen.[365]

(3) Zeitpunkt der Vollwertigkeit

Der Zeitpunkt für die Beurteilung der Vollwertigkeit des Rückgewähranspruchs ist in § 19 Abs. 5 GmbHG nicht genannt.[366] Im Hinblick auf die gebotene bilanzielle Betrachtungsweise liegt der Gedanke nahe, dass insoweit auf die Vollwertigkeit im Zeitpunkt des Herzahlens an den Inferenten abzustellen ist.[367] In Anlehnung an die „MPS-Entscheidung[368] haben die Geschäftsführer der GmbH, nach der Auszahlung an den Inferenten, die Werthaltigkeit des Rückgewähranspruchs zu prüfen und gegebenenfalls mit Kündigung oder der Anforderung von Sicherheiten zu reagieren.[369] Maßgeblich für die Beurteilung der Vollwertigkeit also ist allein die *ex-ante-Perspektive* zum Zeitpunkt der *Gewährung des Darlehens*. Spätere, nicht vorhersehbare Verschlechterungen des Anspruchs sind freilich von § 19 Abs. 5 GmbHG nicht

---

362 *Seppelt*, BB 2011, 690

363 *OLG* München, Beschl. v. 17.02.2011, ZIP 2011, 567 (568)

364 *Seppelt*, BB 2011, 690

365 *Seppelt*, BB 2011, 690

366 anders bei § 19 Abs. 4 S. 3 GmbHG

367 *Bormann/Urlichs*, in: GmbH-Beratung, S. 37, 43; *Herrler/Grigoleit*, DB 2008, 2347 (2349); *Bayer*, in: Lutter/Hommelhoff, § 19 Rn. 95; *Roth*, in: Roth/Altmeppen, GmbHG, § 19 Rn. 102

368 *BGH*, Urt. v. 01.12.2008, AG 2009, 81 (82) Rn. 13

369 *Blasche*, GmbHR 2010, 288 (293)

mehr erfasst.[370] Jedoch kann ein *Sorgfaltspflichtverstoß* des Geschäftsleiters gegeben sein, der diese Forderungen stehen ließ, obwohl er sie hätte einfordern oder besichern müssen. Auch können spätere Abwertungen zur Verlustanzeigepflicht führen.[371]

Bei Cash-Pool Sachverhalten ist fraglich, ob hinsichtlich der Vollwertigkeit des Anspruchs gegen die Betreibergesellschaft auf den Zeitpunkt des Abschlusses der Cash-Pool-Vereinbarung abzustellen ist oder auf den Zeitpunkt des jeweiligen Liquiditätsabflusses. Ersteres wird damit begründet, dass die Eingehung eines Cash-Pool-Vertrages wie eine generelle Kreditzusage an den Cash-Pool-Führer zu qualifizieren sei, mit der Folge, dass es auf den konkreten Abfluss nicht ankomme.[372] Die Gegenansicht stellt hingegen auf die konkrete Überweisung auf das Cash-Pool-Konto ab, so dass der Geschäftsführer sich zu diesem Zeitpunkt von der gegebenen Vollwertigkeit überzeugen muss.

Im Endeffekt dürften sich die beiden Ansichten nicht substantiell unterscheiden, verlangen doch beide die Errichtung eines tragfähigen *Informations- und Risikoüberwachungssystems*, mittels derer sich der Geschäftsleiter laufend mit der Solvenz der Muttergesellschaft befassen muss. Schon aus der nach § 43 Abs. 1 GmbHG/ 93 Abs. 2 AktG geschuldeten *Sorgfaltspflicht* wird der Geschäftsführer oder Vorstand damit sicherstellen, dass bei Beeinträchtigung der Solvenz des Cash-Pool-Führers (und damit fehlender Vollwertigkeit) eine Beendigung der Teilnahme am Pool und die unverzügliche Rückforderung von bestehenden Guthaben möglich bleibt.[373]

(4) Buchwertprinzip vs. Verkehrswertprinzip

Nach der Begründung des *Regierungsentwurfs*, soll das Gesetz zur bilanziellen Betrachtungsweise zurückkehren, wobei die Einlagerückgewähr, die durch einen vollwertigen Gegenleistungsanspruch gedeckt ist, als *Aktivtausch* betrachtet werden soll.[374] Bereits auf den ersten Blick wird dabei allerdings ein Widerspruch ersichtlich, denn mit der Vollwertigkeit korrespondiert die Maßgabe eines „*Verkehrswertes*“. Dagegen impliziert ein Aktivtausch einen „*Buchwert*“. Außer Acht gelassen würden bei einem bloßen Aktivtauch somit die *stillen Reserven.* Zu einem Auseinanderfallen beider Werte kommt es dann, wenn die Gesellschaft ein selbst geschaffenes immaterielles Wirtschaftsgut überhaupt nicht (§ 248 Abs. 2 HGB) oder

370 *Roth,* in: Roth/Altmeppen, GmbHG, § 19 Rn. 102; Begr. RegE MoMiG, BT-Drucks. 16/6140, S. 41

371 *Korts*, Haftungsfragen – Workshop 1 Absicherung als Compliance-Aufgabe, http://www.ihk-koeln.de/upload/Vortrag_Compliance_14251.pdf

372 *Thun*, in: Bunnemann/Zirngibl, § 6 Rn. 125

373 *Thun*, in: Bunnemann/Zirngibl, § 6 Rn. 126

374 Begr. RegE MoMiG, BT-Drucks. 16/6140, S. 76

ein im Wert gestiegenes Grundstück noch zu historischen Anschaffungskosten bilanziert (§ 253 Abs. 1 Satz 1 HGB).[375]

Entgegen der überwiegenden Meinung in der Literatur und der früheren Judikatur, hatte der *BGH* zur Existenzvernichtungshaftung mehrfach festgestellt, dass stille Reserven nach § 30 Abs. 1 GmbHG, also der Parallelnorm zu § 19 Abs. 5 GmbHG, nicht erfasst werden.[376] Noch nach zuvor ergangener Rechtsprechung sollte die Buchwertbetrachtung nur für die Feststellung der Unterbilanz, nicht aber für die Begrenzung der Gesellschafterhaftung gelten.[377] § 30 Abs. 1 GmbHG verbietet nun die Rückgewähr von „*Vermögen*"[378] bzw. in diesem Fall von Vermögensgegenständen[379], die den Gläubigern zur Befriedigung dienen. Geht es um den Vermögensgegenstand als Haftungsgrundlage, muss die Ersatzpflicht des Gesellschafters auf den Verkehrswert gerichtet sein, falls der Gegenstand als solcher nicht zurückgegeben werden kann.[380] Daher heißt es in der Regierungsbegründung auch, dass der Zahlungsanspruch der Gesellschaft „wertmäßig nach Marktwerten und nicht nach Abschreibungswerten den geleisteten Gegenstand decken muss"[381]. Das steht freilich im Gegensatz zu dem zuvor ausdrücklich erwähnten Aktivtausch. Letztendlich wird lediglich eine Verkehrswertbetrachtung dem bei einer Unterbilanz besonders gefährdeten Gläubigerinteresse gerecht.[382]

bb) Alles-oder-Nichts-Prinzip

Beim Hin- und Herzahlen ist, anders als im Falle des Anrechnungsmodells zur verdeckten Sacheinlage, der Eintritt der Rechtsfolge zudem davon abhängig, dass der Rückgewähranspruch der Gesellschaft in *voller Höhe* vollwertig und liquide ist. Der Unterscheidung erklärt sich daraus, dass es bei der verdeckten Sacheinlage um die Sanktion einer nicht vollwertigen Leistung geht, wohingegen beim Hin- und Herzahlen eine nicht vollwertige Leistung von vornherein ausgeschlossen werden soll.[383] Wenn der Rückgewähranspruch wegen mangelnder Solvenz des Gesellschafters nicht vollwertig ist, soll das „Herzahlen" unterbleiben und die

[375] *Winter*, DStR 2007, 1484 (1486)
[376] *BGH*, Urt, v. 17.09.2001, NJW 2001, 3622 („Bremer Vulkan"); *BGH*, Urt. v. 16.07.2007, BGHZ 173, 246 („*Trihotel*"); *Goette*, Einführung in das neue GmbH-Recht, 2008, Rn. 50
[377] *Spliedt*, ZIP 2009, 149 (149)
[378] im deutschen Zivilrecht existiert keine Legaldefinition von Vermögen, vgl. *Jickeli/Stieper*, in: Staudinger, BGB, Vorbemerkungen zu §§ 90-103, Rn. 24ff.; Der Begriff wird zudem uneinheitlich verwendet: i.d.R. umfasst Vermögen, die Summe der Aktiva einer natürlichen oder juristischen Person (z.B. in § 266 HGB), jedoch im Erbrecht auch Verbindlichkeiten („Sondervermögen", § 1922ff. BGB), s. *Zahrte*, S. 97
[379] *BGH*, Urt. v. 17.03.2008, ZIP 2008, 922
[380] *Spliedt*, ZIP 2009, 149 (149)
[381] Begr. RegE MoMiG, BT-Drucks. 16/6140, S. 41
[382] *Spliedt*, ZIP 2009, 149 (150)
[383] *Wicke*, GmbHG, § 19 Rn. 35

Gesellschaft die ihr zugeführte Leistung behalten.[384] Sobald an dieser Vollwertigkeit Zweifel bestehen, also bilanziell Abwertungsbedarf besteht,[385] tritt keine Erfüllungswirkung ein. Der Gesetzgeber hat sich hierbei für eine „*Alles-oder-Nichts*"-Lösung[386] entschieden; damit findet eine nur anteilige Tilgung nicht statt. Der MoMiG-Gesetzgeber hat sich in diesem Zusammenhang bei Vorgängen des Hin- und Herzahlen[387], entgegen dem Petitum des Bundesrats[388], gegen eine „Soweit"-Formulierung entschlossen hat, obwohl für die verdeckte Sacheinlage laut § 19 Abs. 4 GmbHG die Anrechnungslösung ausreicht.[389]

Im Cash-Pool kann dieses Prinzip Schwierigkeiten verursachen, da bereits bei einer kleinen Fehleinschätzung in Bezug auf die Vollwertigkeit des Rückgewähranspruchs, die komplette Einlagenzahlung unwirksam ist. Diese Prüfung obliegt dem Geschäftsführer, der im Falle einer schuldhaften Fehleinschätzung haftbar ist. Nach der „MPS-Doktrin" ist er aber auch beobachtungspflichtig und auch hier Haftungsgefahren nach § 43 Abs. 2 GmbHG ausgesetzt, wenn er schuldhaft pflichtwidrig handelt, in der Regel also gebotene Maßnahmen versäumt.[390] Für die Praxis ist zu empfehlen, Darlehensgewährungen auf das notwendige und sichere Maß zu beschränken und den Darlehensempfänger (ggf. auch durch ein erhöhtes Stamm-/Grundkapital) mit den nötigen Mitteln auszustatten.[391]

cc) Deckungsgebot und angemessene Verzinsung

Unter dem *Deckungsgebot* versteht man, dass bei einem Austauschvertrag der Zahlungsanspruch gegen den Gesellschafter nicht nur vollwertig sein muss, sondern auch wertmäßig nach *Marktwerten*, und nicht nach Abschreibungswerten, den geleisteten Gegenstand decken muss. Das Deckungsgebot des MoMiG ist zwar im Wesentlichen durch Cash-Pooling im Konzern veranlasst, gilt aber allgemein und enthält daher kein Cash-Pool-Privileg.[392]

Das Argument, dass das gegenseitige Aushelfen mit zinsloser Liquidität ja gerade der Vorteil des Cash-Pooling sei und damit gegen eine marktübliche Verzinsung spreche,[393] kann nicht vollends überzeugen. Denn wie bereits dargestellt, zahlt die kreditnehmende Konzerngesellschaft ohne die Saldierung auf einem einzigen Konto höhere Zinsen, als ihre kreditgebende

384 Begr. RegE MoMiG, BT-Drucks. 16/6140, S. 76
385 *Markwardt*, BB 2008, 2414 (2420)
386 Begr. RegE MoMiG, BT-Drucks. 16/6140, S. 76
387 Gegen eine Teilanrechnung dort: *Maier-Reimer/Wenzel*, ZIP 2008, 1449 (1453f.)
388 RegE, BR-Drucks. 354/07, S. 13
389 *Spliedt*, ZIP 2009, 149 (152)
390 *Goette*, GWR 2009, 333
391 *Michelfeit*, MittBayNot 2009, 435 (438)
392 *Thiessen*, in: Bork/Schäfer GmbHG, § 30 Rn. 3
393 *Kollrus*, MDR 2011, 208 (210)

Schwestergesellschaft bei derselben Bank erhält. Diese Zinsdifferenz liegt am *Delkredere-Risiko*, das die Bank bei der schuldenden Gesellschaft trägt. Dieses Risiko hat seinen Preis (vgl. § 86b HGB zur Delkredere-Provision des Handelsvertreters); ihn zu vermeiden, ist ökonomisch unmöglich und auch das Risiko bleibt bzw. kann nur verlagert werden. Will man die außenstehenden Gläubiger schützen – immerhin findet sich in der Überschrift der Novelle die Bekämpfung von Missbräuchen –, bleibt nur die Möglichkeit, das Delkredere-Risiko bei der den Cash-Pool speisenden Konzerngesellschaft zu berücksichtigen.[394] Diese muss einen Risikozins erhalten, um das Kriterium der Vollwertigkeit zu erfüllen und um keinen Verstoß gegen das Gebot der Einlagenrückgewähr zu begehen.

Der *Vollwertigkeitsbegriff* impliziert damit einen *Drittvergleich* (*arm's length principle*). Entscheidend ist dabei die Frage, ob die Gesellschaft für die Leistung am freien Markt die gleiche Gegenleistung erhalten hätte. In dieser Hinsicht ist der Gesetzeswortlaut unentschlossen. Er bezieht die Vollwertigkeit nämlich auf den „Gegenleistungs- oder Rückgewähranspruch". Eine vollwertige Gegenleistung umfasst aber Gewinn- und Risikoaufschläge, soweit auch fremde Dritte sie bezahlen würden (vgl. § 612 Abs. 2, § 632 Abs. 2 BGB); die bloße Rückgewähr bedeutet hingegen nur ein „Geldwechseln" (vgl. § 346 Abs. 1 BGB), so dass die Vollwertigkeit dann eine reine Bonitätsfrage wäre.[395] Weil die Bilanzierungspraxis eine Abzinsung nur bei Forderungen mit einer Restlaufzeit von mehr als einem Jahr vorsieht,[396] sehen manche in unverzinslichen Darlehen mit kürzerer Laufzeit auch keine Leistung im Sinne der Kapitalerhaltungsvorschriften,[397] freilich ohne zu berücksichtigen, dass die Praxis die Abzinsung nur aus Vereinfachungsgründen unterlässt.[398]

Allerdings darf die Gesellschaft in der die Gläubigergefährdung erhöhenden Situation der Unterbilanz nicht auf einen Risikozins verzichten, den sie sonst auf dem freien Markt standardmäßig erhielte.[399] Dies kann nicht allein durch die (ungewisse) Möglichkeit aufgewogen werden, im Gegenzug auch selbst einmal den Pool in Anspruch zu nehmen.[400] Um jedoch die alternative Formulierung im Gesetzestext nicht zu unterlaufen, wird man die Einlagenrückgewähr auf den entzogenen bzw. vorenthaltenen Zins beschränken müssen, was der *BGH* im „MPS-Urteil" bestätigt[401] hat.[402]

[394] *Spliedt*, ZIP 2009, 149 (150)
[395] *Spliedt*, ZIP 2009, 149 (150)
[396] *Ballwieser*, in: MünchKommHGB, § 253 Rn. 63; *Drygala/Kremer*, ZIP 2007, 1289 (1293)
[397] *Drygala/Kremer*, ZIP 2007, 1289 (1293); *Kiefner/Theusinger*, NZG 2008, 801 (804)
[398] *Mülbert/Leuschner*, NZG 2009, 281 (282)
[399] *Spliedt*, ZIP 2009, 149 (150)
[400] *Spliedt*, ZIP 2009, 149 (150); a.A.: *Altmeppen*, ZIP 2009, 49 (52)
[401] *BGH*, Urt. v. 01.12.2008, AG 2009, 81, Rn. 17

dd) Offenlegung des Hin- und Herzahlens

(1) Konstitutiver Charakter

Nach Inkrafttreten der Reform war zunächst fraglich, ob die gem. § 19 Abs. 5 Satz 2 GmbHG geforderte Offenlegung dieses Vorgangs in der Anmeldung gegenüber dem Handelsregister eine Erfüllungsvoraussetzung für die Leistung der Bareinlage darstellte oder ob (wofür die Aufnahme in einem gesonderten Satz hätte sprechen können) es insoweit lediglich auf die Vollwertigkeit und Liquidität des Rückgewähranspruchs ankommen sollte.[403]

Die MoMiG-Reform bezweckt die Legitimation einer wirtschaftlich vertretbaren Rückgewähr der Einlage. Der *BGH* will dies entgegen dem ausdrücklichen Gesetzgeberischen Willen aber – vergleichbar mit seiner nunmehr obsoleten Rechtsprechung zur verdeckten Sacheinlage – bereits am Verstoß gegen die Offenlegungspflicht scheitern lassen.[404] Dem Registerrichter soll die Möglichkeit eröffnet werden, zu prüfen, ob die nötigen Voraussetzungen einer Erfüllungswirkung bestehen.[405] Dazu bekundeten die höchsten Richter bereits in zwei Urteilen die Auffassung, dass der Eintritt der Erfüllungswirkung nach § 19 Abs. 5 Satz 1 GmbHG auch von der Befolgung des Satzes 2 abhänge. Erst wurde die Frage nur *obiter* gestreift, wobei der *BGH* die Neuregelung des Absatzes 5 als im konkreten Fall für nicht einschlägig beschrieb[406], sodann in der zweiten Entscheidung[407] jedoch dezidiert als dritte Voraussetzung für die Erfüllung der Einlageschuld, die es neben der in Satz 1 statuierten Vollwertigkeit und Liquidierbarkeit zu erfüllen gilt, qualifizierte.[408] Die Nichtbeachtung dieses Anmeldungserfordernisses würde dazu führen, dass das Hin- und Herzahlen keine Tilgungswirkung entfalten kann, weil die Substitution der mitgliedschaftlichen Leistungspflicht durch einen schlichten, d.h. schwächeren schuldrechtlichen Anspruch[409] dann nicht zugelassen wird.[410] Damit hat die in § 19 Abs. 5 Satz 2 GmbHG/ § 27 Abs. 4 Satz 2 AktG bestimmte Offenlegung des Hin- und Her-

402 *Spliedt*, ZIP 2009, 149 (150)

403 *Pentz*, GmbHR 2009. 505 (511); *Baumbach/Hueck*, in: Baumbach/Hueck, GmbHG, § 19 Rn. 80; zweifelnd auch *Bayer*, in: Lutter/Hommelhoff, GmbHG, § 19 Rn. 99; *Altmeppen*, ZIP 2009, 1545 (1548)

404 *Roth*, NJW 2009, 3397 (3397); *BGH*, Urt. v. 16.02.2009, GmbHR 2009, 540 („Qivive"); *BGH*, Urt. v. 20.07.2009, WM 2009, 1574 („Cash-Pool II")

405 *Bunnemann*, in: Bunnemann/Zirngibl, § 3 Rn. 81

406 *BGH*, Urt. v. 16.02.2009, GmbHR 2009, 540 (540), Rn. 8 („Qivive"). Das Diktum blieb daher auch in den Urteilsanmerkungen teilweise unbeachtet: *Theusinger/Liese*, NZG 2009, 641; *Lieder*, LMK 2009, 284066

407 *BGH*, Urt. v. 20.07.2009, WM 2009, 1574 (1576), Rn. 25, („Cash-Pool II")

408 *Roth*, NJW 2009, 3397 (3397)

409 *de lege lata* wird auch im Schrifttum kritisiert, dass der Tausch zwischen einer Einlage und einer bloßen schuldrechtlichen Forderung ein „Novum für das deutsche Kapitalschutzrecht" sei, das der in der Begr. zum RegE zugesprochenen Qualifikation als „Beibehaltung des bewährten Haftkapitalsystems" nur schwerlich gerecht werde, *Altmeppen*, NZG 2010, 441 (443); *Goette*, DStR 2009, 51 (53); *Bayer*, in: Lutter/ Hommelhoff, GmbHG, § 19 Rn. 89; *Zöllner*, in: Baumbach/Hueck, GmbHG, § 56a Rn. 7, jeweils m.w.N.

410 *BGH*, Urt. v. 16.02.2009, GmbHR 2009, 540 (540) Rn. 10 („Qivive")

zahlens konstitutiven Charakter: Die Befreiung von der Bareinlageschuld tritt dann nicht eintritt, wenn die Offenlegung unterblieben ist.[411]

(2) Bewertung der Offenlegungspflicht

Die Verpflichtung zur Offenlegung bei der Anmeldung für die Befreiung von der Einlagepflicht erscheint überzogen.[412] Gerade das primäre Ziel der Neuregelung die Folgen der einschneidenden Sanktionen der verdeckten Sacheinlage abzumildern, ist ein gewichtiges Argument, lediglich an die Vollwertigkeit und jederzeitige Fälligkeit des Rückzahlungsanspruchs anzuknüpfen.[413] Die Gesellschaft hat bei wirtschaftlicher Betrachtung jederzeit liquide Vermögenswerte erhalten, die der Einlage in der Höhe entsprechen. Damit ist das Bedürfnis für die Aufrechterhaltung des Einlageanspruchs nicht mehr zwingend, denn die Gesellschafts- und Gläubigerinteressen sind durch den Nachweis des Vermögenszuwachses gewahrt. Folglich ist ein Bedürfnis für die Aufrechterhaltung des Einlageanspruchs nicht mehr zwingend. Die Gesellschafts- und Gläubigerinteressen sind ja gerade schon durch den Nachweis des Vermögenszuwachses befriedigt.[414]

Ferner ergäbe sich ein *Wertungswiderspruch* zur Behandlung der verdeckten Sacheinlage. Bei dieser kann nämlich noch nachträglich eine Anrechnung erfolgen, sofern der Wert der Sacheinlage nachgewiesen wird.[415] Im wirtschaftlichen Ergebnis entspricht das Hin- und Herzahlen allerdings der Sacheinlage einer Forderung gegen den Gesellschafter.[416] Mithin vermag es beim Hin-und Herzahlen kaum zu überzeugen, für die Erfüllungswirkung neben der Werthaltigkeit und Fälligkeit des Rückgewähranspruchs auch noch die Offenlegung zu verlangen.[417]

Letzten Endes muss sich die Praxis hierauf einstellen, auch wenn es dem Sinn und Zweck der Neuregelung widerspricht, der Offenlegungspflicht eine derartige materielle Bedeutung beizulegen.[418]

---

411 *Habersack*, AG 2009, 557 (558)

412 *Roth*, NJW 2009, 3397 (3398f.); *Merkner/Schmidt-Bendun*, NJW 2009, 3072 (3074): die „intendierte Rückwirkung der Vorschriften [würde] konterkariert"; so auch *Theusinger*, NZG 2009, 1017 (1018); a.A.: *Schluck-Amend/Penke*, DStR 2009, 1433 (1436)

413 *Bunnemann*, in: Bunnemann/Zirngibl, § 3 Rn. 81

414 *Altmeppen*, ZIP 2009, 145 (1548); *Theusinger*, NZG 2009, 1017 (1018)

415 *Bunnemann*, in: Bunnemann/Zirngibl, § 3 Rn. 81

416 *Wicke*, GmbHG, § 19 Rn. 33; *Bormann*, GmbHR 2007, 897 (903)

417 *Bunnemann*, in: Bunnemann/Zirngibl, § 3 Rn. 81

418 *Roth*, NJW 2009, 3397 (3398)

III. Situation im Cash-Pool

1. Differenzierung nach dem Saldenstand auf dem Zentralkonto

Auch bei Cash-Pool-Sachverhalten sollen weiterhin keine Besonderheiten bei der Kapitalaufbringung gelten. Die mit dem Cash-Pooling einhergehenden Zahlungsströme können sich deshalb als Verstoß gegen das Gebot der endgültigen Kapitalaufbringung erweisen. Konsequenterweise trifft der *BGH* die Unterscheidung zwischen den Umgehungsfällen der Kapitalaufbringungsvorschriften nach den allgemeinen Grundsätzen. Beim Cash-Pooling lag und liegt – hier wurde durch das MoMiG nichts verändert – ein „System wechselseitiger Darlehensverträge“[419] und damit im Bereich der Kapitalaufbringung entweder eine verdeckte Sacheinlage oder ein Fall des Hin- und Herzahlens vor.

Die übliche Vorgehensweise besteht darin, dass die Muttergesellschaft bei Kapitalerhöhung einer Tochtergesellschaft (bzw. bei Neugründung einer Tochtergesellschaft und gleichzeitiger Aufnahme in den Cash-Pool) zwar die Bareinlage an die Tochter überweist, deren Geschäftsführer den Betrag jedoch weisungsgemäß sofort an das Pool-Konto bei der Mutter oder einer anderen Konzerngesellschaft, die gerade Liquidität benötigt, zurücküberweist.[420] Die Einlage der Muttergesellschaft fließt unmittelbar auf das Zentralkonto zurück. Die Tochtergesellgesellschaft, die Verbindlichkeiten oder eine Forderung gegenüber der Konzernmutter hat,[421] erhält lediglich die Befreiung von ihrer Verbindlichkeit oder einen schuldrechtlichen Rückforderungsanspruch aus § 488 Abs. 1 BGB gegen den Cash-Pool.[422]

Es ist nach nun geltender Rechtslage für die Abgrenzung zwischen dem Vorliegen einer verdeckten Sacheinlage gemäß § 19 Abs. 4 GmbHG/ 27Abs. 3 AktG und einem Fall des Hin- und Herzahlens gemäß § 19 Abs. 5 GmbHG/ 27 Abs. 4 AktG primär entscheidend, ob die Tochtergesellschaft im Cash-Pool ein *Soll*- oder ein *Haben*-Saldo aufweist.[423] Der relevante Zeitpunkt zur Unterscheidung zwischen verdeckter Sacheinlage und Hin- und Herzahlen soll nach der Rechtsprechung des *BGH* derjenige der Weiterleitung des Einlagebetrages auf das Zentralkonto sein.[424] Es kommt nun darauf an, ob die betroffene Gesellschaft eine Nehmerge-

---

[419] *D. Mayer*, in: FS für Priester 2007, S. 448; *Cahn*, ZHR 166 (2002), 278 (280)

[420] *Mohr*, GmbH-StB 2008, 339 (340)

[421] es ist auch eine 3. Variante denkbar, bei der die Tochtergesellschaft weder Forderungen noch Verbindlichkeiten hat und sozusagen forderungsneutral ist

[422] *Jülch*, S. 95

[423] *Maier-Reimer/Wenzel*, ZIP 2008, 1449 (1454); *Herrler*, DNotZ 2008, 903 (906); *Merkner/Schmidt-Bendun*, NJW 2009, 3072 (3073), jeweils m.w.N

[424] *BGH*, Urt. v. 20.07.2009, WM 2009, 1574 (1574ff.), Rn. 10f.; a.A.: *Maier-Reimer/Wenzel*, ZIP 2008, 1449 (1454); *D. Meier*, in: FS für Priester, S. 448f.: Maßgeblich sei der Zeitpunkt der Mittelzuführung durch die Muttergesellschaft bei der Poolteilnehmerin; *Vetter/Schwandtner*: entscheidend sei der Stichtag der Entstehung der Einlageforderung, Der Konzern 2006, 407 (413)

sellschaft ist, also ein *negativer* Saldo der Gesellschaft gegenüber dem Zentralkontos vorliegt, oder ob die betrachtete Tochter eine Gebergesellschaft ist. In der ersteren Konstellation liegt ein Fall der verdeckten Sacheinlage vor. Andernfalls liegt ein Hin- und Herzahlen vor, nämlich dann, wenn der Saldo der Gesellschaft gegenüber dem Zentralkonto *positiv* bzw. ausgeglichen ist oder aber die Gesellschaft zum Zeitpunkt der Einlageleistung noch nicht in den Cash-Pool einbezogen ist und die eingezahlte Einlage somit als Darlehen in den Cash-Pool zurückfließt.[425]

2. Situation im Falle eines negativen Cash-Pool-Saldos

Die Problematik der *verdeckten Sacheinlage* wird in den Situationen relevant, in denen eine Kapitalerhöhung bei einer in einen Cash-Pool integrierten Tochtergesellschaft zu einem Zeitpunkt vorgenommen wird, bei dem diese im Cash-Pool einen negativen Saldo aufweist. Soweit das Zentralkonto einen negativen Saldo vorweist, liegt im Ausgangspunkt ein Darlehen des Gesellschafters an die Gesellschaft vor. Wird das zugeflossene Kapital in den Cash-Pool des Konzerns eingespeist oder rechnet die Gesellschaft zwischen den offenen Einlageverbindlichkeiten und den Forderungen des Cash-Pools auf, so tilgt die nun zur Verfügung stehende Summe die Darlehensforderung der Muttergesellschaft gegenüber der Tochter. Die Muttergesellschaft erbringt damit keine Bareinlage, sondern übernimmt die Tilgung einer offenen Verbindlichkeit der Tochtergesellschaft nach § 362 Abs. 2 BGB.[426] Bei wirtschaftlicher Betrachtung bringt die Mutter sozusagen einen Darlehensverzicht ein, da die Gesellschaft – anders als vereinbart – nicht einen Barbetrag, sondern einen Sachwert erhält.[427] In der beim Cash-Pooling getroffenen Vereinbarung zum täglichen Liquiditätsausgleich ist dabei die schädliche Abrede zur Umgehung der Barkapitalaufbringung zu sehen.[428] In diesem Fall führt die Zahlung auf das Zentralkonto zu einer (ggf. teilweisen) Befreiung der Gesellschaft von einer Verbindlichkeit und damit im Ergebnis zum Zufluss eines Sachwertes. Bei wirtschaftlicher Betrachtungsweise wird die Gesellschaft durch die Zahlung an den Cash-Pool von einer gegen sie gerichteten Forderung befreit; es wird also eine Forderung der Betreibergesellschaft gegen die Gesellschaft eingebracht wird. [429] Insofern liegt der klassische Fall einer verdeckten Sacheinlage vor.

---

[425] *Kleensang*, BWNotZ 2010, 71 (71)

[426] *BGH*, WM 2009, 1574 (1574), Rn. 11ff; *Roth*, in: Roth/Altmeppen, GmbHG, § 19 Rn. 101; *Bayer*, in: Lutter/Hommelhoff, GmbHG, § 19 Rn. 105; *Maier-Reimer/Wenzel*, ZIP 2008, 1449 (1454); *Leistikow*, Das neue GmbH-Recht, § 4 Rn. 254; s. auch bereits Begr. RegE MoMiG, BT-Drucks. 16/7140, S. 34

[427] *Merkner/Schmidt-Bendun*, NJW 2009, 3072 (3073)

[428] *A. Steiner*, BWNotZ 2009, 193 (198)

[429] *Kleensang*, BWNotZ 2010, 71 (71)

3. Situation im Falle eines positiven Cash-Pool-Saldos

Im Falle eines positiven Cash-Pool-Saldos der Tochtergesellschaft, also dem Bestehen von Verbindlichkeiten der Tochtergesellschaft bei der Betreibergesellschaft, hat die Tochtergesellschaft aus dem Cash-Pool einen Darlehensanspruch gegen die Betreibergesellschaft. Ist also der Saldo zwischen Einlagegläubigerin und Zentralkonto ausgeglichen oder zu Gunsten der Einlagegläubigerin positiv, stellt die unmittelbare Weiterleitung der Einlageleistung an das Zentralkonto ein *Hin- und Herzahlen* nach §19 Abs. 5 GmbHG dar.[430] Es handelt sich um eine „aufsteigende" Darlehensgewährung, die den Vorwurf einer verdeckten Sacheinlage i.S. v. § 19 Abs. 4 GmbHG/ § 27 Abs. 3 AktG nicht stützt. Zwar wird auch in diesem Fall wirtschaftlich gesehen ein anderer Gegenstand als die vereinbarte Bareinlage bei der Kapitalerhöhung eingebracht, nämlich der jeweilige Darlehensrückzahlungs- und, soweit vorhanden, der Zinszahlungsanspruch gegen den Cash-Pool. Jedoch geht die Umgehungsvermutung fehl, da die nach Vornahme der Valutierung („Hinzahlung") durch die „Herzahlung" begründete Neuforderung gegen die Mutter kein sacheinlagefähiger Gegenstand ist.[431] Damit ist das Vorliegen einer verdeckten Sacheinlage nach § 19 Abs. 4 GmbHG ausgeschlossen. Trotzdem liegt ein Verstoß gegen das Gebot der Leistung zur endgültigen freien Verfügung des Geschäftsführers gem. § 8 Abs. 2 GmbHG vor, womit die Regelungen des §19 Abs. 5 GmbHG zum Hin- und Herzahlen einschlägig sind.

4. Situation im Falle wechselnder Cash-Pool-Salden

Oftmals liegt bzgl. der Einlageleistung beim Cash-Pooling ein „Mischfall"[432] vor. Kapitalerhöhungen gestalten sich dann besonders kompliziert, wenn bei der in das Cash-Pooling einbezogenen Gesellschaft, zwar der Saldo auf dem Zentralkonto im Zeitpunkt der Weiterleitung der Einlage negativ ist, die Kapitalerhöhung aber den Betrag dieses Saldos übersteigen soll. In der Praxis handelt sich um Konstellationen, in denen im zeitlichen und sachlichen Zusammenhang mit einer Bareinlage ein Sachgeschäft durchgeführt wird, dessen Vermögensgegenstand zwar den Betrag der Geldeinlageverpflichtung wertmäßig überschreitet, aber die höhere Vergütung nicht rechtfertigt.[433] Die Einlagegläubigerin wird dabei teilweise von einer Verbindlichkeit befreit (verdeckte Sacheinlage), dagegen erwächst ihr hinsichtlich des Restbetra-

---

430 *Altmeppen*, NZG 2010, 441 (442); *Zimmermann*, Das MoMiG in der notariellen Praxis, S. 95; *Herrler*, DNotZ 2008, 903 (906)

431 *Ekkenga*, ZIP 2010, 2469 (2469; *Leistikow*, Das neue GmbH-Recht, § 4 Rn. 271f., m.w.N.

432 so lag der Fall auch beim „Cash-Pool II-Urteil" vom 20.07.2009, *BGH*, WM 2009, 1574 (1574ff.)

433 *Sernetz*, ZIP 2010, 2073 (2180f.)

ges ein Rückzahlungsanspruch (Hin- und Herzahlen).[434] Man spricht in einem solchen Fall von einer *verdeckten gemischten Sacheinlage*.[435]

Erschwerend kommt hinzu, dass sich der Saldo auch nach der Anmeldung bis zur Weiterleitung auf das Zentralkonto laufend ändert.[436] Diese Schwierigkeiten verdeutlichen, dass eine Kapitalerhöhung bei einer ins Cash-Pooling einbezogenen Gesellschaft, mit einem negativen Saldo auf dem Zentralkonto, eine schwerlich zu vermittelnde Komplexität aufweist und u.a. deshalb in der Praxis kaum eine realistische Alternative darstellt.[437]

IV. Haftungsgefahren im Cash-Pool

1. Verlagerung des Risikos vom Gesellschafter auf den Geschäftsführer

a) Kompromisslösung

Die zivilrechtliche Haftung der Gesellschafter war nach alter Rechtslage stets auf nochmalige Leistung der Bareinlage gerichtet. Ursprünglich wollte der Gesetzgeber diese und die Strafbarkeit der Geschäftsleiter wegen falscher Versicherung abschaffen.[438] Im letzten Moment des Gesetzgebungsverfahrens wurde dann aber eine „Kompromisslösung" gewählt, die im Bestreben, vom alten Recht zumindest gewisse „Abschreckungswirkungen"[439] zu erhalten, dem GmbH-Recht, wie auch dem Aktienrecht, miteinander unvereinbare Prämissen beschert hat.[440]

Nach altem Recht waren unter Anwendung der einschlägigen Rechtsprechungsregelungen die Haftungsgefahren primär beim Gesellschafter verortet. Dieser hatte – wollte er vor Doppelzahlungsverpflichtungen sicher sein – sicherzustellen, dass kein Fall einer verdeckte Sacheinlage und kein Fall eines Hin- und Herzahlens vorliegt. Durch das MoMiG wurde nach §§ 19 Abs. 5 und 8 Abs. 2 Satz 1 GmbHG n.F. dieses Risiko auf den Geschäftsführer verlagert.[441] In Anbetracht der deutlich geringeren Haftungsrisiken des Inferenten ist die Reichweite der zivil- und strafrechtlichen Verantwortlichkeit des Geschäftsführers für die Gewährleistung der Einhaltung der Sachgründungs- und Sacherhöhungsvorschriften entscheidend. Der Geschäfts-

---

434 *Bayer*, in: Lutter/Hommelhoff, § 19 Rn. 107; *Maier-Reimer/Wenzel*, ZIP 2008, 1449 (1450, 1454); *Bormann/Urlichs*, DStR 2009, 641 (645)

435 *BGH*, Urt. v. 22.03.2010, ZIP 2010, 978, („AdCoCom"); *BGH*, Urt. v. 18.02.2008, ZIP 2008, 788 („Rheinmöve"); *BGH*, Urt. v. 09.07.2007, ZIP 2007, 1751 („Lurgi")

436 *Hiort*, CFL 2010, 379 (381)

437 die Beratungspraxis zeigt, dass die Erläuterung der gesetzlichen Lage bei Praktikern in Unternehmen nicht selten zu Erstaunen oder sogar Unverständnis führt, *Hiort*, CFL 2010, 379 (381), Fn. 50

438 *Altmeppen*, ZIP 2009, 1545 (1545)

439 Der Geschäftsführer soll vor einer systematischen Umgehung der Sondervorschriften für Sacheinlagen abgehalten werden, Begr. RegE MoMiG, BT-Drucks. 16/6140, S. 40; BT-Drucks. 16/9737, S. 97

440 *Altmeppen*, ZIP 2009, 1545 (1545)

441 *Leistikow*, Das neue GmbH-Recht, § 5 Rn. 47

führer ist nach wie vor verpflichtet, sowohl die gesetzlichen Vorschriften über die Publizität von Sacheinlagen als auch die gesellschaftsvertraglichen Bestimmungen über die Art der von den Gesellschaftern zu erbringenden Einlage zu beachten. Die Eintragung der Gesellschaft oder einer Kapitalerhöhung setzt eine *Versicherung des Geschäftsführers* voraus, dass die Bareinlage gem. § 7 Abs. 2 GmbHG erbracht ist und sich endgültig zu seiner freien Verfügung befindet (§ 8 Abs. 2 Satz 1 GmbHG/57 Abs. 2 Satz 1 GmbHG).[442] Für diese Versicherung ergeben sich nachstehende Konsequenzen.

b) Zivilrechtliche Haftung

Da die zivilrechtliche Haftung[443] des Geschäftsführers kaum geeignet erscheint, eine systematische Umgehung der Sachgründungs- bzw. -erhöhungsvorschriften zu verhindern, soll dies im Wege einer strafrechtlichen Verantwortlichkeit bei falscher Versicherung nach § 82 Abs. 1 Nr. 3 GmbHG bewerkstelligt werden.

c) Strafrechtliche Haftung

Der Gesetzgeber[444] sowie die herrschende Meinung[445] erachten die fehlende Aufdeckung der Verwendungsabsichten unter dem Aspekt der verbotenen „verdeckten Sacheinlage" bzw. des verbotenen „Hin- und Herzahlens" als strafbar (§ 82 Abs. 1 Nrn. 1, 3 GmbHG, § 399 Abs. 1 Nr. 1 und Nr. 4 AktG). Meldet der Konzerngeschäftsleiter im Fall einer verdeckten Sacheinlage die Gesellschaft bzw. die Kapitalerhöhung als Bargründung bzw. Barerhöhung an, so gibt er, wie schon nach alter Rechtslage,[446] eine falsche Versicherung nach §§ 8 Abs. 2 Satz 1/ 57 Abs. 2 Satz 1 GmbHG bzw. §§ 266 Abs. 3 Satz 1/ 37 Abs. 2 Satz 1 AktG ab. Nur im Wege einer falschen Versicherung kann er die Eintragung und damit die Anrechnung nach § 19 Abs. 4 Satz 3, 4 GmbHG/ § 27 Abs. 3 Satz 3, 4 AktG herbeiführen.[447] Eine vorsätzliche Versicherung wird dann als strafbare falsche Angabe qualifiziert.[448] Falsche Angaben unterfallen dabei dem sog. *Gründungsschwindel*[449] im Sinne des § 82 Abs. 1 Nr. 1 GmbHG/ § 399

---

[442] *Altmeppen*, ZIP 2009, 1545 (1554)

[443] Eine Schadensersatzpflicht aus § 43 Abs. 2 GmbHG oder § 9a Abs. 1 GmbHG (ggf. i.V.m. § 57 Abs. 4 GmbHG) wird bei Werthaltigkeit der Sacheinlage regelmäßig am fehlenden Schaden bzw. spätestens am Kausalitätsnachweis scheitern, *Herrler/Grigoleit*, DB 2008, 2347 (2350)

[444] Zunächst erschien dem Gesetzgeber das Strafrecht allerdings noch als unangemessen, Begr. RegE, BT-Drucks. 16/6140, S. 40

[445] *Maier-Reimer/Wenzel*, ZIP 2008, 1449 (1454), *dies.*, ZIP 2009, 1185; *Ulmer*, ZIP 2008, 45 (51); *Seibert/Decker*, ZIP 2008, 1208 (1210); a.A.: *Altmeppen*, ZIP 2009, 1545 (1548ff.), *ders.*, NZG 2010, 441 (442, 446)

[446] *BGH*, Urt. v. 18.02.1991, ZIP 1991, 511 (512)

[447] *Herrler/Grigoleit*, DB 2008 2347 (2350)

[448] *Seibert/Decker*, ZIP 2008, 1208 (1210); *Maier-Reimer/Wenzel*, ZIP 2008, 1449, (1454); a. A.: *Wälzholz*, GmbHR 2008, 841, (845)

[449] zum Kapitalerhöhungsschwindel gilt entsprechend § 82 Abs. 1 Nr. 3 GmbHG/ § 399 Abs. 1 Nr. 4 AktG, jeweils i.V. mit §§ 26, 14 Abs. 1 Nr. 1, 2 StGB

Abs. 1 Nr. 1 AktG, jeweils i.V. mit §§ 26, 14 Abs. 1 Nr. 1, 2 StGB. Sodann würden sich die Geschäftsleiter der Anstiftung strafbar machen.[450] In der Vergangenheit fehlte es dem Geschäftsführer bei Vorgängen, die als verdeckte Sacheinlage betrachtet wurden, in der Regel am Vorsatz und war deshalb nicht strafbar.[451] Die Anmeldung mit der dazugehörigen Versicherung ist nach § 78 GmbHG/ § 36 AktG von allen Geschäftsführern bzw. Mitgliedern des Vorstandes zu unterzeichnen. Es greift somit der strafbewehrte Schutz ein, selbst wenn lediglich einer von mehreren Geschäftsleitern die Umstände kennt, die zur Qualifikation des Vorgangs als verdeckte Sacheinlage führen.[452]

Aus der strafrechtlichen Verurteilung nach § 82 Abs. 1 Nr. 3 GmbHG/ § 399 Abs. 1 Nr. 4 AktG ergibt sich für den Geschäftsleiter nach § 6 Abs. 2 Satz 2 Nr. 3 lit. c GmbHG bzw. § 76 Abs. 3 Satz 1 Nr. 3 lit. c AktG die gravierende Nebenfolge eines *fünfjährigen Ausschlusses* vom Geschäftsführer- bzw. Vorstandsamt. Eine diesem Verbot widersprechende Geschäftsführerbestellung ist nach § 134 BGB unheilbar unwirksam.[453] In die strafrechtliche Haftung als Teilnehmer müssen auch Berater, allen voran Notare geraten, die an einem, als verdeckte Sacheinlage oder als „nicht aufgedecktes Hin- und Herzahlen" erkannten, Geschäft mitwirken.[454] Vor diesem Hintergrund darf der Notar an einer von ihm als solcher erkannten verdeckten Sacheinlage nicht mitwirken (§ 14 Abs. 2 BNotO; § 4 BeurkG), sondern muss den Geschäftsleiter auf die Strafbarkeit, die Gefahr der zivilrechtlichen Haftung, sowie auf die drohende Ablehnung der Eintragung durch das Registergericht hinweisen.[455]

2. Folgen für Geschäftsleiter im Cash-Pool-Konzern

Wenn die Gesellschaft am Cash-Pool partizipiert, kommt den als Einzelfallregelungen gedachten Vorschriften zum Hin- und Herzahlen und zur verdeckten Sacheinlage entscheidende Bedeutung für eine rechtssichere und haftungsrechtlich unbedenkliche Durchführung der Innenfinanzierung zu. Funktion des Cash-Pooling soll es sein, das finanzielle und wirtschaftliche Know-How bei der Betreibergesellschaft zu bündeln und schließlich Tochtergesellschaften von dieser Verantwortung auszunehmen, damit diese möglichst ungehindert ihren eigenen operativen Geschäftstätigkeiten nachgehen können.

[450] *Altmeppen*, NZG 2010, 441 (442)
[451] *Markwardt*, BB 2008, 2414 (2418)
[452] *Maier-Reimer/Wenzel*, ZIP 2009, 1185 (1195)
[453] *Herrler/Grigoleit*, DB 2008 2347 (2350)
[454] *Altmeppen*, NZG 2010, 441 (442); *Heckschen*, Das MoMiG in der notariellen Praxis, Rn. 88f.; vgl. auch *Herrler/Reymanns*, DNotZ 2009, 914 (918); *Wachter*, GmbHR 2009, 935 (936); zur zivilrechtlichen Haftung der Notare bei Fehlberatung über die Risiken einer verdeckten Sacheinlage nach neuem Recht, s. *BGH*, Urt. v. 19.05.2009, ZIP 2009, 1427
[455] *Herrler/Reymanns*, DNotZ 2009, 914 (918)

Jedoch muss der Konzerngeschäftsleiter nun bewerten, ob es sich um eine verdeckte Sacheinlage oder um einen Fall des Hin- und Herzahlens handelt. Dieser wird zwar üblicherweise Expertise in seinem Fachgebiet besitzen, indessen in Spezialfragen des Gesellschaftsrechts, der Unternehmensfinanzierung und des kaufmännischen Rechnungswesens tendenziell weniger versiert sein, was angesichts der Verlagerung der Finanzierungsfragen auf den Cash-Pool – eigentlich – auch nicht notwendig wäre.[456] Er trägt also das Risiko, eine falsche Erklärung abzugeben, die Vollwertigkeit und Fälligkeit eines Rückzahlungsanspruches falsch einzuschätzen dadurch nicht nur zivilrechtlichen, sondern sogar strafrechtlichen Konsequenzen ausgesetzt zu sein.[457] Auch wird er kaum in der Lage sein, die Liquidität und Wertigkeit seiner Ansprüche gegen andere Konzernunternehmen bzw. die Betreibergesellschaft zu prüfen oder festzustellen, wann ein Gegenleistungsanspruch seiner Gesellschaft nicht mehr vollwertig und damit einzutreiben ist. Auch das sollte eigentlich originäre Aufgabe einer zentralisierten Finanzverwaltung sein.

Hingegen ist die neue Rechtslage im Vergleich mit der früher angenommenen drakonischen Doppelzahlungspflicht für den Gesellschafter eine wesentliche Entlastung, denn der Inferent unterliegt nur noch einer Bardeckungspflicht, wenn der Wert der verdeckten Sacheinlage den Einlagebetrag nicht deckt.[458] Auch wenn das MoMiG die Rechtsfolgen einer verdeckten Sachgründung im Kern entschärft hat, bleiben Geschäftsleiter, speziell in Cash-Pool-Systemen, die Leidtragenden der ungelösten oder neu aufgeworfenen Rechtsprobleme. Jedenfalls werden Haftungsprobleme unter dem *Compliance*[459]-Blickwinkel erweitert.

V. fehlgeschlagene Privilegierung im Aktienrecht?

1. verdeckte Sacheinlage

Mit der Transplantation der *Anrechnungslösung* in das Aktienrecht gewinnt die seit Jahrzehnten immer wieder diskutierte Frage nach der Europarechtskonformität der verdeckten Sacheinlage neue Aktualität. Für die Richtlinienkonformität des Rechtsinstituts der verdeckten Sacheinlage spricht grundsätzlich der *effet utile*-Gedanke[460] des Gemeinschaftsrechts: da der *Kapitalrichtlinie* ein Umgehungsschutz immanent ist, muss es *a fortiori* im Ermessen der

---

456 *Leistikow*, Das neue GmbH-Recht, § 5 Rn. 48

457 *Goette*, DStR 2009, 51 (53)

458 *K. Schmidt*, GmbHR 2008, 449 (451): „Wohltat für die Gesellschafter – Plage für die Geschäftsführer"

459 nach Ziff. 4.1.3 DCGK hat „der Vorstand für die Einhaltung der gesetzlichen Bestimmungen und der unternehmerischen Richtlinien zu sorgen" und „auf deren Beachtung durch die Konzernunternehmen hin[zuwirken]"; weitere gesetzliche Anknüpfungspunkte sind die Regeln über die „*Sorgfalt eines ordentlichen Kaufmanns*" aus § 347 Abs. 1 HGB, § 93 Abs. 1 Satz 1, 3 AktG, § 43 Abs. 1 GmbHG

460 Auslegungsprinzip des *EuGH*, nach der eine Norm dergestalt ausgelegt und angewendet werden soll, dass die Vertragsziele der europäischen Verträge am wirksamsten und einfachsten erreicht werden

Mitgliedsstaaten liegen, auch weitergehende Schutzmechanismen gegen die Umgehung des geltenden Sachgründungsrechts durch nationales Recht als zulässig zu erklären.[461] Genauso bestehen im Hinblick auf Art. 10, 11 KapRL[462] auch keine durchgreifenden Bedenken gegen die Entschärfung der Rechtsfolgen verdeckter Sacheinlagen.[463] Denn durch die gemeinschaftsrechtlichen Vorgaben wird lediglich ein Mindeststandard festgeschrieben, der mit den Nachgründungsvorschriften im deutschen Recht bereits hinreichend verwirklicht ist.[464] Im Übrigen sieht auch das reformierte Aktiengesetz entsprechende Schutzvorkehrungen vor, zumal zwischen offener und verdeckter Sacheinlage noch immer ein Sanktionsgefälle besteht.[465]

2. Hin- und Herzahlen

Bei AG ergeben sich bezüglich des Hin- und Herzahlens unter den Rahmenbedingungen eines Cash-Pools zwei Aspekte, die sich bei der Barkapitalerhöhung als Hürden erweisen können.

a) Außerkraftsetzung des Mindesteinzahlungserfordernisses ?

Das Hauptproblem besteht in der Vernachlässigung des *Mindesteinzahlungserfordernisses* gem. § 188 Abs. 2 Satz 1, § 36a Abs. 1 AktG, wenn die Einlageforderung – wie in § 27 Abs. 4 Satz 1 AktG vorgesehen – durch den werthaltigen Darlehensrückzahlungsanspruch vollständig abgelöst wird.[466] Erstaunlicherweise hat der Gesetzgeber diesen Normkonflikt gänzlich übersehen.[467] Art. 9 Abs. 1 der Kapitalrichtlinie verlangt bei Bareinlagen die effektive Leistung von mindestens einem Viertel des Nennbetrags oder des rechnerischen Werts der Aktie. Ob dies auch dann genügt, wenn die Einlage wieder an den Inferenten zurückfließt, sodass d*e facto* nur dessen Leistungsversprechen eingelegt wird, erscheint nicht unproblematisch. § 27 Abs. 4 Satz 1 AktG ist *richtlinienwidrig*, soweit er die befreiende Wirkung auch dann anordnet, wenn der gesamte Einlagebetrag zurückfließt; das Erfordernis der Fälligkeit des Anspruchs und die Publizität des Vorgangs nach Maßgabe des § 27 Abs. 4 Satz 2 AktG vermögen hieran nichts zu ändern.[468]

Zur Vermeidung eines Umsetzungsdefizits bietet es sich an, § 36a Abs. 1 AktG im Rahmen eines Hin- und Herzahlens anzuwenden. Bis zur abschließenden Klärung durch den *EuGH*

---

461 *Bayer/J. Schmidt*, ZGR 2009, 805 (832)
462 RL 77/91/EWG v. 13.12.1976, ABl. EG 1976 Nr. L 26, S. 7, 10
463 *Bayer/J. Schmidt*, ZGR 2009, 805, (832f.); *Habersack*, AG 2009, 557, (559f.), *ders.*, GWR 2009, 129 (132) (132); a.A.: *Pentz* GmbHR 2009, 126, Fn. 7, *ders.*, GmbHR 2009, 505 (508)
464 *Bayer/Lieder*, GWR 2010, 3
465 *Bayer/Lieder*, GWR 2010, 3
466 *Ekkenga*, ZIP 2010, 2469 (2470)
467 *Habersack*, AG 2009, 557 (560)
468 *Habersack*, AG 2009, 557 (561)

dürfte es sich darum empfehlen, mindestens ein Viertel des geringsten Ausgabebetrages nach Maßgabe der §§ 36 Abs. 2, 54 Abs. 3 AktG zur endgültigen freien Verfügung des Vorstands zu leisten und dort zu belassen.[469] Um den Vorgaben der Richtlinie zu entsprechen ergibt sich für das Cash-Pooling, als Hauptanwendungsfall des § 27 Abs. 4 AktG, dass der Mindesteinzahlungsbetrag nicht dem Cash-Pool-Konto, sondern einem Separatkonto der Gesellschaft gutzuschreiben ist.[470]

b) Hin- und Herzahlen als verbotene finanzielle Unterstützung des Aktienerwerbs?

Daneben stellt sich die Frage, ob die Neuregelung des Hin- und Herzahlens mit den Vorgaben des, in § 71a Abs. 1 Satz 1 AktG geregelten und auf Art. 23 der Kapitalrichtlinie zurückgehenden, *Verbots der finanziellen Unterstützung des* Aktienerwerbs kollidiert. Damit ist fraglich, ob für § 27 Abs. 4 AktG überhaupt ein Anwendungsbereich verbleibt.

Soweit dem Hin- und Herzahlen nach § 27 Abs. 4 AktG Tilgungswirkung zukommt, läuft es darauf hinaus, dass die Einlageleistung – und damit der Anteilserwerb – durch die Gesellschaft finanziert wird, so dass in ihm möglicherweise eine finanzielle Unterstützung des Anteilserwerbs i.S.d. § 71a Abs. 1 Satz 1 AktG zu sehen ist. Da ein solches Unterstützungsgeschäft nach dem unverändert fortgeltenden § 71a Abs. 1 Satz 1 AktG unwirksam ist, erwächst der Gesellschaft aus dem Hin- und Herzahlen kein Rückgewähranspruch und es kommt nicht zur Erfüllung der Bareinlageschuld.[471]

§ 27 Abs. 4 AktG ist damit unvereinbar mit Art. 9 Abs. 1 der Kapitalrichtlinie; die Gemeinschaftsrechtswidrigkeit wirkt sich indes nicht aus, weil das Hin- und Herzahlen auf eine Finanzierung des Aktienerwerbs durch die Gesellschaft hinausläuft und der Gesellschaft deshalb wegen Verstoßes gegen § 71a Abs. 1 Satz 1 AktG kein Rückgewähranspruch erwächst.[472] Bis zu einer verbindlichen Klärung des Problems durch den *EuGH* ist auch hier der Praxis dringend anzuraten, nur sehr zurückhaltend von der Rückzahlung an Aktionäre Gebrauch zu machen.[473]

---

[469] *Bayer/Lieder*, GWR 2010, 3
[470] *Habersack*, AG 2009, 557 (561)
[471] *Habersack*, AG 2009, 557 (563)
[472] *Habersack*, AG 557 (563); *Bayer/J. Schmidt*, ZGR 2009, 805 (839f.)
[473] *Bayer/Lieder*, GWR 2010, 3

VI. Kritische Würdigung

1. Unvorhersehbarkeit des anwendbaren Rechts

Eine nicht zu unterschätzende Problematik bleibt auch im neuen Recht die Unvorhersehbarkeit des anwendbaren Rechts bei einer Kapitalerhöhung: Da beim Cash-Pooling naturgemäß der Saldenstand infolge des Hin- und Herzahlen (Habensaldo der Tochter) bzw. der verdeckten Sacheinlage (Sollsaldo der Tochter) starken Schwankungen unterliegt, ist eine Unterscheidung zwischen beiden Rechtsfiguren kaum praktikabel.[474] Durch die Differenzierung zwischen verdeckter Sacheinlage und Hin- und Herzahlen im Cash-Pool erscheinen die Neuregelungen wohl in strafrechtlicher als auch in privatrechtlicher Hinsicht misslungen.

Am Stichtag der Anmeldung muss und wird der Geschäftsleiter noch gar nicht wissen, ob im Zeitpunkt der Weiterleitung der Bareinlage an den Cash-Pool der Kontokorrentsaldo positiv oder negativ sein wird.[475] Im Rahmen der täglichen Geschäfte kann der Forderungs-Saldo einer Tochtergesellschaft im Cash-Pool nicht unerheblich schwanken und so auch ohne weiteres von einem Tag auf den anderen, von einem positiven in den negativen Saldo, wechseln (oder umgekehrt). So lässt es sich im Rahmen der längere Zeit dauernden Durchführung einer Kapitalerhöhung – bei der erst einmal das Prozedere, vom Beschluss der Gesellschafter hierüber, über die Anmeldung und Eintragung beim Registergericht, bis hin zur letztlichen Einlagenleistung, durchgeführt werden muss – nicht mit Sicherheit vorhersagen, ob zum Zeitpunkt der tatsächlichen Leistung der Einlagen der Saldo der Tochtergesellschaft gerade positiv ist, somit ein Fall des Hin- und Herzahlens gegeben wäre, oder ob der Saldo doch ins Minus geraten ist und eine verdeckte Sacheinlage vorläge.[476] Aufgrund der unterschiedlichen Anforderungen, die das Gesetz an beide Formen der Kapitalaufbringung anlegt, ergeben sich die bereits erwähnten haftungsrechtlichen Schwierigkeiten. Insbesondere dann, wenn sich der Geschäftsführer im Rahmen der Anmeldung für eine Anmeldung der „falschen" Form entscheidet und damit die eigentlich richtige Form der Kapitalerhöhung – wie auch die Einlageleistung – bereits allein dadurch unwirksam ist, dass sie formfehlerhaft angemeldet wurde. Um einen solchen Fehler zu vermeiden, könnten Versuche unternommen werden, den Saldo im Cash-Pool künstlich zu beeinflussen, um ihn im „richtigen" Bereich zu halten. Dies ist nicht nur schädlich für das Unternehmen und den gesamten Cash-Pool, sondern öffnet auch Tür

---

474 Die Möglichkeit der klaren Grenzziehung wird teilweise bezweifelt: RegE, BR-Drucks. 354/07, S. 14; *Steiner*, BWNotZ 2009, 193 (202); *Römermann*, NZI 2008, 641 (643); *Rohde*, GmbHR 2008, 205 (206); *Gehrlein*, Der Konzern 2007, 771 (782); vgl. auch die ablehnende Gegenäußerung der Bundesregierung: BT-Drucks. 16/1640, Anl. 3, S. 76

475 *Altmeppen*, NZG 2010, 441 (443)

476 vgl. *Hiort*, CFL 2010, 379 (383)

und Tor für Manipulationen krimineller Natur, um unliebsame Vorschriften des GmbHG bei einer Kapitalerhöhung im Cash-Pool umgehen zu können.[477]

Abgesehen davon muss die Bareinlage bei der Anmeldung der Gründung oder Kapitalerhöhung lediglich zu einem Viertel aufgebracht sein (§§ 7 Abs. 2, 56a GmbHG; §§ 36a Abs. 1, 188 Abs. 2 AktG). Weder die Geschäftsleiter, noch der beurkundende Notar, noch der Registerrichter können Aussagen darüber treffen, ob die Einbeziehung der Bareinlage in den Cash-Pool als „verdeckte Sacheinlage" oder als „Hin- und Herzahlen" zu werten sein wird, wenn am Stichtag der Anmeldung die Herzahlung der gesamten Bareinlage an den Cash-Pool noch gar nicht geleistet ist, also erst später in den Cash-Pool gelangt.[478]

Das Gesetz erlaubt aber gerade auch eine Herzahlung an den Cash-Pool zu einem späteren Zeitpunkt, d.h. insbesondere, dass diese erst nach der Eintragung der Gesellschaft erfolgen wird (§ 19 Abs. 4 Satz 3 Alt. 2, Abs. 5 Satz 2 GmbHG; § 27 Abs. 3 Satz 3 Alt. 2, Abs. 4 Satz 2 AktG). Können alle Beteiligten am Stichtag der Anmeldung also noch gar nicht einschätzen, wie die Einbeziehung der Bareinlage in den Cash-Pool rechtlich zu erfassen ist, wenn und weil die Herzahlung am Stichtag der Anmeldung noch gar nicht (vollständig) erfolgen soll, besteht auch nicht die Möglichkeit, „sicherheitshalber" den Weg einer offenen Sacheinlage zu wählen. Im Zeitpunkt des Sachkapitalgründungs- oder Erhöhungsbeschlusses wäre dann erst recht noch völlig unklar, ob bzw. in welcher Höhe man es später mit einer „offenen Sacheinlage" oder mit einem unproblematischen „Hin- und Herzahlen zu tun hätte.[479] Dies führt zu folgendem Dilemma: Die Beteiligten können sich gar nicht rechtmäßig verhalten. Wohl auch dann nicht, wenn am Stichtag der Anmeldung genau feststünde, in welchem Umfang die Herzahlung die Einlagegläubigerin von einer Schuld befreien bzw. ihr einen vollwertigen Rückzahlungsanspruch gegen die Betreibergesellschaft verschaffen wird, denn dann müsste im Umfang der Schuldbefreiung, mangels Einhaltung der Sacheinlagebestimmungen, die Eintragung versagt werden.[480]

2. Misslungene Privilegierung durch das MoMiG

a) GmbH-Recht

Das Ziel des Gesetzgebers, Cash-Pooling auf eine sichere Rechtsgrundlage zu stellen, ist für die Kapitalaufbringung nicht nur in strafrechtlicher, sondern auch in privatrechtlicher Hin-

[477] *Schall*, ZGR 2009, 126 (144)
[478] *Altmeppen*, NZG 2010, 441 (443)
[479] *Altmeppen*, NZG 2010, 441 (443); *Hiort*, CFL 2010, 379 (382)
[480] *Altmeppen*, NZG 2010, 441 (443)

sicht größtenteils misslungen. Die Neuregelungen in § 19 Abs. 4 und 5 GmbHG, unter Berücksichtigung der einschlägigen *BGH*-Rechtsprechung, ermöglichen beim Cash-Pooling lediglich in der Theorie eine dogmatisch klare Abgrenzung zwischen einer verdeckten Sacheinlage und einem unzulässigen Hin- und Herzahlen.

Schwerwiegende Probleme ergeben sich für die Kapitalaufbringung insbesondere durch die Neuregelung des § 19 Abs. 5 GmbHG. Sie ermöglicht im Falle der Einlageleistung in den Cash-Pool nämlich nur dann die ordnungsgemäße Kapitalaufbringung, wenn sich auf dem Cash-Pool-Konto im Zeitpunkt der Weiterleitung des Einlagebetrags für die neu gegründete bzw. kapitalerhöhende Gesellschaft ein positiver Saldo ergibt und die Gesellschaft dem Inferenten – regelmäßig also ihrer Muttergesellschaft – somit keinen Ausgleich schuldet.[481] Im Falle eines negativen Saldos hätte der Inferent, im Wege einer offenzulegenden Sacheinlage, seinen Ausgleichsanspruch einbringen müssen, da andernfalls, nach Maßgabe der nach wie vor aktuellen *BGH*-Rechtsprechung[482], der Tatbestand der verdeckten Sacheinlage verwirklicht ist.[483] Dabei würde der Geschäftsführer, falls er bei der Anmeldung der Gründung bzw. Kapitalerhöhung die ordnungsgemäße Erfüllung der Bareinlageschuld versichert, eine falsche Erklärung abgeben.

Schlussendlich ist es nicht gelungen, eine Regelung zu schaffen, die der gesetzgeberischen Intention zur Durchsetzung verholfen hat, das Cash-Pooling nicht unnötig zu behindern bzw. zu sanktionieren. Denn § 19 Abs. 5 Satz 2 GmbHG lässt die *Auslegung* zu,[484] dass eine Erfüllungswirkung nicht eintreten kann, wenn nämlich bei der Anmeldung der Gesellschaft keine Angaben zum Cash-Pooling bzw. zum Hin- und Herzahlen gemacht werden.[485] Genau in diese Kerbe schlägt der *BGH*, indem er den Wortlaut des § 19 Abs. 5 GmbHG in seinem „Cash-Pool II“-Urteil dahingehend interpretiert, dass die Offenlegung die entscheidende Voraussetzung der Erfüllung der Einlageschuld im Falle des Hin- und Herzahlens sei. Er nimmt dies auch für die Fälle an, bei denen unstreitig ein vollwertiger und jederzeit fällig zu stellender

[481] *Bayer*, GmbHR 2010, 1289 (1293f.)

[482] Grundlegend zur Rechtslage vor dem MoMiG: *BGH*, Urt. v. 21.11.2005, ZIP 2005, 2203 (2204); Urt. v. 09.01.2006, ZIP 2006, 331 (332); Urt. v. 15.01.1990, ZIP 1990, 156 (156); Urt. v. 04.03.1996, ZIP 1996, 668 (669ff.); zur Rechtsentwicklung näher: *Bayer*, FS für Kanzleiter, S. 75ff.

[483] *BGH*, Urt. v. 20.07.2009, WM 2009, 1574 („Cash Pool II“); *Bayer*, in: Lutter/Hommelhoff, GmbHG, § 19 Rn. 105; *Blasche*, GmbHR 2010, 288 (291); *Lieder*, GmbHR 2009, 1177 (1180 f.); *Roth*, in: Roth/Altmeppen, GmbHG, § 19 Rn. 101; *Veil*, in: Scholz, GmbHG, Nachtrag MoMiG, § 19 Rn. 23; a.A.: *Casper*, in: Ulmer, GmbHG, Ergänzungsband MoMiG, § 19 Rn. 115, der § 19 Abs. 5 GmbHG als *lex specialis* zu § 19 Abs. 4 GmbHG im Cash-Pool-Zusammenhang betrachtet und den § 19 Abs. 5 GmbHG einheitlich auf jegliche Form der Einlagenerbringung im Cash-Pool anwenden will

[484] a.A.: *Maier-Reimer*, EWiR 2009, 537 (538), der dabei den *BGH* kritisiert, da dieser nur unzureichend, d.h. anhand eines Verweises auf ein „ebenfalls unbegründetes *obiter dictum* [des Qivive-Urteils]“ argumentiert

[485] *Altmeppen*, ZIP 2009, 1545 (1548, 1551)

Rückgewähranspruch der „herzahlenden“ Bareinlagegläubigerin, die sich am Cash-Pool beteiligt hat, gegeben ist.[486] Damit sind die für sich guten Absichten des Gesetzgebers, der die „Erfüllungs-“ und „Anrechnungslösung“ gewiss nicht von einer „Aufdeckung“ abhängig machen wollte, zunichtegemacht.[487]

b) Aktienrecht

Auch im Aktienrecht bleibt das Recht der Kapitalaufbringung trotz der Regelungen in § 27 Abs. 3 AktG (verdeckte Sacheinlage) und § 27Abs. 4 AktG (Hin- und Herzahlen) durch das ARUG, sowohl aus dogmatischer Sicht als auch aus Sicht der Praxis unbefriedigend. Wie im Recht der GmbH drohen dem Vorstand wegen unrichtiger Angaben bei der Anmeldung der Gründung bzw. Kapitalerhöhung (§ 399 Abs. 1 Nr. 1 AktG) Strafbarkeitsrisiken.

Nach dem bisher Gesagten gelingt die vom Gesetzgeber mit der Neuregelung bezweckte Legalisierung des Cash-Pooling im Ergebnis nur, wenn der Cash-Pool-Saldo für die Gesellschaft positiv ist, der Inferent mithin gegenüber der neu gegründeten bzw. kapitalerhöhenden Gesellschaft im Debet steht.[488] Folglich wäre es eine Fehlvorstellung, wenn man annehmen wollte, dass durch das MoMiG das Cash-Pooling generell auf einen sicheren rechtlichen Boden gestellt worden wäre.[489]

3. Auflösung des Problems der verdeckten Sacheinlage im Cash-Pool

a) Teleologische Reduktion des Anwendungsbereichs von § 19 Abs. 4 GmbHG

Da die Folgen der Anwendbarkeit unterschiedlicher Vorschriften der Kapitalaufbringung gravierende Unterschiede, nicht nur in ihrem Effekt im Hinblick auf die Haftungsrisiken und die Erbringung der Einlageleistung haben, sondern sogar einen Unterschied zwischen Zulässigkeit und strafbewehrtem Verbot machen können, ist die Frage zu stellen, ob dies im Sinne des MoMiG-Gesetzgebers liegt.

Eine derartige Wirkung des neuen Kapitalaufbringungsrechtes kann vom Gesetzgeber so nicht gewünscht sein.[490] Nach § 19 Abs. 5 GmbHG soll gerade das Hin- und Herzahlen und damit die Durchbrechung der Kapitalaufbringungsregelungen für den Cash-Pool gesetzlich gebilligt werden. Es wäre geradezu ein Widerspruch, wenn trotzdem stets auch die – im Ergebnis ein

---

486 *BGH*, Urt v. 20.07.2009, WM 2009, 1574 (1575, 1576) Rn. 14, 25
487 *Altmeppen*, ZIP 2009, 1545 (1551)
488 *Bayer*, in: GmbHR 2010, 1289 (1294)
489 *Bayer*, GmbHR 2010, 1289 (1294), *ders.*, in: Lutter/Hommelhoff, GmbHG, § 19 Rn. 108; *Lieder*, GmbHR 2009, 1177 (1185)
490 *Schall*, ZGR 2009, 126 (148)

Verbot konstituierenden – Regelungen zur verdeckten Sacheinlage eingreifen. *Schall* schlägt daher bei Cash-Pool-Fällen vor, die Vorschriften zu § 19 Abs. 4 GmbHG in ihrer Anwendbarkeit teleologisch soweit zu reduzieren, dass auch im Falle eines negativen Saldos der Tochtergesellschaft, wie er im Rahmen des Tagesgeschäftes immer wieder vorkommt, keine verdeckte Sacheinlage, sondern lediglich ein Fall des Hin- und Herzahlens vorläge. Eine verdeckte Sacheinlage und mithin die Anwendbarkeit des § 19 Abs. 4 GmbHG soll also nur dann gegeben sein, wenn die Tochtergesellschaft ein dauerhaftes und schwerwiegendes Debit beim Cash-Pool aufweist.[491]

Gegen diese Auffassung sprechen indessen verschiedentliche Überlegungen. Zunächst sei auf den Wortlaut des Gesetzes verwiesen, der in §19 Abs. 4 Satz 1 GmbH das Vorliegen einer verdeckten Sacheinlage eindeutig und ohne Einschränkungen definiert. Anhand dieses Wortlautarguments kann nur schwer nachvollzogen werden, wie eine sinnvolle Einschränkung dieser Norm zugunsten von Cash-Pools vorgenommen werden sollte, ohne Missbrauchsmöglichkeiten Tür und Tor zu öffnen und geradezu zur Umgehung der Sachaufbringungsvorschriften einzuladen. *Schalls* Vorschlag, der für eine teleologische Reduktion dieser Vorschrift plädiert, bleibt hier, von dogmatischen und theoretischen Erwägung abgesehen, konkreter Vorschläge zur Umsetzbarkeit schuldig. Daneben steht die verfestigte *BGH*-Judikatur der praktischen Umsetzung dieses Vorschlags entgegen. Wie bereits in seiner vor dem MoMiG[492] ergangenen Rechtsprechung, hatte der *II. Zivilsenat* im „Cash-Pool II"-Urteil[493] festgestellt, dass im Cash-Pool dieselben Kapitalaufbringungsregeln gelten wie in jedem anderen Fall auch, will er ein Sonderrecht für den Cash-Pool ja gerade nicht anerkennen. Auch der Gesetzgeber wollte die dem Cash-Pooling immanenten Probleme in allgemeinen Gesetzesvorschriften lösen und keine Ausnahmeregelungen für das Cash-Pooling treffen.[494]

Somit sind *Schalls* Überlegungen rein von theoretischem Wert, aufgrund der ihr entgegen stehenden Bedenken aber keine praxisgerechte Lösung. Für die Praxis bedeutet dies, konzernweites Cash-Management weiterhin so zu organisieren, dass verdeckte Sacheinlagen anlässlich der Ausgabe neuer Anteile an einer Konzerngesellschaft nicht vorkommen können; anderenfalls ist ein störungsfreier Ablauf von Barkapitalerhöhungen nicht möglich.[495]

---

[491] *Schall*, ZGR 2009, 126 (148)
[492] *BGH*, Urt. v. 16.01.2006, ZIP 2006, 665 (668), vgl. auch B.III.3
[493] *BGH*, Urt. v. 20.07.2009, WM 2009, 1574
[494] Begr. RegE MoMiG, BT-Drucks. 16/6140, S. 34
[495] *Ekkenga*, ZIP 2010, 2469 (2477)

b) Schaffung eines abgestuften Systems

Der MoMiG-Gesetzgeber hat es versäumt, die Sacheinlagefähigkeit von Forderungen anzuerkennen. Ungeachtet der zum Teil tatsächlich erfolgten Vereinfachungen, nämlich die Schaffung grundlegenden Rahmenbedingungen für die Einbeziehung einer neu gegründeten Gesellschaft in das Cash-Pool-System, mögen gesetzgeberische Nachbesserungen notwendig erscheinen.[496] Gerade die ungerechtfertigte[497] Differenzierung gegenüber der verdeckten Sacheinlage nährt Forderungen für eine weitergehende gesetzliche Reformierung.

In Anlehnung an den Vorschlag des Bundesrates[498] plädiert beispielsweise *Zahrte* hinsichtlich der Rechtsfolgen für die Schaffung eines Stufensystems. Dabei sollen sämtliche Einlagen durch den Cash-Pool, die nicht bereits nach § 19 Abs. 5 privilegiert sind, unabhängig vom Vorzeichen des Saldos auf dem Gesellschaftskonto zum Zeitpunkt der Weggabe als Sacheinlagen zu werten sein. Sodann wären sie nicht erneut zu erbringen, sondern würden lediglich eine Haftung in Höhe der Wertdifferenz nach § 19 Abs. 4 GmbHG auslösen.[499] Damit bestünde zwar grundsätzlich ein schlüssiges und lückenloses System, das auch einer bilanziellen Sichtweise am nächsten käme,[500] doch sind erneute Reformvorhaben vor dem Hintergrund der Rechtssicherheit mit Vorsicht zu genießen.

VII. Zwischenergebnis

Die Kapitalaufbringung ist durch ein kompliziertes Normengeflecht geregelt. Der Grundsatz der realen Kapitalaufbringung hat mit der prinzipiell gesellschafterfreundlichen Regelung zur verdeckten Sacheinlage an einer zentralen Stelle eine beachtenswerte Aufweichung erfahren. Dennoch hat dieser Grundsatz seine bedeutende Rolle auch nach den MoMiG- und ARUG-Reformen behalten.[501] Nach neuem Recht gilt es nun *trennscharf zu differenzieren* ist, ob eine verdeckte Sacheinlage, oder ob eine Hin-und-Herzahlung vorliegt, da jeweils mit unterschiedlichen, ja zum Teil gravierenden Rechtsfolgen zu rechnen ist. Eine derartige Unterscheidung gestaltet sich indes schwierig bis unmöglich.

Das früher streng verbotene *Hin- und Herzahlen* ist nun grundsätzlich gestattet, was auf den ersten Blick einer Erleichterung für Cash-Pooling gleichkommt. Die privilegierende Wirkung des Hin- und Herzahlens kommt bei einer Kapitalerhöhung im Cash-Pool nur dann zum Tragen, wenn die Gesellschaft die im Zuge der Kapitalerhöhung erhaltenen Mittel als Darlehen

[496] *Zahrte*, S. 144f.
[497] *Wicke*, GmbHG, § 19 Rn. 33; *Altmeppen*, NZG 2010, 441 (446)
[498] RegE, BR-Drucks. 354/07, S. 14
[499] *Zahrte*, S. 362
[500] *Zahrte*, S. 362
[501] *Wirsch*, S. 137

an ihren Gesellschafter zurückgewährt. *De facto* bringt das MoMiG für gesetzestreue Gesellschafter und Geschäftsleiter also allein in den Konstellationen Erleichterungen, in denen es sich (dauerhaft) um eine solche Gebergesellschaft handelt.[502] Nur in diesem Fall hat der Gesellschafter seine Einlageverpflichtung auch dann erfüllt, wenn die Einlage an ihn zurückfließt, gesetzt den Fall, der Rückforderungsanspruch der Gesellschaft ist vollwertig und liquide. Kommt es jedoch zu einer Kapitalerhöhung, dann im Regelfall bei Nehmergesellschaften und nicht bei Gebergesellschaften.[503] Auch wird ein eine Begünstigung von Cash-Pool-Systemen nur für die GmbH erreicht, da die Ersetzungslösung bei der AG durch das Bareinzahlungsgebot des § 36a Abs. 1 (i.V. m. § 188 Abs. 2) AktG Einschränkungen erfährt. Davon losgelöst ist, nach der hier vertretenen Ansicht, die durch die Rechtsprechung eingeforderte strenge Tatbestandsvoraussetzung der Anmeldungspflicht, als dogmatisch nicht sachgerechte und bürokratische Hürde abzulehnen.

Das Hin- und Herzahlen ist gegenüber der gesetzlichen Regelung zur verdeckten Sacheinlage ausdrücklich subsidiär, d.h. bei Vorliegen einer *verdeckten Sacheinlage* gilt die Anrechnungs-, nicht die Erfüllungslösung. Diese Neuordnung der Rechtsfolgen entschärft die wirtschaftliche Wirkung der verdeckten Sacheinlage grundlegend, vermeidet sie doch die zuvor übliche doppelte Einlagepflicht – originär und später in der Insolvenz der Gesellschaft. Dieser Subsidiarität kommt vor allem beim Cash-Pool im Rahmen einer Kapitalerhöhung große Bedeutung zu, wobei die rechtliche Behandlung davon abhängig ist, ob die betreffende Gesellschaft vor der Einlageleistung einen Soll- oder Haben-Saldo im Cash-Pool hatte. Für das Cash-Pooling hat das MoMiG in Hinblick auf *verdeckte Sacheinlagen* keine signifikante Erleichterung bewirkt. Es findet zwar eine Anrechnung des Werts der Sacheinlage auf die Einlageverpflichtung nach Registereintragung statt, doch hat sich die straf- und zivilrechtliche Haftungslage des Geschäftsführers bzw. Vorstands verschärft. Die Hauptverantwortung für die ordnungsgemäße Weiterleitung der Einlagemittel in den Cash-Pool und für die damit einhergehende mittelbare Rückführung an den Inferenten trägt die Geschäftsführung – eine Konsequenz, deren Faktizität der MoMiG-Gesetzgeber so nicht gewollt haben kann.

Insgesamt bleibt die Kapitalaufbringung im Cash-Pool auch nach neuem Recht weder unproblematisch noch rechtstechnisch besonders einfach zu bewerkstelligen. Die praktischen Erleichterungen bei Kapitalerhöhungen im Cash-Pool sind marginal. Allenfalls wurde beim

---

[502] *Bormann/Urlichs*, DStR 2009, 641 (643)
[503] *Bormann/Urlichs*, DStR 2009, 641 (645)

Cash-Pooling – dem „Lieblingskind des Gesetzgebers“ [504] – eine leichte Entschärfung herbeigeführt. Der Gesetzgeber konnte sein Ziel, das Cash-Pooling im Rahmen der Kapitalaufbringung nachhaltig zu vereinfachen und zugleich das Kapitalschutzsystem zu deregulieren, damit nicht erreichen.[505]

[504] *A. Steiner*, BWNotZ 2009, 193 (202)

[505] so auch *Lieder*, GmbHR 2009, 1177 (1185); *A. Steiner*, BWNotZ 2009, 193 (202); *Altmeppen*, NZG 2010, 441 (443, 446); *Ekkenga*, ZIP 2010, 2469 (2469ff.)

D. Kapitalerhaltung im Cash-Pool

I. Kapitalerhaltung nach MoMiG und ARUG

1. Grundkonzept der § 30 GmbHG und § 57 AktG

Das Kapitalerhaltungsrecht hat spätestens seit der „November-Entscheidung“ des *BGH* eine Renaissance in der juristischen Diskussion erfahren, die in der jüngeren Vergangenheit ihres Gleichen sucht.[506] Nicht zuletzt deshalb, weil der *BGH* mit Argusaugen darüber wacht, ob durch Cash-Pooling die strengen Kapitalerhaltungsregeln unterlaufen werden. Nun verweisen die §§ 30 Abs. 1 Satz 3 GmbHG und 57 Abs. 1 Satz 4 AktG i.d.F. des MoMiG/ARUG, als bisher einmalige Nichtanwendungsnormen, die Rechtsprechung in ihre Schranken.

§ 30 Abs. 1 GmbHG formuliert ein „Grundgesetz” des GmbH-Rechts: Das zur Erhaltung des Stammkapitals erforderliche Gesellschaftsvermögen ist für Gesellschafter unantastbar.[507] Die strikte Kapitalerhaltung ist ähnlich wie bei der Aktiengesellschaft (§ 57 AktG), der Preis für die beschränkte Haftung. Da die Gesellschafter nicht mit ihrem Privatvermögen haften, dürfen sie der Gesellschaft kein Kapital entziehen, welches sie selbst als Sondervermögen der Gesellschaft anerkannt haben. Die Gesellschafter übernehmen bei Gründung (§ 3 Abs. 1 Nr. 3 und 4 GmbHG), Kapitalerhöhung (§§ 55ff. GmbHG) oder nachträglichem Beitritt (§ 16 Abs. 2 GmbHG) eine kollektive Haftungszusage, von der sie sich nicht einseitig lossagen können.[508] Parallel dazu kommt in § 57 AktG der Grundsatz der Kapitalerhaltung bzw. präziser der *aktienrechtlichen Vermögensbindung* zum Ausdruck.[509] Diese, nicht nur für das Cash-Pooling, zentrale Norm vervollständigt den Grundsatz der realen Kapitalaufbringung und bildet mit ihm zusammen das notwendige Pendant zur Haftungsbeschränkung des §1 Abs. 1 Satz 2 AktG.

2. Entscheidung des Gesetzgebers für die „bilanzielle Betrachtungsweise“

Bereits in den Beratungen des *„Berliner Kreises“*[510] zum Referentenentwurf wurde der Wunsch an den Gesetzgeber deutlich, im Text der § 30 GmbHG, § 57 AktG die Gültigkeit der bilanziellen Betrachtungsweise festzuschreiben und damit zu den Regeln zurückzukehren, die vor der „November-Entscheidung“ des *II. Zivilsenats* Anwendung fanden.[511] Die Rechtsprechung hatte § 30 Abs. 1 (heute: Satz 1) GmbHG, unter der Begründung, dass findige Gesell-

---

[506] *Brocker/Rockstroh*, BB 2009, 730 (730)
[507] *Thiessen*, in: Bork/Schäfer GmbHG, § 30 Rn. 2
[508] *Thiessen*, in: Bork/Schäfer GmbHG, § 30 Rn. 1; s. auch *Schön*, Der Konzern 2004, S. 162ff., 166ff.; zust. *Goette*, ZGR 2006, 261 (277f.)
[509] *Fleischer*, in: MünchKommAktG, § 57 Rn. 1
[510] jährliche Arbeitstreffen von im Bereich des Gesellschaftsrechts rechtspolitisch engagierten Professoren, Rechtsanwälten und Unternehmensjuristen
[511] *Drygala/Kremer*, ZIP 2007, 1289 (1292)

schafter und Geschäftsführer die Norm als Anleitung zur Gesetzesumgehung[512] fehlinterpretiert hätten, als Auftrag zur strengen Auslegung bzw. *Rechtsfortbildung* verstanden.[513] Schließlich wollte der Reformgesetzgeber der weit verbreiteten Kritik an der, als praxisfern und ausufernd wahrgenommenen, Judikatur entgegentreten.

Die Neuregelungen des MoMiG und ARUG halten im Kern am Grundsatz der Vermögensbindung fest: die alten, wie auch die aktuellen Vorschriften, sehen vor, dass das zur Erhaltung des Kapitals erforderliche Vermögen der Gesellschaft nicht ausgezahlt werden darf. Durch den Gleichlauf von GmbH- und Aktienrecht wurde der Kapitalerhaltungsgrundsatz – je nach Sichtweise – entweder nachhaltig verwässert[514], oder aber auf seinen Kerngehalt[515] zurückgeführt.[516] Denn die beiden unscheinbar hinzugefügten Sätze des § 30 Abs. 1 GmbHG (bzw. des § 57 Abs. 1 AktG) führen zu einer Relativierung des Kapitalerhaltungsgrundsatzes, sollen sie doch zur praxisfreundlichen Deregulierung führen. Genauer gesagt geschieht dies im Interesse einer flexiblen Gesellschaftsfinanzierung, was schon seinerzeit den Erlass des GmbH-Gesetzes im motiviert[517] hatte.[518] Nun steht die Regelung von Kreditgeschäften im Sinne einer Legitimierung des Cash-Pooling im Mittelpunkt. Dazu werden mehrere Fallgruppen von der direkten oder analogen Anwendung des § 30 Abs. 1 GmbHG bzw. § 57 Abs. 1 AktG ausgenommen. Es sollen rechtstechnische Privilegien für die Gesellschaftsfinanzierung im *Vertragskonzern* (§ 30 Abs. 1 Satz 2 Alt. 1 GmbHG, § 57 Abs. 1 Satz 3 Alt. 1 AktG) und durch *Gesellschafterdarlehen* bzw. *Aktionärsdarlehen* (§ 30 Abs. 1 Satz 3 GmbHG/ § 57 Abs. 1 Satz 4 AktG) gelten.[519]

Beide Vorschriften schaffen hierzu im GmbH- und Aktienrecht wortgleiche Ausnahmetatbestände, wonach Leistungen, die bei Bestehen eines Beherrschungs- oder Gewinnabführungsvertrags (sc. § 291 AktG) erfolgen oder die das Kriterium der Vollwertigkeit erfüllen, keine

---

[512] BT-Drucks. 8/1347, S. 40; BT-Drucks. 8/3908, S. 74

[513] *Goette*, DStR 2005, 197 (198), *Gehrlein*, BB 2011, 3 (4)

[514] *Goette*, in: Goette/Habersack, MoMiG, § 30 Rn. 9.2: „Erosion"; *Pentz*, Status: Recht 2007, S. 239f. bzgl. der AG sei das MoMiG/ARUG insofern über das Ziel hinausgeschossen, als die Kapitalerhaltung stärker aufgeweicht werde als vor dem November-Urteil; vgl. auch *K. Schmidt*, GmbHR 2007, 1072 (1075): Der Gleichlauf zwischen § 30 GmbHG und § 57 AktG sei „bemerkenswert"

[515] *Seibert*, MoMiG, S. 11f.: „System [...] durch Zurückschneiden [...] erhalten"; den Gleichlauf begrüßend freilich der *BDI*, Stellungnahme des BDI, S. 17; differenzierend: *Heidinger*, in: Beck´scher Online Kommentar GmbHG, § 30 Rn. 10: „Erleichterungen im Umgang mit der GmbH", aber „Rückschritt im Kapitalschutzkonzept"

[516] *Thiessen*, in: Bork/Schäfer GmbHG, § 30 Rn. 2

[517] Begr. zum Entwurf eines Gesetzes betreffend die Gesellschaften mit beschränkter Haftung von 1891, S. 29f, 38ff., dazu weiter: *Thiessen*, in: Duss/Linder, S. 446, 449

[518] *Thiessen*, in: Bork/Schäfer GmbHG, § 30 Rn. 2

[519] *Thiessen*, in: Bork/Schäfer GmbHG, § 30 Rn. 3

unzulässige Einlagenrückgewähr darstellen sollen.[520] Derartige Leistungen werden ganz im Sinne einer bilanziellen Betrachtung nicht mehr von der Auszahlungssperre erfasst. Wie im Recht der Kapitalaufbringung wird die Transaktion durch die Leistungsfähigkeit der Mutter als Geldempfangsstelle legalisiert. Damit ist der durch das „November-Urteil" entstandene und „bis ins Uferlose geführte Meinungsstreit" überholt.[521]

3. Übergang auf die Kapitalerhaltungsregeln

Die gesetzlichen Vorgaben und Rechtsfolgen unterscheiden sich deutlich zwischen Kapitalaufbringung und Kapitalerhaltung. Folglich bedarf es einer genauen Bestimmung des Zeitpunkts, von dem an, anstatt der Kapitalerhaltungsregeln, die Kapitalaufbringungsregeln Gültigkeit haben. Es kann davon ausgegangen werden, dass der Übergang zur Kapitalaufbringung dann und insoweit erfolgt, als die Kapitalaufbringung wirksam abgeschlossen wurde[522], also in der *logischen Sekunde* in der die vereinbarte Einlage zur freien Verfügbarkeit der Geschäftsleitung gelangt.[523]

Wichtig ist aber, dass Kapitalaufbringungs- und Kapitalerhaltungsregeln nicht isoliert voneinander betrachtet werden. Als bestes Beispiel dient die Rechtssache „AdCoCom"[524], in der sowohl der Anwendungsbereich der §§ 19ff. GmbHG als auch der Anwendungsbereich der §§ 30ff. GmbHG eröffnet war. Im konkreten Fall erwarb die GmbH nach Leistung der Bareinlage des Inferenten ein Lizenzpaket zu einem Preis, der die Höhe der *Stammeinlage* weit überstieg. Die notwendigen Mittel entstammten zum Teil aus den Rücklagen der Gesellschaft. Der *BGH* erkannte, dass in Höhe der Einlageverpflichtung eine verdeckte Sacheinlage vorlag; für die aus den Rücklagen aufgebrachte Zahlung war hingegen § 30 Abs. 1 Satz 2 GmbHG einschlägig.

II. Neuregelungen im Hinblick auf Zahlungen an Gesellschafter bzw. Aktionäre

1. Kapitalerhaltung durch § 30 GmbHG

a) Begriff der Auszahlung

Im Zentrum des § 30 GmbHG steht die „*Auszahlung*". Die Terminologie entstammt dem *betrieblichen Rechnungswesen* und bezeichnet den Abfluss an Zahlungsmitteln. Eine Auszah-

520 *Rothley/Weinberger*, NZG 2010, 1001 (1001)
521 *Altmeppen*, ZIP 2009, 49 (49), vgl. auch zur Absicht, das Cash Pooling zu privilegieren, Begr. RegE MoMiG, BT-Drucks. 16/6140, S. 41
522 *Wirsch*, S. 126; vgl. *Hueck/Fastrich*, in: Baumbach/Hueck GmbHG, § 30 Rn. 1: im Kollisionsfall soll grds. das strengere System der Kapitalaufbringung Vorrang haben
523 Dies kann sofort nach Zahlung der Fall sein, je nach getroffener Vereinbarung aber auch nach Jahren noch nicht, dazu: *Wirsch*, S. 129, Fn. 345
524 *BGH*, Urt. v. 22.03.2010, ZIP 2010, 978

lung vermindert den Bestand an liquiden Mitteln[525] rein technisch, d.h. nicht notwendigerweise auch das Geldvermögen, zu dem auch kurzfristige Forderungen und Verbindlichkeiten gehören.[526] Die ursprüngliche Annahme, auch dem Auszahlungsbegriff des § 30 GmbHG, den betriebswirtschaftlichen Wortsinn zugrunde zu legen[527], wurde ziemlich schnell verworfen. Bereits relativ früh umfasste der Begriff auch die Abtretung von Geldforderungen sowie die Hingabe an Zahlung statt; heutzutage besteht Einigkeit ihn weit auszulegen.[528] Die Auszahlung soll nach dem allgemeinem Verständnis Leistungen aller Art, die wirtschaftlich das Gesellschaftsvermögen verringern, beschreiben.[529]

b) Sicherung des Kapitalstocks

Infolge der Abschaffung der Novellen- und Rechtsprechungsregeln existiert keine Rückzahlungssperre mehr. Das bedeutet, dass Gesellschafterdarlehen künftig krisenunabhängig vom Geschäftsführer getilgt werden dürfen.[530] Zahlungen, die entgegen § 30 GmbHG geleistet wurden, müssen allerdings nach § 31 Abs. 1 GmbHG erstattet werden. Fehlt es insbesondere an der Vollwertigkeit des Darlehensrückzahlungsanspruchs, ist die Darlehensausreichung unzulässig und führt zu einem sofort fälligen Rückzahlungsanspruch gegen den Gesellschafter aus § 31 GmbHG. § 31 GmbHG gewährt der Gesellschaft bei Zuwiderhandlung einen genuin gesellschaftsrechtlichen Erstattungsanspruch.[531] Mit dieser Vorschrift soll der Teil des Reinvermögens gesichert werden, als den „dauernd zu erhaltenden Vermögensstock der Gesellschaft“[532], der rechnerisch dem satzungsmäßigen Stammkapitalbetrag entspricht und soll so ein „Stauwehr“[533] gegen willkürliche Abflüsse zu Lasten des gesetzlich gebundenen Mindestkapitals bilden. § 31 GmbHG ist somit eine zwingende Norm, um den Vermögensstock, als gesicherte Haftungs- und Kreditgrundlage der Gesellschaft dauerhaft sicherzustellen.[534]

---

525 also die Summe aus Barmitteln bestehend aus Kasse, Schecks, jederzeit verfügbarem Guthaben auf Bankkonten sowie kurzfristigen liquiden Geldanlagen

526 vgl. *Coenenberg*, Kap. 1.4, Rn. 13

527 so noch das *RG*, Urt. v. 04.19.1912, RGZ 80, 148 (150); *Brodmann*, GmbHG-Kommentar, §30 Anm. 1b, h; *Zahrte*, S. 97

528 *Zahrte*, S. 97

529 *RG*, Urt. v. 22.04. 1932, RGZ 136, 260 (264); *BGH*, Urt. v. 14.12.1959, NJW 1960, 285 (288), („Lufttaxi“); *BGH*, Urt. v. 01.12.1986, ZIP 1987, 575 (575); *Westermann*, in: Scholz, GmbHG § 30 Rn. 1; *Heidinger*, in: Michalski, GmbHG, § 30 Rn. 59; krit. zum wertorientierten (im Gegensatz zum leistungsorientierten) Auszahlungsbegriff: *Ekkenga*, in: MünchKommGmbHG, § 30 Rn. 128

530 *Altmeppen*, NJW 2008, 3601 (3606).); *Gehrlein*, BB 2008, 846 (852); *K. Schmidt*, GmbHR 2008, 449 (454)

531 *Westermann*, in: Scholz, GmbHG, § 31 Rn. 1

532 Begr. zum Entwurf eines Gesetzes betreffend die Gesellschaften mit beschränkter Haftung von 1891, S. 79

533 *Brodmann*, GmbH-Kommentar, § 30 Rn. 1a; *Fleck*, in: FS 100 Jahre GmbHG, S. 392

534 vgl. *Fleck*, in: FS 100 Jahre GmbHG, S. 392; *BGH*, Urt. v. 02.12.1968, NJW 1969, 840 (841); *BGH*, Urt. v. 13.10.1954, NJW 1954, 1842 (1843); *RG*, Urt. v. 15.12.1941, RGZ 168, 292 (297f.)

2. Auszahlungsverbot

a) „Nichtanwendungserlass"

Seit Bestehen des GmbH-Gesetzes untersagt die Norm des § 30 GmbHG – in ihrem Wortlaut unverändert[535] – jede Auszahlung des zur Erhaltung des Stammkapitals erforderlichen Vermögens an die Gesellschafter. Sie fungiert quasi als notwendiger Gegenpart zu § 19 GmbHG. Vom Auszahlungsverbot werden nun drei Ausnahmen zugelassen. Einerseits soll nun die Ausnahmevorschrift des § 30 Abs. 1 Satz 2 einen geschützten Ausnahmebereich zur früheren *BGH*-Rechtsprechung schaffen und damit Cash-Pooling rechtssicher machen.[536] Andererseits wirken Satz 2, sowie der die sog. „*Rechtsprechungsregeln*" zum früheren Eigenkapitalersatz abschaffende Satz 3 (Zulässigkeit der Rückzahlung von Darlehen), als Nichtanwendungsgesetze[537] gegenüber der bisherigen *BGH*-Rechtsprechung.[538]

Damit werden sowohl die als missglückt geltenden „*Novellenregeln*" aus §§ 32a, 32b GmbHG a.F., § 135 InsO a.F. als auch die ungeschriebenen, auf eine Analogie zu §§ 30, 31 GmbHG gestützten „Rechtsprechungsregeln", kraft Gesetzes außer Anwendung gestellt. Mit der Einführung des MoMiG war es ausdrückliche Intention des Gesetzgebers, eine Wiederholung der Geschichte zu vermeiden. Dem *BGH* sollte der Weg in eine neuerliche Analogie, wie er ihn schon 1984[539], nach Einführung der §§ 32a, 32b GmbHG a.F. gefunden hatte, versperrt werden.[540] Gemeinhin sollte der Rechtsprechung also der Weg endgültig versagt bleiben, ein über das gesetzliche Schutzkonzept im Haftungssystem beschränkt haftender Gesellschaftsformen hinausgehendes Schutzinstrumentarium zu institutionalisieren.[541]

---

535 *Meyer-Landrut*, in: Meyer-Landrut/Miller/Niehus, § 30 Rn.1; *Brodmann*, GmbHG-Kommentar, §30 Rn. 1a; *RG*, Urt. v. 15.12.1941, RGZ 168, 297

536 *Heidinger*, in: Beck´scher Online Kommentar, GmbHG § 30 Rn. 48

537 von „Nichtanwendungsnorm" spricht *Goette*, Einführung in das neue GmbH-Recht, Rn. 57; von „Nichtanwendungsklausel", *Noack*, DB 2007, 1395 (1397); von „Negativklausel", *Ekkenga*, WM 2006, 1986 (1986); *Hölzle*, GmbHR 2007, 729 (732) und *Wedemann*, WM 2008, 1381 (1384) verwenden „Nichtanwendungserlass" und gar von einem „Nichtanwendungsbefehl" spricht *Altmeppen*, in: Roth/Altmeppen, GmbHG, Anh. §§ 32a, b Rn. 50

538 *Heidinger*, in: Beck´scher Online Kommentar GmbHG, § 30 Rn. 48

539 vgl. *BGH*, Urt. v. 26.03.1984, ZIP 1984, 698 (701) „Nutzfahrzeuge-Fall", in dem der *BGH* ausführte, dass die Anwendung seiner Rspr. neben den (damals) neuen Vorschriften nicht der Wertung des Gesetzes widerspreche: Gerade indem sie auf einem anderen rechtlichen Weg Tatbestände erfasse, auf die sich die Neuregelung nicht erstrecke, deren Einbeziehung in den Gläubigerschutz aber durchaus i.S.d. Regelung läge, verwirkliche die Rspr. das, was der Gesetzgeber mit diesen Vorschriften erreichen wolle

540 *Hölzle*, ZIP 2011, 650 (650); *K. Schmidt*, ZIP 2010, Beilage zu Heft 39, S. 16

541 *K. Schmidt* merkt in diesem Zusammenhang an, dass der Gesetzgeber den *BGH* zum Schutz vor weiteren „Bubenstreichen [...], gleichsam wie ein ungezogenes Kind, in den Keller" sperre und appelliert an den Gesetzgeber, dass derartige Nichtanwendungsregeln nicht weiter Schule machen dürfen, ZIP 2010, Beilage zu Heft 39, S. 16

b) Legitimität der Rechtsfortbildung durch Rechtsprechung und Gesetzgeber

In Anbetracht der Zurückweisung der höchstrichterlichen Rechtsprechung durch den Gesetzgeber stellt sich ganz generell die Frage nach der Legitimität einer Rechtsfortbildung durch Rechtsprechung und Gesetzgeber im Gesellschaftsrecht.[542]

Grundsätzlich besitzt der Gesetzgeber als Souverän eine solche Kompetenz und hat erforderlichenfalls sogar die Verpflichtung eine, als unangemessen empfundene Rechtsentwicklung, auch entgegen einer etablierten Judikatur, zu korrigieren.[543] Jedoch äußert *Bork*[544] bzgl. des MoMiG den Verdacht einer „Retourkutsche" des Gesetzgebers gegenüber dem *II. Zivilsenat*. Indes gehen *Hölzle* die gesetzgeberischen Maßnahmen sogar nicht weit genug. Vor allem bei der Neufassung des § 30 Abs. 1 Satz 3 GmbHG unterstellt er dem Gesetzgeber einem Irrtum in zweierlei Hinsicht. Zuvorderst führt er das Argument ins Felde, dass der Versuch der Institutionalisierung eines Schutzsystems, das über das „vom Gesetzgeber für vollkommen gehaltene" Schutzinstrumentarium hinausgeht, keineswegs vollständig sei. Um das vor Einführung des MoMiG erreichte Schutzniveau nicht empfindlich zu konterkarieren, müsse das geschaffene Schutzkonzept einer weiteren, aber maßvollen Ergänzung unterzogen werden. Weiters sei der Rechtsprechung der Weg (überregulierend) einzugreifen ohne weiteres eröffnet, da sich der Nichtanwendungserlass des § 30 Abs. 1 Satz 3 GmbHG allein auf das Gesellschaftsrecht bezieht, während sich die Institutionalisierung des Gläubigerschutzes mittlerweile im Insolvenzrecht konzentriert.[545] Dort stehe der Weg für eine richterliche Rechtsfortbildung weiterhin offen. Darüber hinaus könne es sein, dass die Neuformulierungen in wenigen Jahren nicht mehr nachvollzogen werden können, da der Regelungsanlass in Vergessenheit geraten sein wird.[546]

Eingriffe des Gesetzgebers in die Rechtsprechung sollten gemeinhin sorgfältig abgewogen und begründet werden, da die Gerichte sich grundsätzlich durch ihre größeren Sachnähe auszeichnen.[547] Ziel sollte also ein konstruktiver Dialog von Rechtsprechung und Gesetzgebung sein, der mehr von Kooperation, denn von Konfrontation geprägt ist.[548] Keinesfalls sollten aber die vielfältigen Erfahrungen aus dem Steuerrecht mit Nichtanwendungsgesetzen zum

---

542 vgl. zur grds. Problematik: *K. Schmidt*, JZ 2009, 10 (17)

543 vgl. auch Art. 20 Abs. 3 GG (*Rechtsstaatsprinzip*), Art. 97 Abs. 1 GG (*Unabhängigkeit der Gerichte*), Art. 70 Abs. 1 GG (*Gesetzgebungskompetenz des Bundes*), vgl. dazu *BVerfG*, vom 15.01.2009, NJW 2009, 1469 (1476) Rn. 96

544 *Bork*, ZGR 2007, 250 (264)

545 *Hölzle*, ZIP 2011, 650 (655)

546 *Bork*, ZGR 2007, 250 (264); vgl. dazu auch die Kritik von *K. Schmidt*, ZIP 2006, 1925 (1930f.)

547 *Wicke*, MittBayNot 2011, 23 (29)

548 *Wicke*, MittBayNot 2011, 23 (29)

Vorbild genommen werden. Auch die „*Aktienrechtsreform in Permanenz*“[549] ist in diesem Zusammenhang keine gangbare Option für das GmbH-Recht. Gerade weil sich kleine und mittelständische Unternehmen, als Rückgrat der Wirtschaft, vor allem der GmbH bedienen, sollen einzig klare und berechenbare Rechtsgrundlagen die Gesetzgebung und Rechtsprechung leiten.[550]

3. Verbot der Einlagenrückgewähr 57 Abs. 1 AktG

Noch strenger als die Vorschriften der §§ 30f. GmbHG ist das in § 57 Abs. 1 Satz 1 AktG zum Ausdruck kommende Verbot der Einlagenrückgewähr im Recht der AG. Der *BGH* hat diese Auszahlungsverbote stets sehr weit verstanden und sie sogar bei Vollwertigkeit eines Gegenleistungs- oder Rückgewähranspruchs der Gesellschaft gegenüber dem Gesellschafter angewandt.[551] Schon § 57 AktG a.F. untersagte – anders als § 30 GmbHG a.F. (dort nur Schutz des Stammkapitals) – grundsätzlich jede Entnahme aus dem Gesellschaftsvermögen, sofern sie nicht aus dem Bilanzgewinn erfolgt.[552] Das „November-Urteil“ war in diesem Zusammenhang, die Bestätigung der schon zuvor im Aktienrecht[553] weit verbreiteten Auffassung, unbesicherte aufsteigende Darlehen, auch bei Bilanzneutralität, als unzulässige Einlagenrückgewähr zu qualifizieren, da der Verzicht auf eine Besicherung einem *Drittvergleich* (*arm's length principle*) nicht standhielt und folglich eine Zuwendung *causa societatis*[554] darstellte.[555]

Der strengere aktienrechtliche Schutz verfolgt mehrere Zwecke. Auch in der neuen Fassung des § 57 Abs. 1 Satz 1 AktG ist nicht nur das zur Erhaltung des Grundkapitals erforderliche Vermögen gebunden, sondern es bleibt auch die Rückzahlung jedweden Vermögens durch die AG an die Aktionäre untersagt (vgl. D.I.1). Unverändert darf auch gem. § 57 Abs. 3 AktG vor Auflösung der Gesellschaft allein der Bilanzgewinn an die Aktionäre verteilt werden. Der Anwendungsbereich der Vorschrift entspricht somit (vorbehaltlich der Ausnahmetatbestände) der bisherigen Regelung.[556]

549 ausgehend wohl von *Zöllner*, AG 1994, 336 (336ff.)
550 *Wicke*, MittBayNot 2011, 23 (29)
551 *BGH*, Urt. v. 24.11. 2003, NJW 2004, 1111
552 *Kiefner/Theusinger*, NZG 2008, 801 (802)
553 vgl. etwa *Bayer*, in: MünchKommAktG, 2. Aufl. (2000), § 57 Rn. 81
554 Auszahlungen aufgrund des Gesellschaftsverhältnisses
555 *Kiefner/Theusinger*, NZG 2008, 801 (802); vgl. *OLG* Jena, Urt. v. 25.04.2007, ZIP 2007, 1314 (1315f.)
556 *Knapp*, DStR 2008, 2371 (2371)

4. Vollwertigkeitsbegriff des § 30 GmbHG/ 54 AktG

a) Systematik und Unterschiede zur Kapitalaufbringung

Bei der Vollwertigkeit der § 19 GmbHG/ § 27 AktG und § 30 GmbHG/ § 57 AktG handelt es sich um eine Ausprägung des gleichen Prinzips[557]. Die Regelung der Kapitalerhaltung stehen im Einklang mit der Bestimmung, wonach ein Verstoß gegen § 19 Abs. 5 GmbHG bzw. § 27 Abs. 4 AktG nicht vorliegt, wenn die Leistung an den Gesellschafter „durch einen vollwertigen Gegenleistungs- oder Rückgewähranspruch gegen den Gesellschafter gedeckt" ist. Daher soll das im Rahmen der Kapitalaufbringung zu § 19 GmbHG/ § 27 AktG entsprechend Gesagte auch für den *Parallelfall* der Kapitalerhaltung gelten. Insbesondere sind die Ausführungen zum Vollwertigkeitskriterium einschließlich des ungeschriebenen Erfordernisses der angemessenen Verzinsung auch für Fälle des § 30 GmbHG/ § 54 AktG einschlägig.

Eine Haftungskonsolidierung verschiedener Konzerngesellschaften kann auch durch Sicherheiten im Sinne von *upstream guarantees* erreicht werden, die eine Tochtergesellschaft z.B. für Verbindlichkeiten der Muttergesellschaft stellt. War deren Handhabung vor dem Hintergrund „November-Urteils" noch äußerst kritisch zu betrachten, steht außer Zweifel, dass der Gesetzgeber auch aufsteigende Sicherheiten aus gebundenem Vermögen im Rahmen des Cash-Pooling privilegieren wollte.[558] Diese müssen den gleichen Anforderungen genügen. Fragen der Vollwertigkeit eines Befreiungs-/Regressanspruchs der Gesellschaft, die eine Sicherheit gegen ihren Gesellschafter gibt, sind spätestens im Zeitpunkt einer drohenden Verwertung der Sicherheiten zu stellen.[559]

Insgesamt gestalten sich die Voraussetzungen des § 19 Abs. 5 GmbHG jedoch strikter als diejenigen des § 30 Abs. 1 Satz 2 Alt. 2, da es hier, ausweislich des Wortlauts, nicht darauf ankommt, dass die Fälligkeit jederzeit hergestellt werden kann.[560]

b) Unbeachtlichkeit des Fälligkeitskriteriums

Indes erscheint diese Unbeachtlichkeit Fälligkeitskriteriums der § 19 GmbHG/ § 27 AktG für die Kapitalerhaltung nicht nachvollziehbar.[561] Bilanziell kann der Anspruch gegen den Gesellschafter nur dann fehlende Liquidität ersetzen, wenn er der Gesellschaft, genauso wie etwa

---

557 Begr. RegE MoMiG, BT-Drucks. 16/6140, S. 76

558 *Altmeppen*, NZG 2010, 401 (404); *Habersack*, ZGR 2009, 347 (353); *K. Schmidt*, GmbHR 2007, 1072 (1076)

559 *Spliedt*, ZIP 2009, 149 (152)

560 *Maier-Reimer/Wenzel*, ZIP 2008, 1449 (1453)

561 *K. Schmidt*, JZ 2009, 10, (18); vgl. *Spliedt*, ZIP 2009, 149 (152)

liquide Mittel, jederzeit zur Verfügung steht.[562] Damit treffen die Erwägungen der Beschlussempfehlung des Rechtsausschusses zu § 19 Abs. 5 auch für die Kapitalerhaltung zu. Auch hier ist „bei einem erst nach längerer Zeit kündbaren Darlehen eine Prognose sehr unsicher, ob der Rückzahlungsanspruch tatsächlich vollwertig ist"[563].[564] Es ist zwar denkbar, dass auch Ansprüche auf Rückzahlung eines langfristigen Darlehens vollwertig sind,[565] doch bezieht sich das vergleichsweise liberale „MPS-Urteil" des *II. Zivilsenats* auf ein, zwar unbesichertes, aber jederzeit kurzfristig (wenn auch nicht fristlos) rückforderbares Darlehen.[566] Vor allem bei längerfristigen Darlehen sind demgemäß hinreichende Informations- und Kündigungsrechte zu verlangen, um Liquiditätsengpässe der Gesellschaft, die der Gesellschafter bei genügender Solvenz ausgeglichen hätte, rechtzeitig erkennen und vermeiden zu können.[567]

III. Privilegierung von Darlehen im Cash-Pool

Im Rahmen von Cash-Pooling kommt es im Konzern zu einer Fülle von täglichen Zahlungsströmen. Vor dem MoMiG war weitgehend anerkannt, dass unverzinste Darlehen und vergleichbare Kreditgeschäfte mit Gesellschaftern und Aktionären eine unzulässige Einlagenrückgewähr darstellen, soweit der Schutzbereich der § 30 Abs. 1 GmbHG und § 57 Abs. 1 AktG eröffnet war.[568] Sinn und Zweck der Vorschriften liegen darin, die Darlehensvergabe an Gesellschafter bzw. Aktionäre und vergleichbarer Geschäfte zu privilegieren. Entsprechend dieses gesetzgeberischen Willens sollen Gesellschafterdarlehen sowie Cash-Pooling-Systeme bei Bestehen eines Beherrschungs- oder Gewinnabführungsvertrages generell zulässig sein. Hiernach müssen fortan Darlehensvaluta und Rückzahlungsanspruch wertmäßig gleich sein und dem Vollwertigkeitskriterium[569] genügen.

Zunächst soll nun untersucht werden, ob die Gesellschaft gegen die Auszahlungssperre des § 30 Abs. 1 GmbHG verstößt, wenn trotz wirtschaftlicher Schieflage weiter upstream loans an den Cash-Pool abgeführt werden. Dazu ist im Folgenden zwischen *downstream loans*, bei denen sich Fragen des Rechts der *Gesellschafterdarlehen* stellen, und *upstream loans*, die Probleme des Rechts der *Kapitalerhaltung* bedingen können, genau zu differenzieren.

---

562 *Thiessen*, in: Bork/Schäfer GmbHG, § 30 Rn. 61

563 BT-Drucks. 16/9737, S. 56

564 *Thiessen*, in: Bork/Schäfer GmbHG, § 30 Rn. 61

565 *BGH*, Urt. v. 01.12.2008, AG 2009, 81 – Leitsatz

566 *Thiessen*, in: Bork/Schäfer GmbHG, § 30 Rn. 61

567 *Thiessen*, in: Bork/Schäfer GmbHG, § 30 Rn. 61

568 *Wand/Tillmann/Heckenthaler*, AG 2009, 148 (152); *Drygala/Kremer*, ZIP 2007, 1289 (1293)

569 *Blasche/König*, GmbHR 2009, 897 (899); *Mülbert/Leuschner*, NZG 2009, 281 (283); *Habersack*, ZGR 2009, 347 (359); a.A.: *Wand/Tillmann/Heckenthaler*, AG 2009, 148 (152); *Kiefner/Theusinger*, NZG 2008, 801 (804); *Drygala/Kremer*, ZIP 2007, 1289 (1293)

1. Upstream loans und Kapitalerhaltung

Das MoMiG sieht auch im Bereich der Kapitalerhaltung für § 30 Abs. 1 Satz 2 GmbHG die von der Praxis im Anschluss an das „November-Urteil“ erhoffte Rückkehr zum bilanziellen Denken vor. Mit der ARUG-Reform hat Gesetzgeber die Anwendung dieser Denkweise nicht zuletzt auch für die AG angeordnet, den Schutz des gebundenen Vermögens aber insoweit im Interesse einer „einfacher Handhabung“ der Konzernfinanzierung aufgeweicht.[570]

Bei upstream loans handelt es sich im Cash-Pool regelmäßig um die Zahlungen, die durch die Tochtergesellschaft an die Betreibergesellschaft im Rahmen der Glattstellung ihrer positiven Tagessalden überwiesen werden. Bei ihnen besteht demnach primär die Gefahr der verbotenen Eigenkapitalrückgewähr, der das Gesetz entgegenzutreten versucht. Nach früherem Recht stellten die §§ 30, 31 GmbHG ein Verbot für den Geschäftsführer auf, Aktivvermögen an die Gesellschafter auszuzahlen, wenn dies eine Unterbilanz verursachte oder weiter vertiefte oder aber durch die Rückzahlung eine Überschuldung verursacht wurde.[571] Wie dargestellt, war allgemein anerkannt, die Verursachung bzw. Vertiefung einer Unterdeckung oder Überschuldung anhand bilanzieller Gesichtspunkte zu ermitteln,[572] bis schließlich der *BGH* in besagtem „November-Urteil“ auch bei einem vollwertigen Darlehensrückzahlungsanspruch eine verbotene Auszahlung im Sinne des § 30 GmbHG a.F. erblickt hat. Auch verstieß eine, den Vergleich mit einem Drittgeschäft nicht standhaltende, Gewährung von Gesellschaftsdarlehen an Aktionäre ohne banküblich Sicherheiten gegen § 57 AktG.[573] Sie führte zu einem sofortigen Rückgewähranspruch der AG gemäß § 62 AktG sowie zur Vorstandshaftung für die Rückzahlung nach § 93 Abs. 3 Nr. 1 AktG[574].

Um Abhilfe zu schaffen, beabsichtigte der Gesetzgeber im Bereich der Kapitalerhaltung zwei Dinge zu konkretisieren: Erstens sollen „upstream-loans“ und Cash-Pooling-Systeme generell zulässig sein.[575] Zweitens soll im faktischen Konzern deren Zulässigkeit davon abhängen, ob die Gewährung von Liquidität innerhalb des Konzerns jeweils durch einen vollwertigen Rückgewähranspruch gedeckt ist. Im Zuge der Rückbesinnung auf die bilanzielle Betrachtungsweise soll das Kapital lediglich wertmäßig und nicht gegenständlich vor den Zugriffen

570 *Altmeppen*, ZIP 2009, 49 (50)
571 *BGH*, Urt. v. 05.02.1990, ZIP 1990, 451 (453)
572 *Leistikow*, Das neue GmbH-Recht, § 4 Rn. 333
573 *OLG* Hamm, Urt. v. 10.05.1995, („Harpener/Omni“), ZIP 1995, 1263
574 vgl. *Habersack/Schürnbrand*, NZG 2004, 689, (693)
575 *Altmeppen*, ZIP 2009, 49 (49)

der Gesellschafter geschützt sein.[576] Bewerkstelligen sollen dies die Neuregelung der § 30 Abs. 2 Alt. 2 GmbHG/ § 57 Abs. 3 Alt. 2 AktG.

2. Haftung der Organwalter im faktischen AG-Konzern

Durch die spiegelbildliche Neufassung des § 30 Abs. 1 Satz 2 Alt 2 GmbHG und des § 57 Abs. 1 Satz 3 Alt. 2 AktG sind „upstream-loans“ und Cash-Pooling-Systeme im faktischen Konzern grundsätzlich zulässig. Auch der *BGH* hat das Recht der Upstream-Darlehen im faktischen Aktienkonzern auf eine dogmatisch tragfähige Grundlage gestellt.[577] Dies gilt solange die abhängige Gesellschaft einen *vollwertigen Anspruch auf Rückgewähr* der an konzernangehörige Unternehmen ausgereichten Darlehen hat. In diesem Fall handelt es sich um einen bilanzneutralen *Aktivtausch* und nicht um eine verbotene Auszahlung von Gesellschaftsvermögen. Entscheidend ist nun die sich ergebende Haftungslage der Geschäftsleitung.

a) Vollwertigkeitsprüfungspflicht des Vorstands

Der Vorstand der faktisch *abhängigen* AG steht in der Pflicht die Vollwertigkeit der Ausgleichsansprüche unter Kontrolle zu halten. Ihm obliegt vor allem die Pflicht, sich Informationsrechte einräumen zu lassen, um laufend über die *Bonität* des herrschenden Unternehmens bzw. der Betreibergesellschaft unterrichtet zu sein.[578] Der Geschäftsleiter der abhängigen AG gerät dann in die Haftung nach § 93 Abs. 2, 3 Nr. 1 AktG, wenn er schuldhaft die Teilnahme der abhängigen AG am Cash-Pool zulässt, obwohl dies wegen mangelnder Bonität der Betreibergesellschaft nicht oder zumindest nicht mehr zulässig ist.[579] Der Geschäftsleiter der abhängigen AG hat insoweit effektiv an der Gewährleistung eines betriebswirtschaftlich tauglichen *Frühwarn-, Informations- und Überwachungssystem* mitzuwirken. Der Pflichtenmaßstab des Vorstands der abhängigen AG ergibt sich aus §§ 311, 317 AktG, die eine Werthaltigkeit des Anspruchs derselben sicherstellen sollen. Hierbei lässt sich gleichzeitig ein umfassender Auskunfts- und Informationsanspruch der abhängigen AG gegen das herrschende Unternehmen ableiten.[580] Das bedeutet faktisch, dass der Vorstand der abhängigen AG aufgrund des umfassenden Auskunfts- und Informationsanspruchs seiner Gesellschaft gegen das *herrschende* Unternehmen, *deren Geschäftsleiter* hinsichtlich der Bonitätskontrolle in die Pflicht nehmen kann.[581]

---

[576] *Heuel/Luxem*, S. 165
[577] *BGH*, Urt. v. 01.12.2008, („MPS“), AG 2009, 81
[578] *Habersack*, ZGR 2009, 347 (362f.)
[579] *Altmeppen*, NZG 2010, 401 (405)
[580] *Altmeppen*, NZG 2010, 401 (405)
[581] *Altmeppen*, NZG 2010, 401 (405); a.A.: *Strohn/Simon*, GmbHR 2010, 1181 (1184)

b) Haftung des Aufsichtsrats

Die *Sorgfaltspflichten* treffen zwar primär die Geschäftsleiter, setzen sich aber auch in entsprechenden Überwachungspflichten der Mitglieder des Aufsichtsrats fort.[582] Das heißt, dass auch der Aufsichtsrat der abhängigen AG die Einrichtung eines Risikomanagement-Systems unter Kontrolle halten muss (§§ 93, 116 AktG).[583] Da die Teilnahme am Cash-Pool die Vermögens-, Finanz- und Ertragslage der Gesellschaft grundlegend umgestaltet, wird der Aufsichtsrat der Entscheidung darüber, seiner Zustimmung unterwerfen müssen (§ 111 Abs. 4 Satz 2 AktG).[584] Schon deswegen ist es ihm möglich, bereits in einem frühen Stadium die Überwachung über die Installation eines derartigen Risikomanagementsystems auszuführen.

Im Hinblick auf upstream loans sind nach erfolgter Darlehensvergabe, wie der *BGH* postuliert, auch die Aufsichtsratsmitglieder gehalten, auf die sich als geboten erweisende Sicherstellung oder Rückführung der Darlehen zu achten. In diesem Rahmen trifft die Vorstands- und Aufsichtsratsmitglieder daher die haftungsbewehrte Verpflichtung, laufend etwaige Änderungen des Kreditrisikos zu prüfen (§§ 93 Abs. 1, 2, 116 AktG und §§ 317, 318 AktG).[585] Ferner müssen die – gemäß §§ 93 Abs. 2 Satz 2, 116 Satz 1 AktG mit dem *Exkulpationsbeweis* belasteten – Organmitglieder, selbst bei Wahrung hinreichender Sorgfalt und dem Treffen ausreichender Vorkehrungen, wohl regelmäßig mit dem Vorwurf einer Pflichtverletzung rechnen, wenn Darlehen oder der Cash-Pool in Gefahr geraten.[586]

3. Haftung der Organwalter im faktischen GmbH-Konzern

Haftungsfragen stellen sich bei der GmbH in erster Linie für den Geschäftsführer, da der Aufsichtsrat[587] meist nur ein fakultatives Organ ist.

a) Vollwertigkeitsprüfungspflicht des Geschäftsführers

Wie für den Vorstand der AG, kommt es beim Cash-Pooling auch für den Geschäftsführer insbesondere dann zu Haftungssituationen, wenn er Auszahlungen in den Cash-Pool zulässt, die gerade nicht durch einen vollwertigen Gegenanspruch gedeckt sind (§ 43 Abs. 2, § 30 Abs. 1 Satz 1 u. 2 GmbHG). Der Kapitalschutz in der GmbH erfolgt im Gegensatz zur AG

---

582 *BGH*, Urt. v. 01.12.2008, („MPS"), AG 2009, 81 (83), Rn. 21
583 *Habersack*, ZGR 2009, 347 (362f.)
584 *Altmeppen*, NZG 2010, 401 (405)
585 *Keil*, DZWIR 2009, 195 (199)
586 *Waclawik* (Status Recht 02/2009, 50) bezeichnet deshalb das Urteil – wohl rekurrierend auf *K. Schmidt* (zur Haftungsverlagerung beim Hin-Herzahlen, *K. Schmidt*, GmbHR 2008, 449 (453)) – weniger als „Weihnachts-, denn [als] «Danaergeschenk»"; vgl. auch *Keil*, DZWIR 195 (200)
587 für ihn gelten nach § 52 GmbHG die Vorschriften der AG

jedoch nur bis zur Deckung des Stammkapitals, weil eine Benachteiligung jenseits davon aus Sicht der Gläubigerinteressen im Grundsatz hinzunehmen ist.

Auch den GmbH-Geschäftsführer trifft beim Cash-Pooling die Pflicht, die Erhaltung des Stammkapitals zu sichern. Er steht daher in der Pflicht, die Vollwertigkeit des bestehenden Rückzahlungsanspruchs zu überprüfen. Zwar besteht nach § 30 Abs. 1 GmbHG die Verpflichtung nur im Zeitpunkt der Darlehensausreichung. Nach Ansicht des *BGH*[588] kommt dem Geschäftsführer aber eine fortlaufende Überwachungspflicht zu. Dies gilt zumindest dahingehend zusätzliche Informations- und Erkundungspflichten wahrzunehmen, inwieweit während der Laufzeit des Cash-Management-Systems, der Cash-Pool bzw. die Muttergesellschaft in der Lage sind, Darlehensrückzahlungen auch tatsächlich vornehmen zu können, wenn dies zur Vermeidung einer Überschuldung oder Zahlungsunfähigkeit bei der Tochtergesellschaft erforderlich werden sollte.[589] Dazu sind auf jeden Fall erhebliche Änderungen des Kreditrisikos zu prüfen, wobei auch auf eine, sich nach der Darlehensauszahlung andeutende Bonitätsverschlechterung mit einer Kündigung des Cash-Management-Systems bzw. dem Anfordern von (weiteren) Sicherheiten zu reagieren ist. Damit ist die Einrichtung eines Informations- oder Überwachungssystems zwischen Mutter- und Tochtergesellschaft unentbehrlich, um einen den Fortbestand des Unternehmens gefährdenden Sachverhalt so früh wie möglich zu erkennen. Das Fehlen eines solchen Informationssystems wird sich insbesondere auf die Bewertung der „*Sorgfalt eines ordentlichen Geschäftsmannes*" auswirken.[590]

Zwar kann der GmbH-Geschäftsführer aus § 43 Abs. 2 GmbHG regelmäßig dann nicht in Anspruch genommen werden, wenn er lediglich wirksame und gesetzmäßige Gesellschafterbeschlüsse ausführt.[591] Ob diese Voraussetzungen tatsächlich vorliegen, ist eine Frage des Einzelfalls. Beim Cash-Pooling wird sich der Geschäftsführer auf das *Freistellungsprivileg* regelmäßig schon deshalb nicht berufen können, da sich der Vorwurf gegen ihn zumeist aus einem Verstoß gegen die Kapitalerhaltungspflicht des § 30 GmbHG ableiten wird, für welchen das Freistellungsprivileg gerade nicht gilt, § 43 Abs. 3 GmbHG.[592] Auch auf die Haftung aus § 64 Satz 1 und 3 GmbHG findet das Freistellungsprivileg keine Anwendung.

---

588 *BGH*, Urt. v. 01..12.2008, („MPS"), AG 2009, 81
589 *Willemsen/Rechel*, GmbHR 2010, 349 (351); *Strohn/Simon*, GmbHR 2010, 1181 (1184); a.A.: *Mülbert/Leuschner*, NZG 2009, 281 (283)
590 *Willemsen/Rechel*, GmbHR 2010, 349 (351)
591 *Weitzel/Socher*, ZIP 2010, 1069 (1070)
592 *Weitzel/Socher*, ZIP 2010, 1069 (1070)

b) Insolvenzpräventionshaftung

Die Haftung der Geschäftsführer für Auszahlungen in den Cash-Pool richtet sich vor allem nach § 64 Satz 1 u. 3 GmbHG. Grundsätzlich ist die Insolvenzgefahr einer einzelnen Tochtergesellschaft bei einem konzernweiten Cash-Pool-System aufgrund der erhöhten Gesamtliquidität geringer, soweit die Liquidität der am Cash-Pool beteiligten Gesellschaften bzw. des Cash-Pools selbst insgesamt ausreichend ist. Kommt es dennoch zu Haftungsfragen, so ist zu beachten, dass sich die Haftung nach § 64 Satz 3 GmbHG rein auf die Liquidität bezieht, es somit nicht darauf ankommt, ob Rückzahlungsansprüche gegen den Cash-Pool bestehen (oder bestanden) und vollwertig sind.[593] Die Geschäftsführer müssen sicherstellen, dass bei Liquiditätsschwierigkeiten einer Tochtergesellschaft auch unmittelbar Zahlungen aus dem Cash-Pool an sie erfolgen können. Sie stehen in der Haftung für Auszahlungen an den durch die Muttergesellschaft geführten Cash-Pool, wenn diese Verrechnungen zur Zahlungsunfähigkeit der Gesellschaft führen (§ 64 Satz 3 GmbHG). Erst recht dürfen Geschäftsführer keine Auszahlungen mehr an den Cash-Pool zulassen, sobald die Tochtergesellschaft zahlungsunfähig oder überschuldet ist (§ 64 Satz 1 GmbHG).[594]

Kann die Cash-Pool-Führerin die Liquiditätsausstattung der Tochtergesellschaft nicht sicherstellen, darf der Geschäftsführer der Tochtergesellschaft keine Zahlungen in den Cash-Pool leisten, soweit er diese zur Sicherstellung der eigenen Liquidität benötigt. Somit erweitert § 64 Satz 3 GmbHG die Pflicht der Geschäftsführer zur Beobachtung der Liquidität der eigenen Gesellschaft in eine Pflicht auch zur Beobachtung der *Gesamtliquidität* des Cash-Pools, der beteiligten Gesellschaft und der Muttergesellschaft.[595]

4. Wertung der haftungsrechtlichen Lage

Zunächst bleibt festzuhalten, dass die Einführung der § 30 Abs. 1 Satz 2 GmbHG/ § 57 Abs. 1 Satz 3 ansatzweise für eine *Stärkung der Rechtssicherheit* im Cash-Pool gesorgt hat. Auch hat der *BGH* in seiner MPS-Entscheidung das Recht der upstream loans im faktischen Konzern auf eine dogmatisch tragfähige Grundlage gehoben.[596] Beides stützt das Cash-Pooling und schafft zusammen mit den MoMiG-Änderungen gewisse Rechtssicherheit.

[593] *Willemsen/Rechel*, GmbHR 2010, 349 (352)

[594] *Willemsen/Rechel*, GmbHR 2010, 349 (351)

[595] *Willemsen/Rechel*, GmbHR 2010, 349 (351); *Greulich/Bunnemann*, NZG 2006, 681 (687)

[596] *Keil*, DZWIR 2009, 195 (199)

a) Haftung des Geschäftsleiters in dreierlei Hinsicht

Problematisch ist allerdings, dass sich Geschäftsleiter künftig möglicherweise in einem dreifacher Hinsicht schadensersatzpflichtig machen können. Bisher konnte dieser eine von den Gesellschaftern geforderte Leistung verweigern, wenn dadurch eine Unterbilanz ausgelöst bzw. verschärft wurde.[597] Nach § 30 Abs. 1 GmbHG/ § 54 Abs. 1AktG kann er die Auszahlung jetzt nur noch mit dem Einwand der fehlenden Solvenz des Empfängers verweigern. Versäumt er dies, macht er sich zunächst nach § 43 Abs. 3 GmbHG/ § 93 Abs. 3 AktG, sodann nach § 64 Satz 1 GmbHG/ § 92 Abs. 2 Satz 1 AktG, wenn sich nachträglich eine Überschuldungslage ergibt, und schließlich nach § 64 Satz 3 GmbHG/ § 92 Abs. 2 Satz 2 AktG schadensersatzpflichtig. Der Vorstand bzw. Geschäftsführer muss also ständig kontrollieren, ob der Anspruch gegen den Gesellschafter noch vollwertig ist; ansonsten ist er verpflichtet, das Darlehen nach § 490 Abs. 1 BGB zu kündigen und die Forderung der Gesellschaft gegen den Gesellschafter durchzusetzen.[598] Unterlässt oder versäumt er dies jedoch, macht er sich schadensersatzpflichtig. Anders als die entschärften § 30GmbHG/ § 54 AktG setzt diese Haftung nicht bei den Gesellschaftern/ Aktionären als den eigentlichen Zahlungsempfängern an, sondern bei den Geschäftsleitern als den „Auslösern oder Gehilfen"[599] der verbotenen Zahlungen.[600] Auch mutet die Haftung der Geschäftsleiter für eine Auszahlung an die Gesellschafter aufgrund der Weisungsgebundenheit der Geschäftsführer problematisch an.[601] Ob überdies die eingeforderten Maßnahmen zur regelmäßigen Kontrolle der Geschäfts- und Finanzsituation der Tochtergesellschaften auch aus Sicht der Geschäftsleiter der beherrschenden Gesellschaft einzuhalten sind, erscheint mehr als fraglich.[602] Gerade bei mittelständischen Konzerngruppen wird es meist an Ressourcen, Know-how und ggf. auch Bewusstsein mangeln, um dies angemessen leisten zu können.[603]

b) Hürdenaufbau durch die Rechtsprechung

Zwar ist die „November-Rechtsprechung" durch die Neuregelungen des MoMiG und des ARUG passé. Gleichwohl lässt sich der *BGH* nicht ohne weiteres vom Gesetzgeber „in die Knie zwingen" und weicht offenbar auch nicht von seiner Grundlinie ab, gewisse Hürden für Cash-Pooling aufzubauen. Indem nämlich der *BGH* nicht nur eine laufende Kreditrisikoanaly-

[597] *Heidinger*, in: Beck'scher Online Kommentar GmbHG, § 30 Rn. 11
[598] *Heidinger*, in: Beck'scher Online Kommentar GmbHG, § 30 Rn. 11
[599] Begr. RegE MoMiG, BT-Drucks. 16/6140, S. 46
[600] *K. Schmidt*, GmbHR 2008, 449 (453)
[601] *Weitzel/Socher*, ZIP 2010, 1069 (1070)
[602] *Strohn/Simon*, GmbHR 2010, 1181 (1184)
[603] Mit dem MoMiG sind Geschäftsleiter nicht mehr nur für die rechtzeitige Insolvenzantragsstellung (vgl. § 64 GmbHG a.F., 92 Abs. 2 AktG a.F.), sondern auch für die Insolvenzprävention (vgl. D.II.3.b) verantwortlich, was zu zusätzlicher Komplexität beiträgt

se fordert, sondern auch ausdrücklich statuiert, dass bei umfangreichen langfristigen Darlehen oder einem Cash-Management die generelle Pflicht besteht, ein geeignetes *Informations- oder Frühwarnsystem* einzurichten, ist fraglich wie die Konzernpraxis diese anspruchsvolle Aufgabe ordnungsgemäß bewältigen soll.

Insbesondere Intensität, Frequenz und notwendige Dokumentation der erforderlichen systematischen Überwachung festzulegen, wird die Konzernpraxis vor schwerlich zu lösende Probleme stellen.[604] In der Praxis sind hier vorwiegend bei mittelständischen Konzernstrukturen häufig Defizite zu vorzufinden; dies nicht zuletzt, weil die von der Rechtsprechung formulierten Anforderungen regelmäßig nur schwer mit dem „tatsächlichen Handlungsspielraum" von Fremdgeschäftsleitern in Einklang zu bringen sind.[605] In nicht wenigen Fällen wird die Einrichtung eines geeigneten Kontrollsystems dem Geschäftsführer und damit die effektive Überwachung der Bonität der Gesellschaft bereits faktisch nicht möglich sein. Vielmehr wird er sich gehalten sehen, sich dem konzernweiten bestehenden Cash-Management-System zu unterwerfen, das auf die Einrichtung eines effektiven Überwachungssystems schlichtweg verzichtet.[606]

Alles in allem besteht kapitalerhaltungsrechtlich bei der AG und der GmbH eine nicht zu unterschätzende Haftungsgefahr des Geschäftsleiters. Gerade dann, wenn es ihm bei drohender Insolvenz nicht gelingt, den durchaus problematischen Vollwertigkeitsbeweis des Rückzahlungsanspruchs zu erbringen. Ergibt sich schließlich aus der Auszahlung die Zahlungsunfähigkeit, führt das zur Schadensersatzpflicht. Die Bedingung der Vollwertigkeit des Rückzahlungsanspruches, die als zwingende Grundlage für die Zulässigkeit der Kapitalauszahlung gestellt wird, führt demnach zu einem *unangemessenen Haftungsrisiko*. Insgesamt gesehen, führen das Gesetz, das eine dreifache Haftung vorsieht, sowie die einschränkende *BGH*-Judikatur[607] zu keiner wesentlichen Erleichterung für die Cash-Pool-Praxis.

---

[604] *Keil*, DZWIR 2009, 195 (199)

[605] *Strohn/Simon*, GmbHR 2010, 1181 (1184)

[606] *Weitzel/Socher*, ZIP 2010, 1069 (1071)

[607] immerhin findet der *BGH* im Zuge der Begründung zur Verfassungsmäßigkeit der rückwirkenden Geltung der neuen Vorschriften aber durchaus auch anerkennende Worte für die Neuregelungen zur verdeckten Sacheinlage, vgl. *BGH*, ZIP 2010, 978, Urt. v. 22.03.2010, („AdCoCom") mit Anmerkung *Wenzel*, EWiR 2010, 421 (422)

5. Konzernrechtliche Aspekte

a) Anwendbarkeit von § 30 GmbHG auf den GmbH-Vertragskonzern

Bereits nach herrschender Meinung[608] zur Rechtslage vor dem MoMiG galt das Auszahlungsverbot analog § 291 Abs. 3 AktG nicht bei Bestehen eines *Beherrschungs- und Gewinnabführungsvertrags*. Die Kapitalerhaltungsgrundsätze waren hierbei durch die viel weitergehende Existenzgarantie[609], die aus dem Verlustausgleichsanspruch gegen den anderen Vertragsteil (§ 302 AktG analog) abzuleiten ist, gewährleistet. Ferner erschien ein höherer Schutz der abhängigen GmbH gegenüber einer abhängigen AG mit Blick auf die geringere Kapitalbindung systemwidrig.[610] Indem nun das MoMiG diese Ansicht in § 30 Abs. 1 Satz 2 Alt. 1 GmbHG fest verankert, ist das Recht des Aktienvertragskonzerns eindeutig auf vertraglich konzernierte GmbHs anwendbar. Nach dem Gesetzeswortlaut gilt insoweit *keine Beschränkung* auf Konstellationen, in denen der Verlustausgleichsanspruch vollwertig ist. Auch die Gesetzesbegründung enthält keinen Hinweis darauf, dass nach der Neuregelung die Ausnahme von der Kapitalschutzvorschrift des § 30 Abs. 1 Satz 1 GmbHG nur bei Vollwertigkeit des Verlustausgleichsanspruchs eingreift, also lediglich deklaratorischen Charakter haben soll.[611] Allerdings bleibt es bei einer lediglich analogen Anwendung der sonstigen Normen auf die GmbH. Im Ergebnis ergibt sich aber kein Unterschied zur AG. Man kann daher nun von einem „einheitlichen deutschen Recht des Vertragskonzerns“[612] sprechen.

Der vom Ausnahmetatbestand erfasste Leistungsaustausch ist entgegen der früheren Rechtslage nicht auf die Parteien des Vertrages beschränkt. Das Gesetz spricht lediglich von „Leistungen, [...] *bei Bestehen* eines Beherrschungs- oder Gewinnabführungsvertrags“. Damit greift die Ausnahme auch bei Zahlung zwischen Schwestergesellschaften.[613] Die Existenz eines nur isolierten Vertrages ist ausreichend, da es mangels einer Formulierung *„auf Grund“* nicht auf einen Ursachenzusammenhang ankommt.

Der Unternehmensvertrag ist aber gerade kein Freibrief, die Gesellschaft „auszubeuten”. Allerdings ist es nicht eindeutig, welche Grenzen nach dem MoMiG zu beachten sind, weil der Reformgesetzgeber sich schwerpunktmäßig auf das mutmaßlich Cash-Pool-gefährdende „No-

---

608 lange war jedoch umstritten, ob die AktR Regelung auch für GmbH-Vertragskonzerne gelten würde, vgl. dazu *Derogationstheorie* (dafür), exemplarisch: *Habersack*, in: Ulmer, GmbHG, § 30 Rn. 86 bzw. *Kumulationstheorie* (dagegen), exemplarisch: *Emmerich*, in: Scholz, GmbHG Anh. 13 Rn. 177

609 näher dazu: *Emmerich*, in: AG/GmbH-KonzernR § 302 Rn. 27ff.

610 *Habersack,* in: Ulmer, GmbHG, § 30 Rn. 86; *Altmeppen,* in: Roth/Altmeppen, § 30 Rn. 55

611 *Winkler/Becker*, ZIP 2009, 2361 (2365f.); Begr. RegE MoMiG, BT-Drucks. 16/6140, S. 41

612 *Zahrte*, S. 170

613 vgl. *Hirte*, ZInsO 2008, 689 (692); *Kiefner/Theusinger,* NZG 2008, 801 (803); *Grundlach/Frenzel/Strandmann,* NZI 2008, 647 (649)

vember-Urteil" des Bundesgerichtshofs konzentriert und den Vertragskonzern nur „en passant“ mit erledigt hat.[614] Fest steht aber, dass kein Darlehen gewährt werden darf, wenn begründete Zweifel an der Bonität der Muttergesellschaft bestehen. Zumal dann der Verlustausgleichsanspruch nach 302 AktG, der gerade die Ausnahme vom Gebot der Einlagenrückgewähr rechtfertigen soll, nicht garantiert werden kann.[615] Dies würde letztlich der Existenzgarantie widersprechen.

Kurzum sind *upstream loans* nun auch im GmbH-*Vertragskonzern* (vgl. B.II.3b) durch Nichtanwendung von § 30 Abs. 1 GmbHG n.F. in gewissem Umfang ohne Rücksicht auf Vollwertigkeit und Deckung *zugelassen.*[616] Allerdings darf eine Schädigung auch im Vertragskonzern nur dann vorgenommen werden, wenn die Existenz der abhängigen Gesellschaft dadurch nicht gefährdet wird. Dies verlangt die uneingeschränkte Vollwertigkeit des *Verlustausgleichsanspruchs* (§ 302 AktG) der abhängigen Kapitalgesellschaft, der zugleich – in Gestalt eines Anspruchs auf Abschlagszahlungen bei Liquiditätsbedarf – eine Garantie ihrer dauernden Zahlungsfähigkeit gewährleistet.[617] Bei Vollwertigkeit des Verlustausgleichsanspruchs ist regelmäßig auch der Rückzahlungsanspruch der vertraglich konzernierten Kapitalgesellschaft als Poolteilnehmerin vollwertig.[618]

b) Verhältnis der Kapitalerhaltungsvorschriften aus §§ 57, 62 AktG zu den §311ff. AktG

Geht mit der Nachteilszufügung ein Vorteil des herrschenden Aktionärs einher, ist regelmäßig der Tatbestand der verbotenen Einlagenrückgewähr erfüllt, §§ 57, 60, 62 AktG. Die darin geregelte Rückgewährverpflichtung würde aber die in § 311 Abs. 2 AktG vorgesehene Möglichkeit des *gestreckten Nachteilsausgleichs*[619] vereiteln.[620] Daher ist die Frage, ob Maßnahmen der Konzernfinanzierung nachteiligen Charakter haben, vor dem Hintergrund zu sehen, wie sich das Verhältnis von § 311 AktG zu den §§ 57, 62 AktG gestaltet.

Nach dem *Wortlaut* des § 57 Abs. 1 AktG und des § 311 AktG wären für einen bilanzwirksamen Nachteil beide Normen einschlägig, da gleichzeitig eine Auszahlung und eine Nachteilszufügung vorläge.[621] Ein Nebeneinander der § 311ff. AktG und der strengen *Vermögensbin-*

614 *Thiessen*, in: Bork/Schäfer GmbHG, § 30 Rn. 113
615 vgl. *Altmeppen*, ZIP 2009, 45 (55f.)
616 *Hueck/Fastrich*, in: Baumbach/Hueck GmbHG, § 30 Rn. 54
617 *Altmeppen*, NZG 2010, 361 (365)
618 *Altmeppen*, NZG 2010, 361 (365
619 dem herrschenden Unternehmen soll es ermöglicht werden, Schadensersatzansprüche durch Gewährung eines Ausgleichs zu vermeiden und die Fälligkeit des Anspruchs hinauszuzögern
620 *Fett*, in: Heidelberger Kommentar AktG, § 311 Rn. 58
621 *Wirsch*, S. 160; so auch das *OLG* Frankfurt, im Urt. v. 28.02.1973, BB 1973, 863; vgl. auch *Altmeppen*, ZIP

dung nach § 57 AktG würde aber zu *systematischen* Widersprüchen führen.[622] Ein Verstoß gegen § 57 AktG bewirkt nämlich einen sofort fälligen Anspruch nach § 62 AktG, wohingegen der Anspruch aus § 311 AktG einen zeitlichen Aufschub bis zum Ende des Geschäftsjahres gewährt. Folglich beschäftige die Literatur und die Rechtsprechung lange Zeit die Frage in welchem Verhältnis beide Normen stehen. Das Meinungsspektrum erstreckte sich von der Ansicht, dass eine vollständige Verdrängung als *lex specialis*[623] vorläge, über eine nur teilweise Verdrängung[624], bis hin zur Annahme, die Normen sollten nebeneinander[625] stehen.[626]

Durch das MoMiG wurde die Fragestellung schließlich geklärt. Indem § 57 Abs. 1 Satz 3 eindeutig klarstellt, dass aufwärts gerichtete Darlehen im Aktienkonzern grundsätzlich zulässig sind, muss zwangsläufig gelten, dass sie grundsätzlich *nicht nachteilig* sind.[627] In diesen Fällen tritt demnach § 311 AktG zurück, sofern die Darlehensvergabe nicht sonstige, außerbilanzielle Nachteile mit sich bringt.[628] Liegt allerdings eine Verletzung des § 57 AktG aufgrund unzureichender, d.h. nicht vollwertiger bzw. fehlender Besicherung vor, kommt das Privileg des § 311 AktG ebenfalls nicht zum Tragen, da es dann an der Ausgleichsfähigkeit des Nachteils fehlt.[629] In diesem Fall liegt der Mangel bei der Darlehensvergabe in der fehlenden Bonität der Darlehensempfängerin wobei der jährlich nachträgliche Kompensationsanspruch aus § 311 AktG mit dem gleichen Makel belastet wäre.[630]

Zu einer Konkurrenzsituation zwischen § 57 und § 311 AktG kann es nur kommen, wenn sich vor dem Hintergrund einer bilanziellen Betrachtungsweise ein Nachteil aus nicht marktgerechter Darlehensverzinsung ergibt. Der *II. Zivilsenat des BGH* hat – mangels expliziter Regelungen des MoMiG-Gesetzgebers – im MPS-Urteil[631] zu dieser Frage dezidiert festgestellt, dass in § 311 AktG „eine die §§ 57, 62, 93 Abs. 1 Nr. 1 AktG verdrängende Spezialregelung" zu sehen ist. Die Begründung hierfür erblickt der *Senat*, auch wenn er dies nicht ausdrücklich

2006, 1025 (1032); a.A.: *Zeidler*, S. 99, mit dem Hinweis, dass das Versäumnis einer entspr. Suspendierung des § 50 AktG in der *Entstehungsgeschichte* des § 311 AktG begründet ist

622 *Deckart*, S. 126

623 aus der Rspr.: *BGH*, Urt. v. 01.03.1999, ZIP 1999, 708 (710); *OLG* München, Urt. v. 15.12.2004, NZG 2005, 181 (183) bzw. aus der Literatur: *Bayer*, in: MünchKommAktG § 57 Rn. 129

624 *Deckart*, S. 126

625 *Bayer*, in: MünchKommAktG, § 57 Rn. 81

626 *Zahrte*, S. 160

627 *Zahrte*, S. 160; *Habersack*, in: AG/GmbH-KonzernR, § 311 Rn. 48

628 *Habersack*, ZGR 2009, 349 (357); *Altmeppen*, in: MünchKommAKtG, § 311 Rn. 241

629 vgl. *Bayer*, in: MünchKommAktG § 57 Rn, 129; *Kropff*, in: MünchKommAktG § 311 Rn. 318ff.

630 *Zahrte*, S.161; a.A.: *Mülbert/Leuschner*, NZG 2009, 281 (284f.)

631 *BGH*, Urt. v. 01.12.2008, AG 2009, 81

ausspricht, in der Regelung des § 311 Abs. 2 AktG zur Möglichkeit eines gestreckten Nachteilsausgleichs, die andernfalls ins Leere liefe.[632]

Eine zu niedrige Verzinsung ist zwar ein Nachteil i. S. d. § 311 AktG, dieser ist aber bei der Frage des Ausgleichs durch anderweitige Vorteile (§ 311 AktG) gesondert zu erfassen. Davon unberührt bleibt auch die aus § 93 Abs. 1 Satz 1 AktG abzuleitende, und nicht durch §§ 311, 318 AktG verdrängte, Verpflichtung der Verwaltungsorgane der abhängigen Gesellschaft, laufend die etwaige Änderungen des Kreditrisikos zu prüfen. Ebenso müssen sich nach der Darlehensausreichung abzeichnende Bonitätsverschlechterungen mittels Kreditkündigung oder der Anforderung von Sicherheiten abgesichert werden. Die Unterlassung solcher Maßnahmen könnte ihrerseits unter § 311 AktG fallen und Schadensersatzansprüche aus §§ 317, 318 AktG (neben solchen aus §§ 93 Abs. 2, 116 AktG) auslösen. Als Konsequenz, ist in der Praxis genau darauf zu achten, ggf. sowohl einen Schaden aus der Uneinbringlichkeit der Darlehen als auch aus nicht angemessener bzw. fehlender Verzinsung geltend zu machen.[633]

c) Vorkehrungen gegen Liquiditätsrisiken

Die Praxis hat Vorkehrungen gegen Liquiditätsrisiken entwickelt, die auch als Vorkehrungen für einen angemessenen Nachteilsausgleich i.S.d. § 311 Abs. 2 AktG betrachtet werden können. Zwar ist eine Reihe von Einzelheiten umstritten, jedoch haben sich nachstehende Leitlinien herausgeschält.[634]

Generell darf die abhängige (Tochter-)Gesellschaft infolge der mit einem Cash-Pool-System zwangsläufig verbundenen Unterordnung unter die konzernweite Liquiditätssteuerung, nicht mit den auf die Betreibergesellschaft durchschlagenden Liquiditätsproblemen belastet werden.[635] Gerade auch im Lichte der §§ 311ff. AktG muss sichergestellt werden, dass die in das Cash-Management einbezogene Gesellschaft von potentiellen Liquiditätsproblemen anderer Konzernglieder bzw. des Gesamtkonzerns abgeschirmt wird. Die abhängige Gesellschaft soll das Insolvenzrisiko anderer Konzernglieder nicht mittragen und über die von ihr benötigte – und auch zustehende – Liquidität verfügen können.[636]

Im faktischen Aktienkonzern[637] ist im übrigen Vorsorge gegen irreversible finanzielle Abhän-

[632] *Mülbert/Leuschner*, NZG 2009, 281 (286)
[633] *Blasche*, EWiR 2009, 129 (130)
[634] s. *Krolop*, S. 23; vgl. auch: *Habersack/Schürnbrand,* NZG 2004, 689 (690); *Vetter*, in: Holding Hdb., § 8 Rn. 33ff.; *Makowski*, S. 229ff.; *Zeidler,* S. 45ff.
[635] Emmerich/Habersack, § 4 Rn. 25
[636] *Hommelhoff/Kleindiek*, in: Hdb. Konzernfinanzierung, § 21 Rn. 20; *Hormuth*, S. 125f.
[637] gleiches gilt auch für den faktischen GmbH-Konzern

gigkeit der Tochtergesellschaften zu treffen, sodass sie auch recht kurzfristig wieder autonome Beziehungen zu externen Darlehensquellen aufbauen können.[638] Mögliche Ausfallrisiken aus der Vergabe von Darlehen oder der Bestellung von Sicherheiten ist angemessen Rechnung zu tragen. Das bedeutet wiederum für den Cash-Pool, dass eine Vollwertigkeit des Rückzahlungs- oder Rückgriffsanspruchs vorliegen muss.[639] Die Konzernleitung hat ferner etwaige Zweckbindungen der Finanzmittel zu beachten, wenn liquide Mittel in einen von der Konzernobergesellschaft beherrschten Liquiditätsverbund eingebracht werden.[640] Es muss der Tochtergesellschaft auch ein echter Rechtsanspruch auf Einräumung von Krediten zustehen und die Pflicht zur Einzahlung in den Cash-Pool muss sich auf überschüssige Liquidität beschränken. Dabei muss gewährleistet werden, dass sie keine Gelder oder Sicherheiten abgeben muss, wenn sie selbst Liquidität benötigt.[641] Die abhängige Gesellschaft darf nicht gänzlich von eigenen Bankverbindungen und Kreditlinien abgeschnitten sein.[642] Außerdem sind die der abhängigen Gesellschaft gebührenden Mittel angemessen zu verzinsen und die mit der Zentralisierung verbundenen Synergieeffekte in sachgerechter Weise an die abhängige Gesellschaft weiterzureichen.[643] Alle Geschäftsvorfälle müssen überdies ordnungsgemäß erfasst werden, denn andernfalls kann Cash-Pooling den Tatbestand einer *qualifizierten Nachteilszufügung*[644] begründen.[645] Demnach muss jede einzelne Maßnahme isolier- und bewertbar bleiben; ist das nicht der Fall, so ist die Nachteilszufügung von vornherein nicht ausgleichsfähig und damit unzulässig.[646]

IV. Eigenkapitalersetzende Gesellschafterdarlehen

1. Funktion des Eigenkapitalersatzrechts

Das Eigenkapitalersatzrecht fußt auf dem Gedanken, dass den Gesellschaftern ausgehend vom Prinzip der *Finanzierungsfreiheit* ein Wahlrecht hinsichtlich der konkreten Kapitalerstattung

[638] *Hommelhoff/Kleindiek*, in: Hdb. Konzernfinanzierung, § 21 Rn. 20
[639] *Habersack*, in: AG/GmbH-KonzernR, § 311 Rn. 48
[640] *Scheffler*, Konzernmanagement, S. 225
[641] *Krolop*, S. 23
[642] *Hommelhoff/Kleindieck*, in: Lutter/Scheffler/Schneider § 21 Rn. 20
[643] vgl. *Emmerich/Habersack*, § 4 Rn. 25; *Fuhrmann*, NZG 2004, 552 (552). Ein Cash-Pool-System, bei dem den Unternehmen nur Nachteile und keine Vorteile entstehen, ist zumindest „grenzwertig", vgl. *Hentzen*, ZGR 2005, 480 (513); *Habersack* in; AG/GmbH-KonzernR, § 311 Rn. 49; strenger, *Mülbert/Leuschner*, NZG 2009, 281 (284): eine unangemessene Verzinsung sei stets nachteilig, ungeachtet dessen, ob und wie sich dies bilanziell auswirkt
[644] Bis zum „Bremer Vulkan-Urteil", *BGH*, NJW 2001, 3622, sprach man dabei, vom *„qualifiziert faktischen Konzern"*, wenn das abhängige U. so umfassend in das herrschende U. integriert ist, dass sich nachteilige Einflussnahmen auf das abhängige U. nicht bestimmen und/oder in ihren schädlichen Wirkungen nicht erfassen ließen. An dessen Stelle ist die *Existenzvernichtungshaftung* getreten, die der *BGH*, im Urt. v. 24.06.2002, NJW 2002, 3024 bestätigte; vgl. *Altmeppen*, in: MünchKommAktG § 311 Rn. 9, § 317 Anh. Rn. 6ff., 44; *Vetter*, in: Schmidt/Lutter-AktG, § 317 Rn. 51
[645] *Habersack*, in: AG/GmbH-KonzernR, § 311 Rn. 49
[646] *Hüffer*, § 311 Rn. 25, 42; *Krolop*, S. 23

mittels Eigen- und Fremdkapital zukommt.[647] Stellen Gesellschafter ihrer GmbH über das Stammkapital hinaus weitere Mittel als Darlehen zur Verfügung, so beeinträchtigt diese Zufuhr von Fremdkapital allerdings die übrigen Gläubiger, sofern die Gesellschafter im Vorfeld einer Insolvenz das Darlehen nach Maßgabe ihres schuldrechtlich begründeten Rückgewährsanspruchs abziehen und das Gesellschaftsvermögen im Rahmen der nachfolgenden Insolvenz bzw. Liquidation zur Befriedigung aller Gläubiger nicht ausreicht.[648] Die Kapitalerhaltungsvorschriften der §§ 30, 31 GmbHG erwiesen sich in dieser Konstellation als kein ausreichendes Schutzinstrument, sodass diese Schutzlücke vom Eigenkapitalersatzrecht geschlossen werden musste: Die Gesellschafter sollen ihren Informationsvorsprung nicht zum Nachteil der übrigen Gläubiger ausnutzen dürfen. Das Ausfallrisiko, das dadurch entsteht, dass die Gesellschaft trotz unzureichender Eigenkapitalausstattung nicht Insolvenz anmeldet, sondern weiter am Wirtschaftsleben teilnimmt (*Insolvenzverschleppungsrisiko*), ist vorrangig von den Gesellschaftern zu tragen, die eine Insolvenz dadurch vermeiden, dass sie ihrer Gesellschaft Darlehen zur Verfügung stellen.[649] Damit bildete die sog. *Finanzierungsfolgeverantwortung* des Gesellschafters die Legitimationsgrundlage des Eigenkapitalersatzrechts. Danach musste er der Gesellschaft entweder neues Kapital zuführen oder diese liquidieren. Hat sich der Gesellschafter für eine Fortführung entschieden, so musste er sich freilich an dieser Entscheidung messen lassen. Eine anstelle der in diesem Fall notwendigen und gebotenen Eigenkapitalzufuhr von dem Gesellschafter als Fremdleistung gewährte Hilfe, ist von da an nach ihrer Funktion, nämlich als Eigenkapital, zu behandeln.[650] Der Gesellschafter hat sie der Gesellschaft auf eigene Gefahr so lange zu belassen, bis ihr Stammkapital oder eine darüber hinausgehende Überschuldung wieder auf andere Weise gedeckt ist.[651] Nun knüpft die Haftung hinsichtlich des Darlehensrückzahlungsverbots in der Krise wohl pauschal an die *Nähebeziehung* des Gesellschafters zur Gesellschaft an, der ungeachtet seiner Einsichts- und Einflussmöglichkeiten ein Scheitern nicht verhindert hat.[652]

---

[647] *BGH*, Urt. v. 16.10.1989, NJW 1990, 516 (516) Rn. 1b); *BFH*, Urt. v. 08.12.1997, BB 1998, 298 (301); *Habersack*, in: Ulmer §§ 32 a/b Rn. 8 f, 26; *Hueck/Fastrich*, in: Baumbach/Hueck, GmbHG, Anh. § 30 Rn. 1

[648] *Bayer/Graff*, DStR, 2006, 1654 (1655)

[649] *Bayer/Graf*, DStR 2006, 1654 (1655)

[650] *Gehrlein*, BB 2011, 3 (4)

[651] *Gehrlein*, BB 2011, 3 (4)

[652] vgl. auch *Habersack*, in: Ulmer, GmbHG, § 30 Rn. 37; *Gehrlein*, BB 2011, 3 (7); *Hueck/Fastrich*, in: Baumbach/Hueck GmbHG, § 30 Rn. 6; weiterhin auf die Finanzierungsfolgenverantwortung i. S. einer unwiderleglich vermuteten Krisenfinanzierung abstellend: „*praesumtio iuris et de iure*", *Altmeppen* NJW 2008, 3601 (3602f., 3607)

2. Historischer Rückblick

Bereits im Jahre 1937 stellte das *Reichgericht* fest, dass die Finanzierung durch Gesellschafterdarlehen im Falle einer mit unzureichendem Stammkapital ausgestatteten GmbH sittenwidrig sei, wenn dadurch die übrigen Gesellschaftsgläubiger geschädigt würden.[653]. Danach blickt das Recht der Gesellschafterdarlehen auf fünf historische Phasen zurück: das reine *Rechtsprechungsrecht* vor der GmbH-Novelle von 1980, die positivistisch angelegte GmbH-Novelle, die Verteidigung des Rechtsprechungsrechts seit dem Urteil vom 26.03.1984[654], die weitgehende Fortführung dieses Zustandes unter der Insolvenzordnung, und in jüngster Zeit die Rechtslage nach dem MoMiG.[655]

Der *Bundesgerichtshof* unterstellte im Wege höchstrichterlicher Rechtsfortbildung seit dem Jahr 1959[656] *eigenkapitalersetzende Gesellschafterdarlehen* (Darlehen, die der Gesellschaft in der Krise gewährt oder ihr in der Krise belassen werden) den Kapitalschutzregeln der §§ 30, 31 GmbHG a. F..[657] Ebenso wie die verdeckte Sacheinlage haben sich auch die eigenkapitalersetzenden Gesellschafterdarlehen in den vergangenen Jahren mehr und mehr zu einem *Reizthema des Kapitalgesellschaftsrechts* entwickelt. Beide Rechtsinstitute verfolgen den Zweck, Umgehungen der Kapitalschutzvorschriften zum Nachteil der Gesellschaftsgläubiger zu verhindern, also sicherzustellen, dass die Vorschriften zur Kapitalaufbringung und Kapitalerhaltung nicht durch etwaige Praxisgestaltungen ausgehebelt werden.

Infolge der MoMiG-Reformen hat das Recht der Kapitalerhaltung maßgebliche Änderungen erfahren, die auch das Gesellschafterdarlehensrecht tangieren. Betrachtet man die Entwicklung des Sonderrechts der Gesellschafterdarlehen genauer, so offenbart sich eine schleichende Auswanderung der Materie aus dem klassischen Gesellschaftsrecht und eine zunehmende Inbesitznahme durch das Insolvenzrecht.[658] Um die Attraktivität der GmbH im Vergleich zu anderen Gesellschaftsformen im europäischen Wettbewerb zu erhöhen,[659] erfolgte nun u.a. die Abschaffung des zweistufigen Eigenkapitalersatzrechts in seiner bisherigen Form. Dazu wurde ein grundlegender *Paradigmenwechsel* vollzogen: Gesellschafterdarlehen fallen nun nicht mehr unter Kapitalersatzrecht, sondern sind einer rein insolvenzrechtlichen Konzeption unterworfen. Der Regelungsinhalt der „*Novellenregeln*" wurde mit rechtsformneutraler For-

[653] *RG*, Urt. v. 16.11.1937, JW 1938, 862; *Georg*, Gesellschafterdarlehen in der Insolvenz, S. 48f.
[654] *BGH*, ZIP 1984, 698
[655] *K. Schmidt*, ZIP 2010, Beilage zu Heft 39, S. 15
[656] *BGH*, Urt. v. 14.12.1959, („Lufttaxi"), NJW 1960, 285
[657] *Gehrlein*, BB 2011, 3 (3)
[658] *Eidenmüller*, in: FS für K. Schmidt, 2009, S. 305ff.; *K. Schmidt*, ZHR 174 (2010), 243ff.
[659] Begr. RegE MoMiG, BT-Drucks. 16/6140, S. 25

mulierung gänzlich in die Insolvenzordnung verlagert,[660] was eine zunehmende Loslösung vom Boden des Rechtsprechungsrechts und Verankerung im positiven Gesetzesrecht widerspiegelt.[661] Die §§ 19, 39, 135 InsO n.F. fordern keinen eigenkapitalersetzenden Charakter der Leistungen mehr. Kernpunkt des neuen Rechts der Gesellschafterdarlehen in der Insolvenz bilden die im wesentlichen auf dem Vorschlägen von *Huber* und *Habersack* basierenden[662] §§ 39 Abs. 5 n.F., 135 n.F. InsO, die eine Zweigleisigkeit von insolvenzrechtlichen „Novellenregeln" und gesellschaftsrechtlichen „Rechtsprechungsregeln" eine Absage erteilen sollten.[663] Zur Verbesserung des Gläubigerschutzes wurde § 135 InsO nun dahingehend erweitert, dass nicht nur Rückzahlungen oder Verrechnungen von eigenkapitalersetzenden Gesellschafterdarlehen, sondern *alle Gesellschafterdarlehen anfechtbar* sind.

3. Downstream loans im Cash-Pool

Gesellschafterdarlehen als Finanzierungsmittel eines Unternehmens sind wirtschaftlich sinnvoll und geboten. Als Grund ist allen voran das kostspielige und zeitraubende Verfahren einer Kapitalerhöhung zu nennen.[664] Das Eigenkapitalersatzrecht kann dann mit Cash-Pooling in Konflikt stehen, wenn die Konzernmutter aus dem Pool absteigend Gelder ausreicht, um damit debitorische Quellsalden auszugleichen.

a) Rechtslage vor dem MoMiG

Downstream loans waren als (eigenkapitalersetzende) Gesellschafterdarlehen zu qualifizieren. Unter dem alten „Kapitalersatzrecht" wurden sich daraus ergebende Gefahren erkannt. Den Poolteilnehmern wurde empfohlen, in der Krise jede Hin- und Herzahlung zwischen der Betreibergesellschaft und der betreffenden Poolteilnehmerin zu beenden.[665]

Wie dargestellt existierten die *Novellenregeln* und die *Rechtsprechungsregeln* als zwei Regelungssysteme nebeneinander. Nach den Vorschriften des Eigenkapitalersatzrechtes wurden Darlehen, die in der Krise der Gesellschaft nicht abgezogen wurden, wie Eigenkapital behandelt und durften solange sie eigenkapitalersetzend sind, auch nicht mehr zurückgezahlt wer-

---

660 Für Insolvenzverfahren, die vor dem 01.11.2008 eröffnet wurden, gelten die bisherigen gesetzl. Vorschriften weiter (Art. 103d EGInsO); das betrifft sowohl die „Novellenregeln" als auch die „Rechtsprechungsregeln" (ZIP 2009, 615, „Gut Buschow"). Wurde die Insolvenz der Gesellschaft am 01.11.2008 oder später eröffnet und wurden in einem solchen Fall Gesellschafterdarlehen vor dem 01.11.2008 zurückgezahlt, so gelten für die Rückforderung die bisherigen Regeln weiter (das folgt für die auf Anfechtung gestützte Rückforderung aus Art. 103d S. 2 EGInsO, für die auf § 31 GmbHG [analog] gestützte Rückforderung aus allgemeinen Prinzipien des intertemporalen Privatrechts), *Huber*, ZIP 2010, Beilage zu Heft 39, S. 7, Fn. 1

661 *K. Schmidt*, ZIP 2010, Beilage zu Heft 39, S. 15

662 *Huber/Habersack*, in: Das Kapital der Aktiengesellschaft in Europa, S. 371ff., *dies.*, BB 2006, 1 (1ff.)

663 *K. Schmidt*, ZIP 2006, 1925 (1927)

664 *Hirte*, in: Uhlenbruck, InsO, § 135 Rn. 1

665 *Altmeppen*, NZG 2010, 401 (404)

den.[666] Als ausschlaggebendes Kriterium für die Qualifizierung eines Gesellschafterdarlehens als eigenkapitalersetzend wurde dabei das *Finanzierungsverhalten ordentlicher Kaufleute* heran gezogen,[667] wonach eine Krise der Gesellschaft zu dem Zeitpunkt vorlag, zu dem ein ordentlicher Kaufmann der Gesellschaft Eigenkapital zugeführt hätte.[668] Nach den Vorschriften des § 32a Abs. 1 GmbHG a.F. waren eigenkapitalersetzende Gesellschafterdarlehen, die ein Mutterunternehmen einer Konzerntochter während einer Krise gewährte, analog § 30 GmbHG verstrickt[669] und waren gem. § 32a GmbHG a.F. im Insolvenzfall nachrangig. In diesen Rechtsprechungsregeln wurde demnach durch den *BGH* ein gesellschaftsrechtlicher Rückgewähranspruch, gestützt auf § 30 Abs. 1 analog GmbHG a.F., angenommen,[670] der als Konsequenz aus der Gleichsetzung eigenkapitalersetzender Gesellschafterdarlehen mit „normalem" Eigenkapital gelten sollte. Der Rückgewähranspruch sollte stets dann bestehen, wenn die Darlehensbefriedigung unter Beeinträchtigung des kapitaldeckenden Gesellschaftsvermögens erfolgt ist.

Das verwirrende Nebeneinander von Rechtsprechungsregeln und Gesetzesvorschriften im führte durch den „ständig fortschreitende[n] Wildwuchs des Kapitalersatzrechts" [671] zu einer sehr komplexen und unübersichtlichen[672] Rechtslage.

b) Änderungen durch das MoMiG

Die langjährige Rechtsprechung des *BGH* zum Eigenkapitalersatz ist durch das MoMiG komplett entfallen und damit gegenstandslos geworden.[673] Gesellschafterdarlehen sind nun nicht mehr auf Grund der Eigenkapitalersatzregelungen als funktionelles Eigenkapital zu qualifizieren.[674] Auch das Darlehen eines Gesellschafters an seine Gesellschaft ist somit in der Insolvenz der Gesellschaft als Fremdkapital zu klassifizieren und entsprechend einzuordnen.[675] Es liegt nun wieder nahe, diese finanziellen Mittel wie Eigenkapital der Gesellschaft zu behandeln, sie aber dem Instrumentarium der eigenkapitalersetzenden Gesellschafterdarlehen (§§ 39 Abs. 1 Nr. 5, 135 InsO; § 6 AnfG) zu unterwerfen. Wenn nun die Cash-Pool-Führerin Gesellschafterin der Tochter und (späteren) Insolvenzschuldnerin oder gleichgestellte Dritte

666 *Oppenhoff*, BB 2008, 1630 (1632)
667 *Leistikow*, Das neue GmbH-Recht, § 4 Rn. 364
668 *Leistikow*, Das neue GmbH-Recht, § 4 Rn. 363
669 st. Rspr. seit *BGH*, Urt. v. 14.12.1959, NJW 1960, 285 („Lufttaxi")
670 *BGH*, Urt. v. 14.12.1959, NJW 1960, 285 („Lufttaxi"); *BGH*, Urt. v. 29.09.1977, BGHZ 69, 274 (281); st. Rspr.
671 *Altmeppen*, NJW 2008, 3601 (3602)
672 *Seibert/Decker*, ZIP 2008, 1208 (1211): „für den Mittelstand nicht mehr durchschaubar"
673 *Oppenhoff*, BB 2008, 1630 (1632); *Verspay*, MDR 2009, 117 (120)
674 vgl. *Habersack*, ZIP 2007, 2145 (2145); *Seibert/Decker*, ZIP 2008, 1208 (1211)
675 *Gundlach/Frenzel/Strandmann*, NZI 2008, 647 (650)

ist, begründet der Ausgleich des Geschäftskontos der GmbH/AG ein Gesellschafterdarlehen bzw. downstream loan.[676]

§ 30 Abs. 1 Satz 3 GmbHG/ § 57 Abs. 1 Satz 4 AktG statuieren für Gesellschafterdarlehen und deren wirtschaftliche Entsprechungen eine Ausnahme vom Auszahlungsverbot bzw. Rückgewährverbot. Somit sind Gesellschafterdarlehen jederzeit – auch in einer Krise der Gesellschaft – zurückzuzahlen, es sei denn, sie würden unmittelbar zur Zahlungsunfähigkeit führen. In diesem Falle würden sie – unabhängig von den genannten Vorschriften – dem Zahlungsverbot nach § 64 Satz 3 GmbHG/ § 92 Abs. 2 Satz 3 AktG unterfallen. Zudem ordnet das MoMiG durch die Durchbrechung des Auszahlungsverbotes an, dass Gesellschafterdarlehen nicht wie haftendes Eigenkapital zu behandeln ist, was *de facto* der Abschaffung der *Rechtsprechungsregeln* gleichkommt.[677]

Der Ausgleich für diese schwerwiegenden Änderungen durch das MoMiG erfolgt rein insolvenzrechtlich, was sachgerecht ist, da auch der Problembereich des Eigenkapitalersatzrechtes fast ausnahmslos nur im Insolvenzrecht relevant war.[678] Nach § 39 Abs. 1 Nr. 5 InsO n.F. sind nach der Reform des MoMiG grundsätzlich alle Gesellschafterdarlehen – ohne Rücksicht auf eine (nicht mehr existente) kapitalersetzende Eigenschaft – nur nachrangige Insolvenzforderungen. Aufgrund des sog. *Kleinbeteiligungsprivilegs*[679] treten insolvenzrechtliche Probleme im Cash-Pool nur auf, wenn die kontoführende Gesellschaft mit weniger als zehn Prozent an den jeweiligen am Cash-Pool teilnehmenden Gesellschaften beteiligt ist. In einem solchen Fall findet § 135 InsO nach § 39 Abs. 1 Nr.5, V InsO gerade keine Anwendung. Selbiges gilt gemäß § 39 Abs. 4 Satz 2 InsO für Anteilserwerbe aus Sanierungszwecken (*Sanierungsprivileg*).[680]

An die Stelle des Eigenkapitalersatzrechts tritt die Anfechtung bestimmter Leistungen der GmbH an die Gesellschafter nach § 135 InsO. Die Tatbestandsmerkmale „in der Krise" und „eigenkapitalersetzend" sind weggefallen. Gemäß § 135 Abs. 1 Nr. 2 InsO n.F. sind alle Leistungen auf ein Gesellschafterdarlehen, die während eines Zeitraumes von einem Jahr vor *Insolvenzantragstellung* vorgenommen wurden, *anfechtbar*. Sie müssen daher zur Masse zu-

676 *Wicke*, GmbHG, Anh. § 30 Rn. 12
677 Begr. RegE MoMiG, BT-Drucks. 16/6140, S. 42
678 *Leistikow*, Das neue GmbH-Recht, § 4 Rn. 375
679 der Gesetzgeber hat trotz der starken Kritik am ehemals in § 32 a Abs. 3 Satz 2 a.F. GmbHG geregelten *Kleinbeteiligungsprivileg* festgehalten und es in § 39 Abs. 5 n. F: InsO verlagert. Kritik richtete sich v.a. auf die einfache Befreiung von der Finanzierungsfolgenverantwortung, *K. Schmidt*, in: Scholz GmbHG, §§ 32 a 32 b Rn. 197
680 vgl. auch *Burg/Westerheide*, BB 2008, 62 (62); *Körber/Kliebisch*, JuS 2008, 1041 (1045)

rückerstattet werden. Nach § 135 Abs. 1 Nr. 1 InsO ist eine für die Forderung eines Gesellschafters gewährte Sicherheit sogar für einen Zeitraum von zehn Jahren vor Insolvenzantragstellung anfechtbar.

4. Insolvenzbeständigkeit von Verrechnungen im Cash-Pool

Für die Funktionsfähigkeit des Cash-Pooling ist die Frage von Bedeutung, inwieweit die Verrechnungen im Fall der Krise einer Tochtergesellschaft insolvenzbeständig sind. Im Gegensatz zu upstream loans, ist die *Anfechtung* absteigender Sicherheiten und solcher des Gesellschafters für Drittdarlehen für Cash-Pooling von Bedeutung.

a) Anfechtbarkeit und Unwirksamkeit von Verrechnungen

aa) Unwirksamkeit von Verrechnungen auf Grundlage anfechtbarer Rechtshandlungen

Für das Cash-Pooling sind Anfechtungen nach § 135 InsO von großer Bedeutung, da in diesem Zusammenhang § 96 Abs. 1 Nr. 3 InsO die Unzulässigkeit der Aufrechnung bestimmt, für den Fall, dass die Aufrechnungslage durch eine anfechtbare Rechtshandlung geschaffen wurde. Die Normen der §§ 94ff. InsO beziehen sich nach ihrem Wortlaut zwar lediglich auf die nach Verfahrenseröffnung erklärte Aufrechnungen. Die Rechtsprechung[681] und die ganz herrschende Meinung[682] wendet sie – insbesondere die hier einschlägige Norm des § 96 Abs. 1 Nr. 3 InsO – jedoch auch auf vor der Verfahrenseröffnung erfolgte Aufrechnungen an, welche damit mit der Verfahrenseröffnung *ex tunc* ihre *Wirksamkeit* verlieren. Somit sind im Cash-Pool nach §§ 96 Abs. 1 Nr. 3, 135 Abs. 1 InsO die Aufrechnungen von Darlehen zwischen einer insolventen Tochtergesellschaft und der Betreibergesellschafter grundsätzlich unwirksam. Nachfolgend soll deshalb die Rechtslage analysiert werden, für den Fall, dass im Vorfeld der Insolvenz noch eine Rückzahlung erfolgt ist.

bb) Zeitraum möglicher rückwirkender Anfechtungen

Fraglich ist nun vor allem, über welchen *Zeitraum* sich diese Anfechtbarkeit erstreckt. Diese Problematik wurde im Schrifttum mit Blick auf Cash-Pool-Systeme bereits früh als eine vom MoMiG-Gesetzgeber übersehene Folge der Modifikation des § 135 InsO erkannt.[683] Die einschlägige Norm bestimmt sich danach, ob man im Abzug der Habensalden der Unterkonten zugunsten des Zentralkontos der Betreibergesellschaft eine *Sicherung* gem. § 135 Abs. 1 Nr. 1 InsO – für welche ein zehnjähriger Zeitraum von der Anfechtung umfasst

---

[681] *BGH*, Urt. v. 28.09.2006, ZIP 2006, 2178 – Leitsatz, mit Anm. *Wazlawik*, EWiR 2007, 19

[682] *Hirte*, in: Uhlenbruck, InsO, § 129 Rn. 33; vgl. auch *Nerlich*, in: Nerlich/Römermann, InsO, Ergänzungslieferung 2011, § 129 Rn. 5

[683] *Rönnau/Krezer*, ZIP 2010, 2269 (2270); *Burg/Westerheide*, BB 2008, 62 (65); *Willemsen/Rechel*, BB 2009, 2215 (2215)

ist – oder *Befriedigung* gem. § 135 Abs. 1 Nr. 2 InsO – für welche der Zeitraum lediglich ein Jahr betrifft – erblickt.

(1) Zehnjährige Unwirksamkeit der Aufrechnung, § 135 Abs. 1 Nr. 1 InsO

Klinck/Gärtner wollen die Abbuchungen der Haben-Salden als Gewährung von Sicherheiten einordnen, womit Aufrechnungen im Cash-Pool, die bis zu zehn Jahre vor Eröffnung einer Insolvenz getätigt wurden, rückwirkend unwirksam wären.[684] Die Argumentation, fußt vor allem darauf, dass der Cash-Pool mit seiner Liquiditätssicherungsfunktion eine Sicherung im Sinne des § 135 InsO darstellen könne.

Durch die Abbuchung von Haben-Salden von den Unterkonten auf das Zentralkonto würden die Tochtergesellschaften jeweils Ansprüche gegen die Betreibergesellschaft des Cash-Pools erhalten, die anschließend durch das Einstellen in ein Kontokorrent erlöschen. Im Wege der Abbuchung der Betreibergesellschaft erlangen diese noch keine Befriedigung ihrer Ansprüche gegen die Tochtergesellschaften. Vielmehr würde erst die Verrechnung der gegenseitigen Ansprüche im Kontokorrent zur Befriedigung führen.[685] Damit würde durch die Abbuchung von Haben-Salden der Betreibergesellschaft lediglich eine *Sicherheit* gewährt werden, sodass diese ihre Ansprüche gegen die Tochtergesellschaften jederzeit durch Aufrechnung befriedigen kann.[686]

Gestützt werden kann diese Argumentation damit, dass durch den Liquiditätsabzug nicht zwangsläufig bzw. automatisch auf eine bestehende Forderung geleistet wird. Die Liquidität wird vielmehr bei der Betreibergesellschaft belassen, wo erst in einem späteren zweiten Schritt ggf. eine Aufrechnung stattfindet.[687] Die Aufrechnungslage ist wirtschaftlich betrachtet auch eine Sicherheit, was auch die vielen Prozessaufrechnungen in der Praxis belegen.[688] Solange also, bis die gegenüberstehenden Forderungen durch Verrechnung erlöschen, fungiert die von der Tochtergesellschaft abgezogene Liquidität der Muttergesellschaft (auch) als Sicherheit für bestehende Forderungen gegen die Tochter.[689]

(2) Einjährige Unwirksamkeit der Aufrechnung, §135 Abs. 1 Nr. 2 InsO

Entgegen der vorgenannten Ansicht kann man die Meinung vertreten, es handle sich bei der Abbuchung nicht um die Gewährung von Sicherheiten, sondern um die schlichte *Befriedigung*

684 *Klinck/Gärtner*, NZI 2008, 457 (459 f.)
685 *Klinck/Gärtner*, NZI 2008, 457 (459 f.)
686 *Klinck/Gärtner*, NZI 2008, 457 (459 f.)
687 *Klinck/Gärtner*, NZI 2008, 457 (459)
688 *Zahrte*, S. 254
689 *Zahrte*, S. 254

von Forderungen, wonach die Unwirksamkeit der Aufrechnungen sich nur auf den Zeitraum von einem Jahr vor Insolvenzantragstellung erstrecken würde.[690] Hierzu wird angeführt, dass man nach der Argumentation von *Klinck/Gärtner* zumindest atypische Fälle unter § 135 Abs. 1 Nr. 2 InsO einstufen müsse, sofern dabei die Abbuchungen tatsächlich als Darlehen mit der Zweckbindung begeben werden, frühere Darlehensansprüche zu tilgen und keine Verrechnung im Rahmen eines Kontokorrent durchgeführt wird. Dadurch würde aber die Anwendbarkeit der Fälle des § 135 Abs. 1 InsO in das Belieben der Parteien gestellt.[691] Auch ergebe sich aus der *Entstehungsgeschichte* des § 135 InsO, der erst im Laufe der Zeit die Rechtsfolgen für Sicherung und Befriedigung trennte, dass § 135 Abs. 1 Nr. 2 InsO im Ergebnis eine Ausnahme für alle bereits voll abgewickelten rechtliche Geschäfte außer dinglichen Sicherheiten darstelle.[692] Daher könne in der Herbeiführung der Aufrechnungslage zwar durchaus die Bestellung einer Sicherheit gesehen werden, jedoch lediglich bis zum Zeitpunkt der Verrechnung, bei dem es zur Erfüllung d.h. zur Befriedigung der Forderung kommt, denn ab diesem Zeitpunkt sei alleine § 135 Abs. 1 Nr. 2 InsO als *lex specialis* einschlägig.[693]

(3) Abwägung

Im Ergebnis scheint die erste Ansicht mit dem Ergebnis einer zehnjährigen Unwirksamkeit gegenüber der Gegenansicht nicht durchgreifend. Die erstgenannte Ansicht berücksichtigt zwar die technischen Gegebenheiten des Cash-Pooling, verkennt in ihrer Argumentationsstruktur jedoch den Charakter des § 135 Abs. 1 Satz 2 InsO als *lex specialis* und kann in ihrer arg formalistischen Betrachtung der Sachlage kaum überzeugen. Dies gilt auch trotz der nach allgemeiner Ansicht verbreiteten weiten Auslegung[694] der Begriffe „Sicherung“ und „Befriedigung“. Denn die Rechtsprechung hat bislang keine Abgrenzungs- oder Zuordnungskriterien für konzerninterne Darlehen und Verrechnungen aufgestellt.[695]

Somit ist richtigerweise der Ansicht von *Klinck/Gärtner* nicht zu folgen. Nur dies wird dem eigentlichen Charakter des Cash-Poolings als bloßes Liquiditäts- und Zinsoptimierungsinstrument gerecht.[696] Selbst wenn schließlich „nur“ die Verrechnungen innerhalb des letzten Jahres vor Stellung des Eröffnungsantrags der Anfechtbarkeit unterfielen, bleibt ein erhebliches Anfechtungsrisiko bestehen.

---

690 *Hamann*, NZI 2008, 667 (669)
691 *Hamann*, NZI 2008, 667 (668)
692 *Hamann*, NZI 2008, 667 (669)
693 *Schall*, ZGR 2009, 126 (144)
694 *Hamann*, NZI 2008, 667 (668)
695 *Willemsen/Rechel*, BB 2009, 2215 (2219)
696 *Willemsen/Rechel*, BB 2009, 2215 (2219)

Schon während des MoMiG-Gesetzgebungsverfahren hat der Gesetzgeber insbesondere die ausdrücklichen Warnungen des BDI/GDV[697] ignoriert, eine Subordination nach Maßgabe des Rechts der Gesellschafterdarlehen (§§ 39 Abs. 1 Nr. 5, 135, 143 InsO; §§ 6, 11 AnfG) nur in Höhe des Differenzbetrages zwischen dem Kreditsaldo bei Stellung des Insolvenzantrages und dem höchsten Tagessaldo während der Dauer der Jahresfrist für zulässig zu erklären. Der Vorschlag den Betrag – nach *österreichischem Vorbild*[698] – auf die Differenz zwischen Kreditsaldo bei Stellung des Insolvenzantrags und dem höchsten Tagessaldo während der Jahresfrist zu begrenzen, blieb ungehört. Daher muss die Rechtslage hinsichtlich der Höhe des anfechtbaren Betrags derzeit als ungeklärt gelten; dieser kann somit theoretisch bis zur Summe aller im Zeitraum eines Jahres vor Antragstellung erfolgten Verrechnungen reichen.[699]

Vor diesem Hintergrund kann man dem Vorwurf der „handwerklichen Fehler" des Gesetzgebers klar zustimmen.[700] Die Unklarheiten erweisen sich mithin als weiterer Beleg, dass das Ziel des MoMiG-Gesetzgebers, Cash-Pooling zu stärken und vor allem rechtlich abzusichern, in weiten Teilen misslungen ist.[701]

(4) Auflösung des Anfechtungsproblems

Um das Risiko zu begrenzen, könnte man in Erwägung ziehen, die sog. *Kontokorrentrechtsprechung*[702] *des BGH* auf Cash-Pool-Vereinbarungen zu übertragen. Damit würde die Höhe der anfechtbaren Verrechnungen auf den Saldo der Gesamteingänge und -ausgänge des entsprechenden Jahres beschränkt. Ob die Rechtsprechung diese Grundsätze allerdings auch auf Cash-Pool-Verträge anwenden würde, bleibt abzuwarten.[703]

Man könnte nun ferner überlegen, ob die Verrechnungen im Cash-Pool möglicherweise dem sog. *Bargeschäftsprivileg* nach § 142 InsO unterfallen. Dieses entzieht Rechtshandlungen, durch die unmittelbar eine gleichwertige Gegenleistung erlangt wird, der insolvenzrechtlichen Anfechtung, solange keine vorsätzliche Gläubigerbenachteiligung vorliegt. Allerdings ist die Anwendbarkeit der Vorschrift des § 142 InsO auf Anfechtungskonstellationen gem. § 135

697 *BDI/GDV*, Stellungnahme, S. 21

698 *BDI/GDV*, Stellungnahme, S. 21; § 14 Abs. 2 öEKEG (Eigenkapitalersatz-Gesetz), österr. BGBl Nr. 92 v. 28.10.2003, 1437, 1440

699 *Rönnau/Krezer*, ZIP 2010, 2269 (2271)

700 vgl. A.I.1

701 so auch *Zahrte*, S. 256

702 Nach st. Rspr. ist in der Herstellung der Aufrechnungslage eine kongruente Erfüllung der Kontokorrentabrede zu sehen, sodass eine Anwendung des *Bargeschäftsprivilegs* (dazu sogleich) möglich ist, vgl. *BGH*, Urt. v. 07.03.2002, ZIP 2002, 812 (814f.); *BGH*, Urt. v. 13.04.2006, ZIP 2006, 1261 (1264f.); *BGH*, Urt. v. 11.10.2007, ZIP 2008, 237 (238)

703 *Rönnau/Krezer*, ZIP 2010, 2269 (2271)

InsO im Schrifttum stark umstritten,[704] sodass auch hier bisher offen ist, ob die Rechtsprechung eine entsprechende Erstreckung akzeptieren würde.[705]

5. Folgen für die Konzernfinanzierung

a) Eintritt insolvenzrechtlicher Folgen

Ein entscheidendes Problem, das infolge der Anfechtungsproblematik entsteht, ist die Unvermeidbarkeit insolvenzrechtlicher Folgen. Im Rahmen des Eigenkapitalersatzrechtes nach alter Rechtslage hatte der Gesellschafter die Möglichkeit, die eigenkapitalersatzrechtlichen Risiken der Gewährung von Fremdkapital an die Gesellschaft abzuschätzen.[706] Im Krisenfall der Gesellschaft konnte er sein zugeführtes Fremdkapital durch eine unverzügliche Kündigung des Darlehens und – soweit noch möglich – den Abzug aus der Gesellschaft vor der *Verstrickung* und der Umqualifizierung zum Eigenkapitalersatz schützen.[707] Dieser „Kniff" wird dem Gesellschafter nach dem MoMiG allerdings versagt, da durch die Anordnung des *Forderungsnachrangs* in § 39 Abs. 1 Nr. 5 InsO und die pauschale Anfechtbarkeit von Befriedigungsleistungen für Gesellschafterdarlehen im Jahr vor Insolvenzantragstellung gem. § 135 Abs. 1 InsO nicht mehr die Möglichkeit besteht, sich den Rechtsfolgen für die Gesellschafterdarlehensgewährung zu entziehen.[708] Traten in einem Cash-Pool unter alter Rechtslage Probleme bei einer Tochtergesellschaft auf und führten diese zu einer Krise oder gar zur Insolvenz, so blieb dem Konzern noch immer die Möglichkeit, die Tochtergesellschaft aus dem Cash-Pool auszuschließen. Dadurch konnten die Haftungsrisiken im Falle der Insolvenz entscheidend minimiert werden. Nach neuem Recht steht diese Möglichkeit nicht mehr offen, denn auch eine sofortige Kündigung im Krisenfalle schützt die Betreibergesellschaft nur dann vor Ansprüchen des Insolvenzverwalters, wenn der Insolvenzantrag erst ein Jahr später erfolgt.[709] Vor dem Hintergrund der – je nach *Cash-Flow* der beteiligten Unternehmen – teils erheblichen bankarbeitstäglich ausgereichten Beträge, die im Rahmen eines konzernweiten Cash-Pooling erfolgen, erscheint auch die Unwirksamkeit „nur" in Höhe Jahresfrist geeignet, die Muttergesellschaft im Einzelfall bei Geltendmachung der wiederauflebenden Forderungen

---

[704] dafür: *Habersack*, ZIP 2007, 2145 (2150); *Willemsen/Rechel*, BB 2009, 2215 (2217f.); *Hirte*, in: Uhlenbruck, InsO, § 135 Rdnr. 1; dagegen: *Zahrte*, NZI 2010, 596, (597f.); *Spliedt*, ZIP 2009, 149 (154): § 135 I InsO als „speziellere Norm"; *Klinck/Gärtner*, NZI 2008, 457 (460f.): die Wertungen beider Normen widersprechen sich

[705] *Rönnau/Krezer*, ZIP 2010, 2269 (2271)

[706] vgl. *Paulus*, in: Kübler/Prütting/Bork, InsO, § 135 Rn. 9

[707] *Klinck/Gärtner*, NZI 2008, 457 (458)

[708] *Burg/Westerheide*, BB 2008, 62 (62 f.)

[709] *Klinck/Gärtner*, NZI 2008, 457 (461)

durch den Insolvenzverwalter des Tochterunternehmens an die Grenze der *wirtschaftlichen Existenzbedrohung* zu führen.[710]

b) Gefahr der Anschlussinsolvenz der Muttergesellschaft

Die Gleichstellung von kapitalersetzenden Gesellschafterdarlehen und normalen Darlehen ist nicht ohne Risiken. Die besondere Brisanz der Neuregelung ergibt sich nicht zuletzt auch aus dem fundamentalen Paradigmenwechsel des Gesetzgebers auf das zentrale Merkmal der „Krise“ ausdrücklich[711] zu verzichten.[712] Somit erstreckt sich der Insolvenznachrang krisenunabhängig nach § 39 Abs. 1 Nr. 5 InsO auf alle Gesellschafterdarlehen.[713]

Beim Cash-Pooling nimmt die Muttergesellschaft mitunter für die gesamte Gruppe einen einheitlichen Kredit auf, um bessere Bedingungen zu erhalten (vgl. B.I.4.a). Teile dieses Darlehens reicht sie als normales Gesellschafterdarlehen an Tochtergesellschaften weiter und lässt sich von diesen Sicherheiten bestellen. Gerät nun die Tochtergesellschaft aufgrund eines unvorhersehbaren externen Ereignisses (sog *„exogener Schock*”)[714] plötzlichen in die Insolvenz, fällt die finanzierende Obergesellschaft nicht nur mit ihrer Forderung einschließlich Sicherheiten aus, da sich der Nachrang des Gesellschafterdarlehens auch an den insoweit bestellten Sicherheiten fortsetzt.[715] Nach früherer Rechtsprechung wurde dem Gesellschafter allerdings noch nach Eintreten der Krise eine kurzfristige Überlegungsphase zugebilligt, das Darlehen „stehen zu lassen” und damit zum Eigenkapitalersatz werden zu lassen.[716] Davon abgesehen ist die Mutter unter Umständen aufgrund mit Banken geschlossener *covenants*[717] wegen der Minderung der Haftungsmasse ihrerseits einer Kündigung der Konzerndarlehen ausgesetzt.[718] Sieht sich die Muttergesellschaft wegen des Ausfalls mit der Forderung gegen die Tochtergesellschaft und der fehlenden Möglichkeit, die bestellten Sicherheiten zu verwerten, nicht in der Lage, den Rückzahlungsanspruch zu erfüllen, kann die Gefahr einer Anschlussinsolvenz der Muttergesellschaft drohen.[719]

---

710 *Rönnau/Krezer*, ZIP 2010, 2269 (2271)
711 Begr. RegE MoMiG, BT-Drucks. 16/6140, S. 57
712 *Altmeppen*, NZG 2010, 401 (404)
713 vgl. *Habersack*, ZIP 2008, 2385 (2386); *Kind*, NZI 2008, 475 (475)
714 *Gehrlein*, Der Konzern 2007, 771 (796)
715 *Thun*, in: Bunnemann/Zirngibl, § 6 Rn. 152
716 *Bode, Herzing*, BC 2009, 227 (232)
717 Covenants verpflichten den Kreditnehmer über die Kreditlaufzeit zur Einhaltung – vertraglich definierter – Kennzahlen bzgl. der Vermögens- und Ertragslage, s. *Haghani/Holzamer*, in: Buth/Hermanns, § 21 Rn. 8
718 *Bode, Herzing*, BC 2009, 227 (232)
719 *Thun*, in: Bunnemann/Zirngibl, § 6 Rn. 152

c) Darlehensverrechnungen im Cash-Pool als Untreue-Risiko?

Zuletzt stellt sich die Frage, ob sich die Problematik der Darlehensverrechnung in insolvenzrechtlichen Fragestellungen erschöpft oder ob die Organe der herrschenden Muttergesellschaft sogar Gefahr laufen, in diesem Zusammenhang eine Straftat wegen Untreue zu begehen. Indes scheidet mit Blick auf § 266 Abs. 1 StGB eine Strafbarkeit des Vorstands der herrschenden Muttergesellschaft mangels untreuetauglicher Pflichtverletzung regelmäßig aus, solange den Anforderungen an ein hinreichendes Risikomanagement i.S.d. § 93 Abs. 1 Satz 1, § 91 Abs. 2 AktG, also insbesondere durch Einrichtung und Betrieb eines Frühwarn- und Überwachungssystems zur Bonitätskontrolle, angemessen Rechnung getragen wird. Dies muss sowohl vor als auch nach Einbeziehung eines beherrschten Tochterunternehmens in den Cash-Pool gewährleistet sein.[720] Im Übrigen wird einer Untreuestrafbarkeit auf Nachteilsseite in aller Regel die fehlende Konkretheit der Vermögensgefahr bzw. der mangelnde Pflichtwidrigkeitszusammenhang einer (potentiellen) Inanspruchnahme aus Darlehens-forderungen der Tochtergesellschaft durch den Insolvenzverwalter entgegenstehen.[721] Somit sind auch hinsichtlich potentieller Untreuestraftaten geeignete Informations- und Frühwarnstrukturen sowie Dokumentationsregeln einzuführen und einzuhalten.

V. Zwischenergebnis

Im Rahmen der spiegelbildlichen Neufassung des § 30 GmbHG und des § 57 AktG ist der seit der „November-Entscheidung" des *BGH* bestehende Problemkreis zur Zulässigkeit des Cash-Pooling ausweislich der Gesetzesbegründung entfallen. Zusammengefasst ging es dem Gesetzgeber mit der „Rückkehr zur bilanziellen Betrachtungsweise" und der Korrektur der zwischenzeitlichen *BGH*-Judikatur im Bereich der Kapitalerhaltung um zwei Dinge: Erstens sollen „upstream loans" und Cash-Pooling-Systeme generell zulässig sein.[722] Zweitens soll im faktischen Konzern deren Zulässigkeit davon abhängen, ob die Gewährung von Liquidität innerhalb des Konzerns jeweils durch einen vollwertigen Rückgewähranspruch gedeckt ist. Das *Kapitalerhaltungsgebot* soll also bei Bestehen eines Beherrschungs- oder Gewinnabführungsvertrages oder bei Bestehen eines vollwertigen Rückerstattungsanspruchs *suspendiert* werden. Im Zuge der Rückbesinnung auf die bilanzielle Sicht soll das Stamm-/Grundkapital lediglich wertmäßig und nicht gegenständlich vor den Zugriffen der Gesellschafter geschützt sein.[723]

---

720 *Rönnau/Krezer*, ZIP 2010, 2269 (2272f., 2275)
721 *Rönnau/Krezer*, ZIP 2010, 2269 (2273f., 2275)
722 *Altmeppen*, ZIP 2009, 49 (49)
723 *Heuel/Luxem*, S. 165

Diese Vorgaben sind zumindest insoweit erfüllt worden, als mit den neuen § 30 Abs. 1 GmbHG/ § 57 Abs. 1 AktG (in Verbindung mit § 19 Abs. 5 GmbHG/ § 27 Abs. 4 AktG) die Gefahr der Nichtigkeit der Cash-Pooling-Abreden beseitigt ist. Immerhin müssen Vertragskonzerne die Unwirksamkeit ihrer Cash-Pooling-Systeme künftig nicht mehr befürchten. Auch Darlehensgewährungen im Cash-Pool an Gesellschafter sind nun an sich zulässig. Unter diesem Blickwinkel sind der grundsätzliche Zuspruch des *BGH* zur bilanziellen Denkweise, wie auch das Erfordernis der Vollwertigkeit im Kern folgerichtig und damit begrüßenswert. Doch selbst wenn nun derartige Darlehensgewährungen höchstrichterlich erlaubt sind, erweisen sich die gemachten Einschränkungen dem Cash-Pooling als wenig förderlich. Versäumen es Geschäftsleiter nämlich nach Darlehensausreichung, die Wertentwicklung ihres Rückforderungsanspruchs zu überwachen und bei Verlust der Vollwertigkeit Sicherheiten zu verlangen oder das Darlehen zu kündigen, so machen sie sich gegenüber der Gesellschaft schadenersatzpflichtig.[724] Auch können sich Haftungsgefahren für Mitglieder des Aufsichtsrats und unter Umständen auch für die Organmitglieder des Gesellschafters ergeben.

Es erscheint unwahrscheinlich, dass die einzelnen Verwaltungsorgane der abhängigen Gesellschaft regelmäßig die Expertise für Risikomessung besitzen, um laufend etwaige Änderungen des Kreditrisikos des herrschenden Unternehmens zu prüfen und um im Falle einer sich abzeichnenden Bonitätsverschlechterung, die ausgereichten Darlehen zu kündigen bzw. die Bestellung von Sicherheiten zu verlangen. Außerdem reichen punktuelle Kontrollen nicht aus; bei umfangreichen, langfristigen Darlehen oder bei ständig wiederkehrenden Darlehensgewährungen bedarf es der Einrichtung eines *Informations- und Frühwarnsystems*.[725]

Ferner unterfallen mit dem MoMiG sämtliche Leistungen auf Gesellschafterdarlehen der Anfechtbarkeit gem. § 135 Abs. 1 InsO. Dabei bergen die Neuregelung rund um den § 135 InsO für konzerninterne Finanzierungssysteme folgenschwere Nachteile. Neben der generellen Nachrangigkeit von Gesellschafterdarlehen können Anfechtungsmöglichkeiten durch den Insolvenzverwalter bzw. die Gläubiger nicht mehr durch den rechtzeitigen Abzug der Darlehen in der Krise, namentlich im Fall einer plötzlichen Insolvenz der Gesellschaft vermieden werden. Dies führt im Insolvenzfall einer Tochtergesellschaft im faktischen GmbH-Konzern bzgl. der Behandlung von erfolgten Darlehensverrechnungen zu folgenschweren Rechtsunsicherheiten. Das *Anfechtungsrisiko* kann vor dem Hintergrund der beim Cash-Pooling bankarbeitstäglich ausgereichten Beträge für die herrschende Muttergesellschaft existenzbedrohen-

724 *Bormann*, Börsen-Zeitung, 24.11.2010, S. 2
725 *Cahn*, Kredite an Gesellschafter, S. 26

den Charakter entfalten. Besondere Härten für Gesellschafter können im Einzelfall nur durch eine sachgerechte Rechtsanwendung vermieden werden.[726]

[726] *Wicke*, GmbHG, § 30 Rn. 3

E. Folgen des MoMiG und des ARUG für die Cash-Pool-Praxis

I. Strategien zur Vermeidung von Haftungsgefahren

In den Ausführungen hat sich gezeigt, dass rechtliche Risiken nicht nur in der Verletzung des Kapitalaufbringungsrechts sondern auch im Erhaltungsrechts liegen. Als Hauptprobleme haben sich das „Vollwertigkeitskriterium", Haftungsgefahren bei der verdeckten Sacheinlage und Anfechtungsmöglichkeiten von Darlehen im Insolvenzfall herauskristallisiert. Die zunächst unbestrittenen ökonomischen Vorteile können – wie in vielen Unternehmenskrisen deutlich wurde – den Blick der Unternehmensleitung für diese rechtlichen Risiken trüben. Für die Cash-Pool-Praxis ist nunmehr interessant, wie sich die aufgezeigten Schwierigkeiten, die nach der Gesetzesänderung fortbestehen bzw. erst entstanden sind, minimiert werden können. Um Cash-Pooling-Systeme sicher und rechtlich einwandfrei zu betreiben, bedarf es im Vorfeld einer klaren und juristisch durchdachten Regelung. Vor diesem Hintergrund ergeben sich die nachfolgenden Handlungsempfehlungen.

1. Generelle Vorkehrungen

a) Planungen im Vorfeld des Cash-Pooling

Grundsätzlich sollte die Vertragsgestaltung ausgewogen sein und insbesondere darauf abzielen die Konzernmutter nicht zu bevorteilen. Dies betrifft sowohl das Verhältnis der am Cash-Pool teilnehmenden Gesellschaften untereinander als auch zum Kreditinstitut. Allen voran muss die zur Existenz der Tochtergesellschaft notwendige Liquidität aufrecht erhalten werden und für wirtschaftlich risikobehaftete Geschäfte mit Unterbilanzierungsrisiko eine besondere Entscheidungsstruktur (ggf. mit der Muttergesellschaft) festgelegt sein.[727] Dazu müssen für alle teilnehmenden Unternehmen die Kreditlimits und Konditionen festgelegt und laufend den Änderungen der Marktsituation angepasst werden. Die vereinbarten Konditionen sollten einem Drittvergleich standhalten können, wobei namentlich auf marktgerechte Zinsen geachtet werden sollte. Im Vorfeld der Vertragsgestaltung müssen Konzerne Überlegungen anstellen, welchen Grundtypus des Cash-Pooling und mit welchen Ausgestaltungsmöglichkeiten, sie installieren möchten. Es geht also um die Entscheidung, ob physisch oder nur virtuell bzw. in welchen Unterformen (vgl. B.I.3.b.bb) Cash-Pooling betrieben werden soll.

---

[727] *Willemsen/Rechel*, BB 2009, 2215 (2220)

b) Buchhalterische Sicherstellung des Grund-/Stammkapitals

aa) Conditional- oder Target-Balancing

Mit dem Ziel, die Kapitaleinlage zur freien Verfügung nicht zu gefährden und einen unvorhergesehenen Kapitalentzug, ggf. auch eine materielle Unterkapitalisierung zu vermeiden, ist auch nach Inkrafttreten des MoMiG zu erwägen, anstelle eines *Zero-Balancing*-Modells, den Cash-Pool als Conditional- oder Target-Balancing, also mit einem *verbleibenden Sockelbetrag* auf einem gesonderten Kapitalkonto des Cash-Pools auszugestalten. Der Sockelbetrag entspricht dann der Höhe des Stamm-/Grundkapitals.[728] Das Conditional-Balancing bietet sich zur Reduzierung von Haftungsrisiken dann an, wenn zwischen den am Cash-Pool beteiligten Gesellschaften gerade kein Ergebnisabführungsvertrag abgeschlossen wurde, da so zumindest eine Grundliquidität der Tochtergesellschaften sichergestellt ist.[729] Aufgrund der möglichen Anwendbarkeit des *Bargeschäftsprivilegs* muss aber bedacht werden, dass die von der Rechtsprechung geforderte 2-Wochen-Frist die zeitliche Grenze für die Verrechnungsintervalle im Cash-Pool bildet.[730] Die Risiken, die insbesondere mit Kapitalerhöhungen in Zusammenhang stehen, können damit weitgehend ausgeschaltet werden. In Höhe der Stamm/-Grundkapitalziffern ergeben sich aber betriebswirtschaftliche Nachteile (Kapitalintensität, Zinseffekte), die nur durch ein *virtuelles* Cash-Pooling (teilweise) vermieden werden können.[731]

bb) Wechselseitig ausnutzbare Kreditlinie und virtuelles Cash-Pooling

Es kann auch ein wechselseitig ausnutzbarer Betriebsmittelrahmen durch Kreditnehmer als Teilschuldner (§ 420 BGB) außerhalb eines Cash-Pools vereinbart werden.[732] Soweit diese Unternehmen keine Haftung für die Verbindlichkeiten des jeweils anderen Unternehmens eingehen, wird die Bank auf die Kreditwürdigkeit der einzelnen Kreditnehmer abstellen. Für die Höhe der Betriebsmittellinien ist nun die *Kapitaldienstfähigkeit*[733] der einzelnen Unternehmen entscheidend.[734] Allerdings kann dies im Einzelfall erhebliche Anforderungen an die zu stellenden Sicherheiten zur Folge haben.

---

728 *Strohn/Simon*, GmbHR 2010, 1181 (1183)
729 *Willemsen/Rechel*, GmbHR 2010, 349 (350)
730 *Willemsen/Rechel*, BB 2009, 2215 (2220)
731 *Strohn/Simon*, GmbHR 2010, 1181 (1183)
732 *Kollrus*, MDR 2011, 208 (212)
733 Fähigkeit eines Kreditnehmers aus eigener Ertragskraft Zins- und Tilgungsleistungen der in Anspruch genommenen Kredite sowie die Rückführung des Kredit- bzw. Darlehensbetrags gegenüber dem kreditgewährenden Institut vertragsgemäß, d.h. fristgerecht und vollständig zu erfüllen, *Reischauer/Kleinhans/Becker*, KWG, § 18, Abschn. 14, S. 18
734 *Kollrus*, MDR 2011, 208 (212)

Schließlich kommt im Rahmen des virtuellen Cash-Pooling die rein buchhalterische Verrechnung von Guthaben und Inanspruchnahme der Teilnehmer durch ein Kreditinstitut in Frage, wobei deren Kreditengagements ebenfalls physisch getrennt bleiben, jetzt sogar mit voneinander unabhängigen Kreditverträgen.[735] Dadurch wären nicht nur kapitalschutzrechtliche Probleme, sondern auch insolvenzrechtliche Anfechtungsprobleme ausgeschlossen, sofern tatsächliche Transaktionen zwischen Mutter- und Tochtergesellschaft vermieden werden. Dabei werden die Sollzinsen nur für die saldierte Inanspruchnahme aller Cash-Pool-Teilnehmer berechnet; d.h. das Kreditinstitut verzichtet in Höhe des Verrechnungsvolumens effektiv auf den Soll-Zinsaufschlag. Der eigentliche Effekt des effizienten Einsatzes konzerninterner Liquidität bleibt dabei aus.[736] Dagegen spricht, dass die Konzerngesellschaften oft tatsächliche Liquidität benötigen. Fehlt es daran, ist diese bei konzernfremden Dritten aufzunehmen und entsprechend zu vergüten.[737] Eine Ausweitung des *Notional Pooling* auf die Liquiditätsfunktion wäre zwar denkbar, es würden aber weitaus höhere Kosten anfallen als beim physischen Pooling,[738] da sich das bei der Bank liegende Kreditausfallrisiko erhöht.[739]

Geht es lediglich um eine Reduzierung des Zinsaufwandes, bietet sich als einfachere Lösung die Vereinbarung mit dem Kreditinstitut über die pauschale Reduzierung der Zinsdifferenz (*Zinsspread*) zwischen Haben- und Sollverzinsung an.[740]

2. Sicherungsmaßnahmen der Geschäftsleiter

Unternehmen müssen erhebliche wirtschaftliche Schäden und ggf. Reputationsverluste im Insolvenzfalle befürchten, wenn Geschäftsleiter strategische Fehler bei der Organisation des Cash-Pools begehen. In erster Linie liegt es aber im Interesse der Geschäftsleiter organisatorische Maßnahmen zu ergreifen und sich damit selbst zu schützen.

a) Aufbau und Ausgestaltung eines konzerninternen Frühwarn- bzw. Risikomanagement-Systems

Wie bereits an mehreren Stellen erwähnt, fungiert die Einführung eines „geeigneten Informations- oder «*Frühwarnsystems*» zwischen Mutter- und Tochtergesellschaft“[741] für die Kapi-

[735] *Kollrus*, MDR 2011, 208 (212)
[736] *Kollrus*, MDR 2011, 208 (212)
[737] *Hiort*, CFL 2010, 379 (382)
[738] *Willemsen/Rechel*, BB 2009 2215 (2219)
[739] *Seidel*, DStR 2004, 1130 (1135), unabhängig von der Möglichkeit der virtuellen Verrechnung gewährt die Bank den Gesellschaften mit negativem Saldo dann *de facto* ein Darlehen
[740] *Kollrus*, MDR 2011, 208 (212)
[741] *BGH*, Urt. v. 01.12.2008, („MPS“), AG 2009, 81 (82), Rn. 14

talaufbringung und für die Kapitalerhaltung als eine tragende Säule, die in Anbetracht der *BGH*-Rechtsprechung zwingend notwendig ist.

Um der Verpflichtung zur Prüfung der Vollwertigkeit des bestehenden Rückzahlungsanspruchs der Gesellschaft gegenüber der Muttergesellschaft zum Zeitpunkt der Auszahlung nachzukommen, obliegt dem Geschäftsführer während der Laufzeit des Cash-Pooling zumindest eine Informations- und Erkundungspflicht dahingehend, ob der Cash-Pool oder die Muttergesellschaft in der Lage ist, die Darlehensbeträge zurückzuzahlen.[742] Es muss also zuerst ein zeitnaher Überwachungsmechanismus zur Identifizierung bzw. weiteren Vertiefung einer möglichen Unterbilanz etabliert werden. Die Ein- und Durchführung dieses Controlling-Systems ist im Cash-Pool-Vertag verbindlich festzulegen.

Kommt es zur Auszahlung von Darlehen an einen Gesellschafter muss der Geschäftsleiter dessen Bonität prüfen und sollte möglichst auf die Stellung von Sicherheiten drängen. Bei sinkender Bonität ist er aufgrund der allgemeinen *Sorgfaltspflichten* gehalten, die Eintreibung des Geldes zu forcieren. Bei angespannter wirtschaftlicher Lage gilt es daher möglichst schon im Vorfeld jeder Zahlung einen kontinuierlichen Finanzplan aufstellen, um die im eigenen Interesse liegende Solvenz-Prognose abgeben zu können. Die Prognose hat die gesamte Finanzlage der Gesellschaft bis zur Fälligkeit aller bestehenden Verbindlichkeiten des laufenden und des darauf folgenden Geschäftsjahrs zu berücksichtigen.[743]

An einem Cash-Management-System sind oftmals eine Vielzahl an Gesellschaften beteiligt, wobei dann auf eine noch größere Transparenz der Liquiditätsentwicklung des Cash-Pools und der beteiligten Gesellschaften zu achten ist.[744] Es empfiehlt sich auch ein bestehendes „Frühwarnsystem“ auszubauen. Gerade mittelständische Konzerne sollten sich zum Selbstschutz auch ein Mindestmaß an Einblick in Finanz- und Bonitätskennzahlen der Cash-Pool-Führerin sichern.[745]

Abgesehen davon, dass sich die Haftung der Verwaltungsorgane der Tochtergesellschaften begrenzen lässt, spricht für ein Krisenfrühwarnsystem auch, dass die Muttergesellschaften hohe Rückforderungsrisiken – insbesondere bei „unerwarteten Insolvenzen“ – vermeiden oder verringern können.[746] Gerade dann, wenn es zu (mehr oder weniger) überraschenden Insol-

---

742 *Sinewe*, Haftungsrisiken für Geschäftsführer, S. 13
743 *Weitzel/Socher*, ZIP 2010, 1069 (1070)
744 *Willemsen/Rechel*, BB 2009, 2215 (2220)
745 *Strohn/Simon*, GmbHR 2010, 1181 (1184)
746 *Willemsen/Rechel*, BB 2009, 2215 (2220)

venzen von Konzerngesellschaften kommt, ist das Haftungsrisiko für Cash-Pool-Verrechnungen ausufernd; dies kann bei einem funktionierenden Informationssystem im Grunde ausgeschlossen werden.[747] Eine Insolvenz oder Krisensituation tritt regelmäßig nicht plötzlich und unerwartet ein, sondern entwickelt sich über einen gewissen Zeitraum, sodass rechtzeitig gegengesteuert werden kann. Tritt dennoch ein Krisenfall ein, sollte frühzeitig ein Angehöriger der steuerberatenden Berufe in die weiteren Prozesse eingebunden werden, um den Nachweis erforderlicher Sachkunde des Geschäftsführers zu erbringen[748]

Auch dem „*Dominoeffekt*" kann durch entsprechende Vorkehrungen angemessen entgegengesteuert werden. Dazu muss auf internen Unterkonten für jede Tochtergesellschaft ein bestimmtes Limit vorgesehen werden, bei dessen Erreichen die jeweilige Gesellschaft gewarnt oder von der Zufuhr weiterer Mittel ausgeschlossen wird.[749]

b) Transparenz und vollständige Dokumentation

Allgemein gilt, dass regelmäßige Berichterstattung sowie Einsichtsrechte für alle Unternehmen Transparenz schaffen und aus Haftungsgesichtspunkten geboten sind. Bereits vor dem MoMiG war es Geschäftsleitern zu empfehlen, alle Zahlungsvorgänge exakt aufzeichnen und verbuchen zu lassen. Dieser Grundsatz hat nach wie vor Gültigkeit für die Vermeidung von Verstößen gegen die Kapitalerhaltungsvorschriften und für eine etwaige *Exkulpation* wegen *existenzvernichtenden Eingriffen.*[750]

Auch ist eine solche ordnungsgemäße Dokumentation von großer Wichtigkeit, um in einem möglichen Rechtsstreit mit dem Insolvenzverwalter die Werthaltigkeit der innerhalb des Cash-Pools verrechneten Forderungen und/oder den rechtzeitigen Rückzug aus dem Cash-Pool ausreichend nachweisen zu können. Denn insoweit gelten gleichermaßen für GmbHs und für AGs die Beweiserleichterungen aus § 93 Abs. 2 Satz 2 AktG.[751] Die Dokumentation der Vollwertigkeit von verrechneten Forderungen in Kombination mit der Nutzung bzw. Dokumentation des frühestmöglichen Verrechnungszeitpunktes stellt zudem sicher, aus der Anfechtungsfrist des § 135 Abs. 1 InsO herauszufallen.[752] Stellt sich die Krise bzw. Insolvenzreife bei einer Tochtergesellschaft dennoch ein, besteht die Möglichkeit das Anfechtungsrisiko von Verrechnungen durch Verkauf des betreffenden Unternehmens zu senken – allerdings nur

---

[747] *Willemsen/Rechel*, BB 2009, 2215 (2220)
[748] *Sinewe*, Haftungsrisiken für Geschäftsführer, S. 13
[749] *Wirsch*, S. 55; zur Risikominimierung: *Cahn*, ZHR 166 (2002), 279 (282)
[750] vgl. *Vetter*, in: Holding Hdb., § 8 Rn. 35
[751] *Strohn/Simon*, GmbHR 2010, 1181 (1184); *Kleindiek,* in: Lutter/Hommelhoff, GmbHG, § 43 Rn. 43
[752] *Willemsen/Rechel*, BB 2009, 2215 (2220)

wenn der neue Unternehmensträger die krisenbehaftete Gesellschaft über den Anfechtungszeitraum von § 135 InsO hinaus erhalten und fortführen kann.[753]

c) Versicherung von Risiken

Es besteht grundsätzlich die Möglichkeit Haftungsrisiken, die aus der Tätigkeit als Unternehmensorgan resultierenden, über eine sog. *D&O-Versicherung*[754] zu versichern. Sinn und Zweck einer derartigen Versicherung ist es, sicherzustellen, dass potentielle Schadenersatzansprüche der Gesellschaft gegen Organmitglieder wegen Vermögensschäden, die durch pflichtwidrige Geschäftsführung verursacht werden, tatsächlich realisiert werden können und nicht an der Zahlungsunfähigkeit eines haftpflichtigen Managers scheitern. Dazu wird ein Schutz des versicherten Organmitglieds vor einer etwaigen Innenhaftung (Schadensersatzpflicht gegenüber der versicherungsnehmenden Gesellschaft) oder vor einer Außenhaftung (Schadensersatzpflicht gegenüber Dritten) gewährleistet.[755]

Die Frage des Versicherungsschutzes gilt in erster Linie für die Geschäftsleiter; wie dargelegt können sie sich bei Pflichtverletzungen i.S.v. § 43 Abs. 1 GmbHG/ § 93 Abs. 1 AktG bzw. § 64 Satz 1, 3 GmbHG/ § 92 Abs. 2 Satz 1 AktG gegenüber der Gesellschaft schadensersatzpflichtig machen, wobei sie grundsätzlich selbst für *leicht fahrlässige Pflichtverletzungen* einzustehen haben.[756] Hätten Zahlungen aus gebundenem Vermögen aufgrund mangelnder Bonität des Zahlungsempfängers unterbleiben müssen, die durch Einrichtung entsprechender Kontrollsysteme erkannt worden wären, kommt eine wissentliche Pflichtverletzung des Geschäftsführers in Betracht.[757] Damit sind D&O-Versicherung gerade kein Ersatz für Frühwarn- und Kontrollsysteme, sondern deren sinnvolle Ergänzung.

d) Haftungsverzicht

Wenn die Kapitalschutzvorschriften die Installation eines Frühwarnsystems erforderlich machen, geht damit einen Haftungsverschärfung des Geschäftsführers nach § 43 Abs. 3 GmbHG einher. Diese Haftung ist nicht verzichtbar und für den Geschäftsführer auch hinnehmbar, da sie mit dem Instrument des Frühwarnsystems relativ gut beherrschbar gemacht wird und weil mit dessen pflichtgemäßer Ausgestaltung eine Haftungsprivilegierung verbunden ist.[758] Können dem Geschäftsführer nämlich bei der Handhabung Fehler nachgewiesen werden, so haftet

753 *Willemsen/Rechel*, BB 2009, 2215 (2220)
754 ausf. zur Funktionsweise und zu den Einzelheiten der „Directors-and-Officers-Versicherung“: *Lange*, DStR 2002, 1626 (1626ff.)
755 *OLG* München, Urt. v. 15.03.2005, ZIP 2005, 1556 (1556f.) Rn. II 1.1
756 *Weitzel/Socher*, ZIP 2010, 1069 (1071)
757 *Weitzel/Socher*, ZIP 2010, 1069 (1071)
758 *Erne*, GWR 2010, 305571, 314 (316)

er nach MPS-Maßstäben zwar immer noch persönlich, diesmal aber nach § 43 Abs. 2 GmbHG. Diese Haftung ist insofern verzichtbar, wenn der Geschäftsführer nicht grob fahrlässig oder vorsätzlich gehandelt hat; der Haftungsverzicht unterläuft deswegen auch nicht die Kapitalschutzvorschriften, denn der mit Haftungsverzicht ausgestattete Geschäftsführer muss ja das Frühwarnsystem pflichtgemäß organisieren, will er nicht Gefahr laufen grob fahrlässig oder vorsätzlich zu handeln und damit wieder persönlich zu haften.[759] Im Endeffekt befreit der Haftungsverzicht somit lediglich vom Risiko, dass ein Dritter die Handhabung des Frühwarnsystems als fehlerhaft bewertet.[760]

Insgesamt ist die Handlungsempfehlung auszusprechen, dass der Geschäftsführer von der Gesellschaft einen vertraglichen Haftungsverzicht für fahrlässig begangene Pflichtverletzungen[761] bei der Handhabung des Cash-Pooling verlangen sollte. Denn von solchen Pflichtverletzungen profitiert allein die Gesellschaft, die andernfalls das Cash-Pooling nicht mehr oder nur noch eingeschränkt weiterführen könnte.[762] Ein Haftungsverzicht ist ein in jeglicher Hinsicht angemessener Ausgleich für die mit dem Cash-Pooling einhergehenden persönlichen Haftungsrisiken des Geschäftsleiters einer konzernangehörigen Gesellschaft. Dessen Handlungsspielraum ist aufgrund der hierarchischen Strukturen sowieso relativ eingeschränkt, würde im Krisenfall haftungsmäßig aber an den gleichen Maßstäben gemessen, wie der Geschäftsleiter einer herrschenden Gesellschaft.[763]

3. Abschluss von Beherrschungs- und/oder Gewinnabführungsverträgen

a) Beherrschungs- und Gewinnabführungsvertrag

Nach dem bisher gesagten empfiehlt es sich als rechtssicherste Variante für Unternehmen Beherrschungs- und/oder Gewinnabführungsverträge abzuschließen. Wird nämlich ein Beherrschungsvertrag (§ 291 Abs. 1 Satz 1 Alt. 1 AktG) oder ein Gewinn- bzw. Ergebnisabführungsvertrag i.S.v. § 291 Abs. 1 Alt. 2 AktG geschlossen, so verstoßen Leistungen der abhängigen Gesellschaft an die beherrschende Gesellschaft gem. § 291 Abs. 3 AktG nicht gegen die Kapitalerhaltungsvorschriften. Allerdings gilt es die Verlustübernahmepflicht aus § 302 Abs. 1 AktG und die veränderte steuerrechtliche Lage zu beachten.[764]

759 *Erne*, GWR 2010, 305571, 314 (316)
760 *Erne*, GWR 2010, 305571, 314 (316)
761 Ein Beispiel wäre die falsche oder verspätete Reaktion auf Bonitätsverschlechterungen, also das Unterlassen der rechtzeitigen Kündigung und Rückforderung der ausgeliehenen Liquidität
762 *Erne*, GWR 2010, 305571, 314 (317)
763 *Erne*, GWR 2010, 305571, 314 (317)
764 Der Gewinnabführungsvertrag lässt körperschafts- und gewerbesteuerliche Organschaften nach §§ 14, 17 KStG, 2 Abs. 2 Satz 2 GewStG entstehen. Einkünfte der gewinnabführenden Gesellschaft werden der gewinnberechtigten Gesellschaft zugerechnet, so dass v.a. die Möglichkeit eines Verlustausgleichs eröffnet

Es kommt insbesondere auf die Vollwertigkeit der Gegenleistung und einer Verlustübernahme gem. § 30 GmbHG/ §54 AktG nicht mehr an. Unabhängig davon ist jedoch diese Forderung unter Berücksichtigung der Bonität der Muttergesellschaft zu bewerten. Bei fehlender Bonität der Muttergesellschaft als Schuldnerin ist diese Forderung gem. § 253 Abs. 4 HGB wertzuberichtigen.[765] Weist die Tochtergesellschaft zusätzlich eine Unterbilanz aus, ist das Auszahlungsverbot mit allen haftungsrechtlichen Gefahren einschlägig.[766]

b) Limitation Language bei aufsteigenden Sicherheiten

Wenn zwischen sicherungsgebender Tochtergesellschaft und kreditnehmender Muttergesellschaft kein Beherrschungs- oder Gewinnabführungsvertrag besteht, ist im Falle von *upstream guarantees* auch nach dem MoMiG unbedingt darauf hinzuwirken, dass mit dem Sicherungsnehmer haftungsbeschränkende Vereinbarungen in Bezug auf die Verwertung der Sicherheit getroffen werden („*limitation language*"). Es handelt sich dabei um eine schuldrechtliche Vereinbarung zwischen der Gesellschaft und dem Sicherungsnehmer, die die Verwertung der Sicherheit von vornherein ausschließt, soweit sie zu Lasten des gebundenen Vermögens ginge.[767] Allein die Tatsache, dass die Bestellung der Sicherheit auf einer Weisung der Muttergesellschaft nach § 43 Abs. 3 Satz 3 GmbHG/ 93 Abs. 5 Satz 3 AktG beruht, ist sie grundsätzlich nicht geeignet, die Geschäftsleiterhaftung auszuschließen.[768] Eine derartige Vereinbarung ist indessen entbehrlich, wenn ein Unternehmensvertrag geschlossen wurde oder wird und dessen Laufzeit die des Kreditvertrags überschreitet.[769] Die Aufnahme einer limitation language in einen Kredit- und Sicherheitenvertrag, der Verstöße gegen das Kapitalerhaltungsgebot ausschließen soll, kann wie folgt aussehen:

> „Die sicherungsnehmende Gesellschaft verpflichtet sich, die Sicherheit nicht zu verwerten, soweit damit eine Unterbilanz der Gesellschaft einhergeht bzw. eine solche vertieft wird.
>
> Die sicherungsgebende Gesellschaft trägt die Beweislast für die Entstehung oder Vertiefung der Unterbilanz, wobei der Nachweis binnen einer Frist von 14 Tagen

---

wird (§§ 14 KStG, 8 Nr. 10 GewStG). Der Genussrechtsvertrag, die stille Beteiligung u. alle sonstigen eigenkapitalähnlichen *Mezzaninefinanzierungen* gelten zwar wegen ihrer gewinnorientierten Vergütung (vgl. §§ 231 Abs. 1, 232 Abs. 3 HGB, § 8 Abs. 2 KStG) steuerrechtlich als Teilgewinnabführungsverträge, wegen der unzureichenden Verlustbeteiligung (§ 232 Abs. 3 HGB) sind sie aber nicht zur Aufhebung der Kapitalbindung i.S.v. § 291 Abs. 3 AktG, § 30 Abs. Satz 2 GmbHG geeignet, s. *Kollrus*, MDR 2011, 208 (210)

765 *Kollrus*, MDR 2011, 208 (211f.)

766 *Kollrus*, MDR 2011, 208 (212)

767 *Heidinger*, in: Beck´scher Online Kommentar GmbHG, § 30 Rn. 60

768 *Strohn/Simon*, GmbHR 2010, 1181 (1184)

769 aus Kreditnehmersicht ist der Verzicht auf eine limitation language angesichts der höchstrichterlich ungeklärten und in der Literatur stark umstrittenen Rechtslage vor Etablierung einer entsprechenden Rechtsprechung *nicht* empfehlenswert; s. *Winkler/Becker*, ZIP 2009, 2361 (2366); vgl. auch *Heidinger*, in: Beck´scher Online Kommentar, GmbHG, § 30 Rn. 60.1

durch Vorlage einer Bestätigung einer anerkannten Wirtschaftsprüfungsgesellschaft zu führen ist. Die Frist beginnt mit dem Inanspruchnahme-Verlangen des Sicherungsnehmers bezüglich der Verwertung der Sicherheit.

Die sicherungsnehmende Gesellschaft verpflichtet sich ferner, stille Reserven aufzudecken, wobei der Zugriff auf das Sicherungsgut zulässig ist, wenn die Gesellschaft selbst von der Leistung des Sicherungsnehmers profitiert hat.“[770]

4. Leistung der Bareinlage auf ein Sonderkonto?

Zur Vermeidung von verdeckten Sacheinlagen bei Kapitalerhöhungen im Cash-Pool werden „Ausweichgestaltungen“ im Sinne einer längerfristigen[771] oder sogar dauerhaften[772] Herausnahme der Einlageleistung auf ein nicht in das Cash-Pooling einbezogenes Sonderkonto erwogen. Nicht erst im Lichte der *„Rheinmöve“*-Entscheidung[773] des *BGH* formieren sich jedoch berechtigte Zweifel an dieser von *Goette* als „rechtssicher”[774] bezeichneten Lösung.

Dennoch ist für das Cash-Pooling eine rechtssichere, einfache und widerspruchsfreie Regelung erforderlich. Die verdeckte Sacheinlage ist aufgrund ihrer gerade im Rahmen eines Cash-Pooling drohenden Strafbarkeit der Geschäftsleiter keine gangbare Option für die Praxis. Auch die offene Sacheinlage der ausstehenden Darlehensforderungen des Gesellschafters gegen die Gesellschaft scheidet aus. Sie ist vor allem aus Zeit- und Kostengründen, aber auch weil im Krisenfall die Werthaltigkeit in Zweifel[775] gezogen werden kann, keine praxistaugliche Alternative.[776] Ziel soll es sein, das Cash-Pooling so zu organisieren, dass der Anwendungsbereich der subsidiären Ergänzungsregeln in § 19 Abs. 5 GmbHG, § 27 Abs. 4 AktG eröffnet ist. *Hiort*[777] schlägt daher nachfolgenden zweistufigen Lösungsansatz vor, der aufgrund seiner relativ einfachen Handhabung und Rechtssicherheit überzeugt.

---

770 eigene Formulierung, einzelne Punkte nach: *Winkler/Becker*, ZIP 2009, 2361 (2366) und *Strohn/Simon* GmbHR 2010, 1181 (1185)

771 *Goette*, DStR 2006, 767 (767f.); *Theusinger*, NZG 2009, 1017 (1019); *Habersack*, GWR 2009, 129 (129); wohl ablehnend: *Bormann/Urlichs*, DStR 2009, 641 (644); krit. *Priester*: „putzig“ (Scholz, GmbHG, Nachtrag MoMiG, § 56a Rn. 40); *Vossius*, NotBZ 2009, 356 (357): Es sei nach wie vor nicht ersichtlich, wann der relevante zeitliche Zusammenhang nicht mehr bestehe

772 *Henze*, WM 2005, 717 (719); *Wessels*, ZIP 2006, 1701 (1702, 1709); *Bayer/Lieder*, GmbHR 2006, 449 (451ff.)

773 *BGH*, Urt. v. 18.02.2008, („Rheinmöve“), ZIP 2008, 788 (789), Rn.13: die auf dem separaten Konto „geparkten“ Einlagemittel und die Zahlung der Vergütung für den Sacheinlagegegenstand aus der Gesellschaftskasse ist nicht geeignet, die Vorschriften über verdeckte Sacheinlagen zu umgehen

774 *Goette*, DStR 2006, 767 (767)

775 die Einbringung des Ausgleichsanspruchs der Einlagegläubigerin als „offene Sacheinlage” ist im Insolvenzfall der Einlagegläubigerin wegen ihrer oft fehlenden Kreditwürdigkeit bei einer notwendigen Kapitalerhöhung gefährlich, da ihre „Befreiung” von der Verbindlichkeit gegenüber dem Zentralkonto nicht vollwertig ist, *Altmeppen*, NZG 2010, 441 (443); *Wirsch*, Der Konzern 2009, 443 (445)

776 *Hiort*, CFL 2010, 379 (387); so auch *Altmeppen*, NZG 2010, 441 (443); *Wirsch*, Der Konzern 2009, 443 (445)

777 *Hiort*, CFL 2010, 379 (387f.)

a) Zuführung zur Kapitalrücklage

Bei einer geplanten Kapitalerhöhung soll in einem ersten Schritt ein negativer Saldo und damit ausstehende Darlehen auf dem Zentralkonto vollständig zurückgeführt werden. Dies ist im Wege einer in der Praxis erprobten Zuzahlung in die freie Kapitalrücklage nach § 272 Abs. 2 Nr. 4 HGB auf ein in das Cash-Pooling einbezogenes Konto möglich. Entscheidend ist, dass hierbei die Regeln hinsichtlich einer Bareinlagepflicht auf Zuzahlungen zur freien Kapitalrücklage nach § 272 Abs. 2 Nr. 4 HGB nicht anwendbar sind.[778] Die Zuzahlung wird dem Zentralkonto unmittelbar nach Einzahlung gutgeschrieben und führt insoweit zu einer Rückführung des ausstehenden Darlehens und somit zur Glattstellung des negativen Saldos. Auf Ebene der Tochtergesellschaft kommt die Zuzahlung in die Kapitalrücklage nach Gutschrift auf dem Zentralkonto einem Passivtausch gleich. In Höhe der Zuzahlung wird nämlich die ausstehende Darlehensverbindlichkeit gegenüber dem Gesellschafter befriedigt und in gleicher Höhe eine freie Kapitalrücklage im Eigenkapital ausgewiesen.

Die an den Inferenten zurückgeflossenen Mittel können dann im nächsten Schritt für eine formelle Kapitalerhöhung im Wege des Hin- und Herzahlens verwendet werden. Dabei ist besonders zu beachten, dass in der Handelsregisteranmeldung das Cash-Pooling und die Einbeziehung der Einlage nach Eintragung der Kapitalerhöhung offenzulegen sind. Die Gesellschaft muss für den Zeitraum der Vornahme der Kapitalerhöhung aus dem Cash-Pooling herausgenommen werden, da nur so verhindert werden kann, dass der Saldo auf dem Zentralkonto laufend wechselt. Im Anschluss an die Eintragung kann die Gesellschaft dann unverändert am Cash-Pooling, einschließlich der geleisteten Bareinlage, teilnehmen. Für den Gesellschafter stellt sich der Vorgang als Rückzahlung des Darlehens dar, so dass er nach Gutschrift auf dem Zentralkonto wieder über den eingelegten Geldbetrag verfügt. Mit der Rückführung des negativen Saldos auf dem Zentralkonto sind die im Zusammenhang mit der verdeckten Sacheinlage zusammenhängenden Schwierigkeiten beseitigt.

b) Formelle Kapitalerhöhung

Wurde die Rückführung des negatives Saldos auf dem Zentralkonto durch Zuführung in die Kapitalrücklage der Gesellschaft entsprechend dem vorstehenden Schritt vorgenommen, so kann der Gesellschafter im zweiten Schritt unter Einhaltung der gesetzlichen Anforderungen eine Bareinlage in die Gesellschaft in Form des Hin- und Herzahlens problemlos vornehmen. Ungeachtet des kurzzeitigen Aussetzens des Cash-Pooling ist in der Handelsregisteranmeldung offenzulegen, dass die Einlage nach Eintragung der Kapitalerhöhung in das Handelsre-

[778] *BGH*, Urt. v. 22.03.2010 ("AdCoCom"), ZIP 2010, 978

gister, in das bestehende Cash-Pooling einbezogen wird. Dabei erscheint es ratsam zu erklären, dass das Cash-Pooling lediglich ausgesetzt wurde, um eine Saldenänderung auf dem Zentralkonto bis zum Zeitpunkt der Weiterleitung der Einlage zu vermeiden. Bei entsprechender Vorbereitung muss die Gesellschaft für die Kapitalerhöhung nur für die Phase zwischen der Anmeldung und Eintragung aus dem Cash-Pooling herausgenommen werden. Je nach Registergericht dürfte dies einige Tage bis höchstens wenige Wochen dauern, wobei die Gesellschaft davor und danach in das Cash-Pooling einbezogen werden kann.

II. Vertragsgestalterische Maßnahmen

Mit den bisherigen Problemdarstellungen im Hinterkopf liegt es auf der Hand, die Ausgestaltung des konzernweiten Liquidität-Managements in seinen Grundlagen vertraglich zu fixieren. Der Beitritt in den Cash-Pool erfolgt üblicherweise in einer „Schönwetterlage“, in der weder die Konzernmutter noch die einzelnen Tochtergesellschaften mit finanziellen Schwierigkeiten konfrontiert sind.[779] Nicht zuletzt deshalb ist es dringend anzuraten, sich entsprechender Vorsichtsmaßnahmen, namentlich einer durchdachten vertraglichen Gestaltung des Cash-Pools zu bedienen, um unerwarteten Haftungsgefahren für die Organwalter und Insolvenzrisiken für den Konzernverbund effektiv zu begegnen. Insbesondere muss es den Geschäftsleitern der Konzerngesellschaften möglich sein, ihre Rechte und Pflichten während der Dauer des Pooling-Verhältnisses nachvollziehen zu können. Neben einer sorgsamen und transparenten Gestaltung des Cash-Pool-Vertrags hinsichtlich einer drohenden Geschäftsleiterhaftung sollte bzgl. der Tochtergesellschaften darauf geachtet werden, dass der Rückzahlungsanspruch jederzeit fällig ist oder durch fristlose Kündigung durch die Gesellschaft fällig gestellt werden kann.[780]

1. Praktische Konsequenzen zum Offenlegungserfordernis beim Hin- und Herzahlen

Als unmittelbare Konsequenz aus der Einordnung der Offenlegung als Erfüllungsvoraussetzung ergibt sich, dass im Falle des verabredeten Hin- und Herzahlens die Zahlung des Gesellschafters auf die Einlage auch bei Vollwertigkeit des Rückgewähranspruchs noch keine Erfüllungswirkung hat. Die Erfüllungswirkung tritt erst dann ein, wenn die Gesellschaft zur Eintragung in das Handelsregister angemeldet und dabei der Vorgang offengelegt worden ist. In Betracht kommt deshalb eine Offenlegung durch folgende Formulierung:

> „Es ist vereinbart worden, am Cash-Pool des Gesellschafters teilzunehmen. Für eine Bareinlage des Gesellschafters [Name] auf die Geschäftsanteile [Nummern]

[779] *Vetter*, in: Holding Hdb., § 8 Rn. 34
[780] *Weitzel/Socher*, ZIP 2010, 1069 (1070)

wurde nach § 19 Abs. 5 Satz 1 GmbHG [27 Abs. 4 Satz 1 AktG] vereinbart, dass diese Einlage in Höhe von [Betrag] € darlehensweise an den Gesellschafter zurückgewährt wird. Die Leistung an den Gesellschafter ist [noch nicht/am (Datum)] erfolgt. Der Rückzahlungsanspruch der Gesellschaft ist vollwertig und kann durch fristlose Kündigung seitens der Gesellschaft jederzeit fällig gestellt werden"[781]

Problematisch gestaltet sich überdies die Forderung des *BGH*, dass das Erfordernis der Offenlegung bei der Anmeldung nach § 8 GmbHG auch für Altfälle[782] gelten soll. Dies wird in den allermeisten Fällen nicht erfüllt sein, so dass die Erfüllungswirkung selbst bei Vollwertigkeit des Rückzahlungsanspruchs und jederzeitiger Kündbarkeit nicht eintritt.[783] Sollten Zweifel bestehen, ob die Voraussetzungen der Rückwirkung gegeben sind oder ob hinreichend dokumentiert ist, sollte eine Heilung herbeigeführt werden.[784] Der Rückgewähranspruch der Gesellschaft ist dazu zunächst zu befriedigen. Danach können die gezahlten Mittel unter Beachtung der Kapitalaufbringungs- und Erhaltungsvorschriften wieder darlehensweise zurückgewährt werden.[785]

2. Austritt aus dem Cash-Pool

a) Kündigung zur Erfüllung des Fälligkeitskriteriums

Tochtergesellschaften müssen darauf bestehen, dass der Rückzahlungsanspruch liquide ist oder durch fristlose Kündigung ihrerseits fällig gestellt werden kann. Um bei Cash-Pool-Verträgen in den Genuss der Privilegierung nach § 19 Abs. 5 GmbHG/ § 27 Abs. 4 AktG zu kommen ist, wie dargestellt, darauf zu achten, dass die jederzeitige *Fälligkeit* der in den Cash-Pool ausgereichten Mittel gewährleistet ist. Eine bloße Verfügungsmöglichkeit über die Mittel im Rahmen des Cash-Pool reicht nicht aus[786]; vielmehr ist es notwendig, dass die am Cash-Pool beteiligten Gesellschaften den Cash-Pool-Vertrag, in Abweichung der Bestimmungen der §§ 489, 490 BGB, jederzeit fristlos kündigen können, unabhängig von einer Interessenabwägung.[787] Die bloße Möglichkeit, im Rahmen eines Cash-Pools auf liquide Mittel zurückzugreifen, führt nicht automatisch dazu, dass die jederzeitige Fälligkeit des Rückzah-

---

781 *Bormann/Urlichs*, in: GmbH-Beratung, S. 44, so auch: *Leinekugel*, in: Oppenländer/Trölitzsch, § 18 Rn. 27

782 *BGH*, Urt. v. 20.07.2009, WM 2009, 1574 (1575), Rn. 14, 25 („Cash-Pool II"); für eine teleologische Reduktion des § 19 Abs. 5 Satz 2 GmbHG plädieren dagegen *Bormann/Urlichs*, in: GmbH-Beratung, S. 44; *Roth*, in: Roth/Altmeppen, GmbHG, § 19 Rn. 108; krit. auch: *Altmeppen*, ZIP 2009, 1545 (1548), der sogar eine Gesetzesänderung bzgl. des § 19 Abs. 5 Satz 2 GmbHG vorschlägt

783 *Merkner/Schmidt-Bendun*, NJW 2009, 3072 (3074)

784 *Bormann/Urlichs* in: GmbH-Beratung, S. 44f.

785 *Bormann/Urlichs* in: GmbH-Beratung, S. 45

786 *BGH*, Urt. v. 20.07.2009, („Cash-Pool II"), WM 2009, 1574

787 *Henkel*, NZI, 2010 84 (86); *Bunnemann*, in: Bunnemann/Zirngibl, § 3 Rn. 89; *Bode/Herzing*, BC 2009, 227 (228); *Theusinger*, NZG 2009, 1017 (1018);

lungsanspruchs anzunehmen ist.[788] Bei nicht ausreichender oder nur eingeschränkter Fälligkeit oder Kündigungsmöglichkeit entfällt gemäß dem *„Alles-oder-Nichts-Prinzip"* die Tilgungswirkung komplett.[789] Eine relativ restriktive Formulierung eines außerordentlichen Kündigungsrechts könnte wie folgt lauten:

> „Zusätzlich zu den gesetzlichen bzw. in diesem Cash-Pool-Vertrag vorgesehenen Kündigungsrechten kann jede am Cash-Pool teilnehmende Konzerngesellschaft (Cash-Pool-Teilnehmerin) jederzeit ohne Einhaltung einer Kündigungsfrist die Teilnahme am Cash-Pool kündigen sowie Rückzahlung aller ausstehenden Beträge aus oder im Zusammenhang mit dem Cash-Pool verlangen für den Fall: der Verschlechterung der wirtschaftlichen Situation der Cash-Pool-Führerin in einer Art und Weise, dass es bei dem/den Cash-Pool-Teilnehmer(n) zu einer Verletzung der Kapitalerhaltungsvorschriften kommt oder kommen kann; oder dass der Cash-Pool-Teilnehmer von der Cash-Pool-Führerin die vom Cash-Pool-Teilnehmer verlangten Unterlagen und/oder Dokumente, insbesondere zur finanziellen Leistungsfähigkeit der Cash-Pool-Führerin nicht zeitgerecht erlangt."[790]

> „Ein Recht zu einer außerordentlichen Kündigung ist insbesondere auch dann gegeben, wenn sich die Vermögens- oder Liquiditätsverhältnisse der Betreibergesellschaft oder des Konzerns in einer Weise verschlechtert, so dass die jederzeitige Rückzahlung von Guthaben auf den Unterkonten bei sachlicher Betrachtung und Berücksichtigung etwaiger Sanierungsbemühungen konkret gefährdet erscheint."[791]

b) Zeitpunkt des Austritts bei Absehbarkeit einer Krise

Bei einer sich anbahnenden Krise gelingt es nur schwer den passenden Zeitpunkt zu finden, um aus dem Cash-Pool-Verbund auszutreten: Kündigt eine Tochtergesellschaft zu früh, löst sie im schlimmsten Fall die Insolvenz der Muttergesellschaft selbst aus; kündigt der Geschäftsleiter hingegen nicht, riskiert er das Überleben des eigenen Unternehmens[792] und macht sich unter Umständen sogar haftbar. Wenn mit Blick auf das laufende und auf das kommende Geschäftsjahr, das Insolvenzrisiko der Mutter über 50 Prozent eingeschätzt wird und die zu überweisende Liquidität für das eigene Überleben notwendig ist, empfiehlt es sich keine Überweisung mehr zu tätigen sowie aus dem Cash-Pool auszutreten.[793] Allerdings ist diese Faustformel relativ schwer anzuwenden, denn häufig lassen sich weder das Insolvenzrisiko noch die Notwendigkeit eines Liquiditätszuflusses einfach messen.[794] Daher kann dieses ungefähre Kriterium nur in Verbindung mit weiteren konkreten Warnsignalen für Bonitäts-

---

788 *BGH*, Urt. v. 20.07.2009, („Cash-Pool II"), WM 2009, 1574, Rn. 26
789 *K. Schmidt*, GmbHR 2008, 449 (452)
790 *Weitzel/Socher*, ZIP 2010, 1069 (1070); *Hiort*, CFL, 2010, 379 (382)
791 *Wirsch*, S. 39, Fn. 56
792 *Asche*, Der Treasurer, Ausg. 13 vom 02.07.2009: „Wann kündige ich den Cash Pool?", S.1
793 *Asche*, Der Treasurer, Ausg. 13 vom 02.07.2009: „Wann kündige ich den Cash Pool?", S.2
794 *Asche*, Der Treasurer, Ausg. 13 vom 02.07.2009: „Wann kündige ich den Cash Pool?", S.2

schwierigkeiten (z.B. Jahresabschluss nebst Lagebericht, Planzahlen zur *GuV* und zur Liquiditätsentwicklung für mindestens ein Jahr im Voraus)[795] herangezogen werden.

Oftmals, wenn auch mit sinkender Tendenz, sehen Cash-Pool-Vereinbarungen für Tochtergesellschaften kein ordentliches Kündigungsrecht vor, mit dem Argument es solle gerade nicht im Belieben der Tochter stehen, am Cash-Pool teilzunehmen oder nicht.[796] Ist im Vertrag kein derartiges Kündigungsrecht festgeschrieben ist, so ist ein Austritt kaum möglich.[797] Dies ist freilich zu vermeiden. Immerhin käme aber für den Fall, dass die Betreibergesellschaft in Liquiditätsprobleme geraten oder aus einem sonstigen Grund deren Insolvenz drohen sollte, eine außerordentliche Kündigung aus wichtigem Grund in Frage.[798] Ein derartiges Recht ergibt sich dann nämlich aus einem *existenzgefährdenden* Liquiditätsengpass; zumindest aber finden die Grundsätze über den *Wegfall der Geschäftsgrundlage* nach § 313 BGB Anwendung, da die Geschäftsgrundlage in der konzerninternen Transaktion lag, die an sich die Existenz des abführenden Unternehmens durch die Liquiditätsverschiebungen nicht gefährdet.[799]

c) Suspendierungsrecht

Teilweise sehen Cash-Management-Rahmenverträge der Banken lediglich quartalsweise Kündigungsrechte für die Teilnahme am Cash-Pooling vor, was eine kurzfristige Reaktion auf zunehmende Liquiditätsengpässe verhindert und/oder den Geschäftsführer zum vertragswidrigen Handeln durch Verstoß gegen die Cash-Pool-Vereinbarung zwingt.[800] Daher sollte hier anstatt einer Kündigung, eine Kompromisslösung verfolgt werden. In Betracht kommt eine vorübergehende, aber sofort wirksame „Aussetzung" der Teilnahme am Cash-Pool, die eintreten soll, sobald Bonitätsschwierigkeiten bei der Mutter- oder einer der Tochtergesellschaften im Cash-Pool erkannt werden:

> „Sobald Bonitätsschwierigkeiten der Cash-Pool-Führerin oder eines Cash-Pool-Teilnehmers vermutet werden, ist die betreffende Gesellschaft vom Cash-Pool auf unbestimmte Zeit auszuschließen. Würde eine Zahlung eines Cash-Pool-Teilnehmers an die Cash-Pool-Führerin dazu führen, dass Kapitalerhaltungsvorschriften verletzt werden oder werden könnten oder ist die Cash-Pool-Führerin ihren Informationspflichten nicht nachgekommen, kann der jeweilige Cash-Pool-Teilnehmer die Teilnahme am Cash-Pool auf unbestimmte Zeit aussetzen."[801]

---

795 zu denken ist dabei auch an den *Prüfungsbericht* nach § 321 HGB und bei der AG, an den *Finanzbericht* nach § 37w WpHG, sowie an die *Zwischenmitteilungen* nach § 37x WpHG

796 *Wirsch*, S. 39

797 *Asche*, Der Treasurer, Ausg. 13 vom 02.07.2009: „Wann kündige ich den Cash Pool?", S. 2

798 *Bunnemann*, in: Bunnemann/Zirngibl, § 3 Rn. 89; *Wirsch*, S. 39

799 *Zeidler*, S. 48

800 *Willemsen/Rechel*, GmbHR 2010, 349 (353)

801 vgl. *Weitzel/Socher*, ZIP 2010, 1069 (1070)

Eine vertragliche Ausgestaltung mit Kündigungsrecht bzw. Suspendierungsrecht und die Einführung eines funktionierenden Informations-, Frühwarn- und Kontrollsystem ermöglichen so eine rechtzeitige Beendigung des Cash-Pools, wenn sich erste wirtschaftliche Schwierigkeiten abzeichnen.

d) Bestellung von absteigendenden Sicherheiten

Grundsätzlich kann einer nicht mehr vertretbaren Bonitätsverschlechterung der Muttergesellschaft durch das Verlangen von Sicherheiten entgegengetreten werden. Für die Praxis ist dies indes kontraproduktiv und sollte nach Möglichkeit vermieden werden. Denn das Wesen des Cash-Pooling ist es die Effizienz der konzerninternen Finanzierung zu maximieren und Rationalisierungspotentiale auszuschöpfen (vgl. B.I.4.a). Die Bestellung von Bankgarantien oder sonstigen werthaltigen Garantien zugunsten der Tochtergesellschaften von Anfang an würde diesen Effekt wieder verwässern oder sogar ganz aushöhlen.[802] Hinzu kommt, dass im Falle sich abzeichnender Verschlechterungen kein Kreditinstitut mehr bereit wäre, derartige Garantien zu stellen und auch die Konzernmutter werthaltiges Vermögen selbst benötigt, um die Finanzierung des Konzerns aufrecht zu erhalten.[803] Entsprechend sind Kündigungs- bzw. Suspendierungsmöglichkeiten die vorzugswürdige Option.

3. Weitere Gestaltungsvorschläge für Cash-Pool-Verträge

Nachfolgend finden sich weitere konkrete Formulierungsvorschläge für Vertragsklauseln im Cash-Pool-Vertag, auf deren Einbeziehung die Geschäftsleitung zur Haftungsminimierung drängen sollte.

a) Informationsrechte

Die Mutter- oder Betreibergesellschaft sollte sich über die Geschäfts- und Finanzsituation der Tochtergesellschaften regelmäßig einen Überblick verschaffen. Umgekehrt sind die Geschäftsleiter der Tochtergesellschaft angehalten, sich über die Liquiditätsentwicklung und -planung des Cash-Pools zu informieren. Hier kann es zu Spannungen auf der gesellschaftsrechtlichen Ebene kommen, da Kontrolle und Einfluss seitens der Muttergesellschaft einer zumindest graduellen Selbstständigkeit der Tochtergesellschaft gegenüberstehen.[804] Allerdings muss dem faktisch oft unzureichenden Informationsfluss zwischen Muttergesellschaft, Tochtergesellschaft und Cash-Pool schon im Vorfeld des Beitritts zu einem Cash-Management-System durch Vereinbarung bestimmter Informationspflichten der Muttergesell-

[802] *Erne*, GWR 2010, 305571, 314 (317)
[803] *Erne*, GWR 2010, 305571, 314 (317)
[804] *Willemsen/Rechel*, BB 2009, 2215 (2220)

schaft oder der den Cash-Pool führenden Bank in der Cash-Management-Vereinbarung begegnet werden.[805] Es obliegt vor allem den Geschäftsleitern der abhängigen Gesellschaften, sich im Rahmen ihrer Sorgfaltspflicht, Informationsrechte auszubedingen, die es ihnen erlauben, sich stets über die Bonität des herrschenden Unternehmens bzw. der Betreibergesellschaft zu unterrichten.[806] Daher sollte zusätzlich zu dem unmittelbaren Recht, Zahlungen an den Cash-Pool zu stoppen, auch eine Klausel ausbedungen werden, die eine Bonitätsprüfung der Cash-Pool-Führerin zu garantiert:

> „Jeder Cash-Pool-Teilnehmer kann von der Cash-Pool-Führerin mindestens vierteljährlich[807] verlangen, alle aus Sicht des Cash-Pool-Teilnehmers erforderlichen Unterlagen, insbesondere solche zur finanziellen Lage der Cash-Pool-Führerin, übersandt zu bekommen, die für die Einschätzung der Geschäfts- und Wirtschaftslage der Cash-Pool-Führerin notwendig sind.
>
> Weiterhin wird die Cash-Pool-Führerin jeden Cash-Pool-Teilnehmer unmittelbar von einer Verschlechterung der Vermögensverhältnisse der Cash-Pool-Führerin oder des am Cash-Pool beteiligten Konzerns benachrichtigen.“[808]

Es sind spätestens dann vertiefte, über das bis dahin bestehende Maß hinausgehende Erkundungspflichten der Geschäftsleitung vorauszusetzen, wenn sich konkrete Anhaltspunkte für Liquiditätsprobleme der Mutter oder des Cash-Pools ergeben. Spätestens aber, wenn sich auch bei der Tochter erste Krisenanzeichen abzeichnen, muss der Geschäftsführer alle ihm zur Verfügung stehenden Erkenntnisquellen ausschöpfen, um für weitere Verrechnungen und sonstige liquiditätswirksame Entscheidungen die „hinreichende Sorgfalt eines ordentlichen Geschäftsmannes” dokumentieren zu können.[809]

Informationen über die Liquiditätsentwicklung sollten bestenfalls im Abstand von *zwei Wochen* angefordert werden. Hintergrund hierfür ist, dass der Eintritt der Zahlungsunfähigkeit beim Geschäftsführer die Pflicht zur Stellung des Insolvenzantrags begründet.[810] Spätestens drei Wochen nach Eintritt der Zahlungsunfähigkeit oder Überschuldung hat der Geschäftsführer Antrag auf Eröffnung des Insolvenzverfahrens zu stellen (§ 15 a InsO). Durch die im Zwei-Wochen-Intervall erlangten Informationen über die Liquiditätsentwicklung wird die Haftung der Geschäftsführer wegen Insolvenzverschleppung ausgeschlossen, da zumindest die Insolvenzantragspflicht rechtzeitig erkennbar ist. Zugleich besteht noch ein gewisser

805 *Willemsen/Rechel*, GmbHR 2010, 349 (353)
806 *Altmeppen*, NZG 2010, 401 (405); *Habersack*, ZGR 2009, 347 (362f.)
807 *Asche*, Der Treasurer, Ausg. 13 vom 02.07.2009: „Wann kündige ich den Cash Pool?“, S. 2
808 *Weitzel/Socher*, ZIP 2010, 1069 (1070)
809 *Willemsen/Rechel*, GmbHR 2010, 349 (353)
810 *Willemsen/Rechel*, GmbHR 2010, 349 (353)

Spielraum für die Geschäftsführer und die Gesellschafter, um Rettungsmaßnahmen zur Sicherstellung der Zahlungsfähigkeit der Tochtergesellschaft einzuleiten.[811]

b) Haftungsbeschränkung bei Gesamtschuldnerschaft

Auch Kreditinstitute wollen ihre Forderungen hinsichtlich der Durchführung des Cash-Pooling sowie bzgl. eventueller anderer Verbindlichkeiten der Cash-Pool-Teilnehmer absichern. Darum enthalten Cash-Pool-Verträge mit Banken häufig Garantien oder eine *gesamtschuldnerische Haftung*. Beides kann ggf. zu einer Verletzung der Kapitalerhaltungsvorschriften führen.[812]

Nachfolgend findet sich ein Vorschlag für eine derartige Vertragsklausel:

> „Die Cash-Pool-Führerin und alle Cash-Pool-Teilnehmer haften der Cash-Pool-Bank gegenüber als Gesamtschuldner für alle Ansprüche aus oder im Zusammenhang mit dem Cash-Pool-Vertrag. Deutsche Cash-Pool-Teilnehmer haften dagegen nur für eigene Verbindlichkeiten und, gesamtschuldnerisch, für die Verbindlichkeiten ihrer jeweiligen Tochtergesellschaften, an denen sie mit mehr als 50 % der Anteile direkt oder indirekt beteiligt sind."[813]

Der einen Cash-Pool betreibende Konzern sollte es aber nach Möglichkeit vermeiden, die Stellung einer (unbeschränkten) Garantie zu übernehmen und eine gegenseitige Mithaftung der Konzerngesellschaften untereinander auszubedingen, um keine Anschlussinsolvenzen zu provozieren.[814]

---

811 *Willemsen/Rechel*, GmbHR 2010, 349 (353)

812 *Weitzel/Socher*, ZIP 2010, 1069 (1069)

813 *Weitzel/Socher*, ZIP 2010, 1069 (1070)

814 *Willemsen/Rechel*, BB 2009, 2215 (2220); *Weitzel/Socher*, ZIP 2010, 1069 (1071)

F. Ergebnis und abschließende Betrachtung

Alea iacta est! Die MoMiG-Reformen sind für deutsche Konzerne bereits Realität. Cash-Pooling wurde gesetzlich legitimiert und unterliegt damit gelockerten Regeln über die Kapitalsicherung. Kapitalaufbringung und Kapitalerhaltung sind dabei grundsätzlich komplementär zueinander: sie spannen das Fundament auf, auf das sich die GmbH und die AG gleichermaßen stützen. Obwohl der Kapitalschutz in Deutschland verbreitet als überreguliert[815] empfunden wird, sind die Kapitalaufbringung und die Kapitalerhaltung – gerade auch im Cash-Pool-Kontext – aus Gläubigerschutzgründen unerlässlich. Dabei ist den durch das MoMiG und das ARUG bedingten Änderungen der Kapitalaufbringungs- und Kapitalerhaltungsvorschriften nicht nur gemeinsam, dass sie unter dem Motto „Rückkehr zur bilanziellen Betrachtungsweise“ segeln, sondern auch, dass sie der Korrektur von Fehlentwicklungen in der Rechtsprechung dienen sollten.[816]

Konzernweites Cash-Pooling hat aus Sicht des Konzerns vielerlei Vorzüge. Es ist bei korrekter Anwendung eine wirtschaftlich sinnvolle Maßnahme, die der Wettbewerbsfähigkeit und Stabilität des Konzerns zuträglich sein kann. *De facto* sind Cash-Pools in der modernen Konzernwelt nicht mehr wegzudenken, ja schlichtweg unverzichtbar[817]. Nahezu jeder Konzern muss in irgendeiner Form darauf zurückgreifen.[818] Doch auch nach den Gesetzesänderungen bleibt Cash-Management ein *„konzernrechtliches Sorgenkind“*[819]. Bei rein rechtstechnischer Betrachtung kann man den Standpunkt vertreten, dass die Probleme aus dem Bereich der Kapitalaufbringung und -erhaltung durch das MoMiG weitgehend gelöst wurden. Für die Praxis gilt dies hingegen nicht. Tatsache ist, dass die Erleichterungen nicht in der Form eingetreten sind, wie sie von den Unternehmen und der Literatur herbeigesehnt wurden. Zu Bedenken sind schwerwiegende Risiken und Haftungsgefahren für die Konzernunternehmen bzw. deren Organmitglieder infolge *weitreichender Solvenzprüfungspflichten*. Es hat insofern allenfalls eine (nicht sachgerechte) *Verschiebung des Haftungsrisikos* von den Gesellschaftern hin zu den Geschäftsführern stattgefunden. Im Zuge der Kapitalaufbringung ist nicht klar, ob es zu einer verdeckten Sacheinlage oder einem Hin- und Herzahlen kommt, weshalb auch nicht klar ist, welche formalen Anforderungen zu erfüllen sind. Die Anwendung der „Cash-Pool II“-Rechtsprechung kann zu *zufälligen Ergebnissen* führen, da die Rechtsfolge vom Saldostand des Zentralkontos abhängig gemacht wird. Im Hinblick auf die Kapitalerhaltung ist die Darle-

[815] *Krolop*, Finanzierungsgeschäfte im Konzern, S. 3; für das Kapitalaufbringungsrecht: *Wachter*, DStR 2010, 1240 (1240); a.A.: *Goette*, DStR 2005, 197 (198)
[816] *Bormann/Urlichs*, in: GmbH-Beratung, S. 37
[817] *Mülbert/Leuschner*, NZG 2009, 281; *Altmeppen*, NZG 2010, 361 (361)
[818] *Altmeppen*, ZIP 2006, 1025 (1025); *Wirsch*, Der Konzern, 443 (443); *Zahrte*, S. 52
[819] *Liebscher*, GmbH-Konzernrecht, Rn. 358

hensvergabe im Cash-Pool nunmehr unschädlich, wenn ein Beherrschungs- oder Gewinnabführungsvertrag besteht oder, wenn die Darlehensforderung durch einen vollwertigen Gegenleistungs- oder Rückgewähranspruch gedeckt ist. Hierbei dürfen zwar bei Vollwertigkeit auch an sich gesperrte Mittel ausgezahlt werden, entfällt später aber die Vollwertigkeit und erleidet die Gesellschaft einen Schaden, haften die Geschäftsführer persönlich. Ferner wurden konzeptionelle Fehler rund um § 135 InsO gemacht, die nun zur erweiterten *insolvenzrechtlichen Anfechtbarkeit* der Rückzahlung von Gesellschafterdarlehen führen und eine ernste Gefahr für Muttergesellschaften darstellen.

Der Gesetzgeber war angetreten, den Spagat zwischen Deregulierung der Kapitalaufbringung und der Beibehaltung des traditionellen Kapitalschutzsystems zu vollziehen – nicht zuletzt auch um das Cash-Pooling auf ein solides Fundament zu heben. Jedoch schafft das MoMiG *keine entscheidenden praktischen Erleichterungen* für das Cash-Pooling. Somit haben die gesetzgeberischen Korrekturmaßnahmen berechtigterweise Kritik erfahren, zumindest was die für das Cash-Pooling einschlägigen Novellierungen betrifft. Es obliegt nun – wohl oder übel – einzig der Rechtsprechung Korrekturen an den rechtlichen Rahmenbedingungen vorzunehmen. Ein „MoMiG II“[820], im Sinne von weiteren gesetzgeberische Änderungen, wie sie zum Teil Stimmen in der Literatur[821] fordern, macht angesichts der für Mittelstandsunternehmen erforderlichen Rechtssicherheit keinen Sinn. Zu groß ist bei dem vielschichtigen und weitverzweigten Kapitalschutzsystem die Gefahr, dass unerwartet neue Problemfelder auftauchen, die dann einer neuerlichen Korrektur bedürften. Die Erfahrungen rund um die „Novellenregeln“ sollten dabei Warnung genug sein. Wenn sich Konzerne schließlich anschicken, den „Rubikon zu überschreiten“, sie sich also auf die nicht ungefährlichen Risiken des Cash-Pooling einlassen, müssen sie nach wie vor Vorsicht walten lassen. Es bleibt ihnen insoweit nichts anderes übrig, als der Versuch, die derzeitigen gesetzlichen und höchstrichterlichen Spielräume zu nutzen. Dabei müssen sie sich den Unwägbarkeiten und Einschränkungen im Wege sorgsamer Vertragsgestaltung sowie durch Befolgung der aufgezeigten Grundregeln erwehren, um das konzerninterne Liquiditätsmanagement rechtssicher zu gestalten, denn:

> *„Wer Großes will, muß sich zusammenraffen.*
> *In der Beschränkung zeigt sich erst der Meister,*
> *Und das Gesetz nur kann uns Freiheit geben.“*[822]
> \- Johann Wolfgang v. Goethe

[820] vgl. *Bayer*, GmbHR 2010, 1289

[821] grds.: *Bayer*, GmbHR 2010, 1289 (1289ff.); zur Kapitalaufbringung: *Altmeppen*, ZIP 2009, 1545 (1548); *Zahrte*, S. 144f., 362; zur Kapitalerhaltung: *Hölzle*, ZIP 2011, 650 (655): „maßvolle Ergänzung“; a.A.: *Spliedt*, ZIP 2009, 149 (161): allein die Rechtsprechung muss dem MoMiG „helfend zur Seite springen“

[822] *Goethe*, „Natur und Kunst“, aus: Sämtliche Werke, S. 235

G. Zusammenfassung in Thesen

I. Kapitalaufbringung und Kapitalerhaltung sind die „tragenden Säulen“ des Kapitalgesellschaftsrechts. Dabei ist das Aktien- und GmbH-Gesetz vom Gedanken des *präventiven Gläubigerschutzes* beherrscht.

II. Cash-Pooling ist in der internationalen Konzernwelt ein *Standardinstrument* der Unternehmensfinanzierung, da es für herrschende und beherrschte Unternehmen ökonomisch sinnvoll ist.

III. Hauptvorteil des Cash-Pooling sind *Zinseinsparungen* infolge der Konsolidierung von Liquiditätsüberschüssen und günstigerer Kreditkonditionen. Cash-Pools ermöglichen dabei eine straffe Organisation und zentrale Steuerung der Finanzverfassung des Konzerns. Steigende Kreditkosten durch Basel III und die zunehmende internationale Verflechtung begünstigen den *„Trend“ zum Cash-Pooling.*

IV. Infolge des *„November-Urteils“* und der darauf aufbauenden Judikatur wurden wesentliche Hürden für Cash-Pooling aufgebaut: damit war es *nicht mehr möglich Kreditgewährungen* an Gesellschafter, die nicht aus Rücklagen oder Gewinnvorträgen, sondern zu Lasten des gebundenen Gesellschaftsvermögens bestritten wurden, zu vergeben.

V. Der Gesetzgeber ist mit dem MoMiG und ARUG angetreten, Cash-Pooling als konzerninterne Finanzierung- und Liquiditätsquelle anzuerkennen und die gegenläufige Rechtsprechung zu korrigieren. Dies ist *größtenteils misslungen.* Unsicherheiten, Haftungsgefahren und (Compliance-)Aufwand haben sich teils sogar signifikant erhöht.

VI. Das MoMiG hält am Grundsatz der realen Kapitalaufbringung fest. Während sich die Kapitalaufbringungsvorschriften auf der Tatbestandsseite kaum geändert haben, wurden die *Rechtsfolgen* eines Verstoßes gegen die Kapitalaufbringungsregeln *entschärft*; dies gilt vor allem für die Fallgruppe der sog. verdeckten Sacheinlage.

VII. Die verdeckte Sacheinlage hat keine Erfüllungswirkung, ihr Wert wird aber auf die Einlageschuld *angerechnet.* Der Geschäftsleiter hat strenge *Publizitätspflichten* zu beachten. Beim Hin- und Herzahlens kommt nur einem vollwertigen Rückgewähranspruch *Erfüllungswirkung* zu.

VIII. Die *Abgrenzung* von verdeckter Sacheinlage und Hin- und Herzahlungs-Vorgängen erweist sich im Cash-Pool als sehr *schwierig.* Wegen der unterschiedlichen Rechtsfolgen bzw. Haftungsgefahren im Cash-Pool ist sie aber unabdingbar.

IX. Als Dreh- und Angelpunkt für die notwendige Unterscheidung zwischen der verdeckten Sacheinlage und dem Hin- und Herzahlen bei Kapitalerhöhungen im Cash-Pool erweist sich der zu Gunsten oder zu Lasten der Gesellschaft bestehende *Saldenstand* auf dem Zentralkonto.

X. War der Cash-Pool Saldo vor der Einlageleistung *negativ*, so hatte die Gesellschaft eine Schuld gegenüber dem Inferenten. Bringt die Gesellschaft danach die Mittel in den Pool ein, liegt eine *verdeckte Sacheinlage* der gegen die Gesellschaft gerichteten Forderung vor.

XI. War der Saldo der Gesellschaft *positiv* und bringt sie die Mittel aus der Gründung/Kapitalerhöhung in den Cash-Pool ein, so ist der Fall nach den *Hin- und Herzahlungs-Grundsätzen* zu beurteilen.

XII. War der Saldo der Gesellschaft vor der Kapitalzufuhr *negativ* (verdeckte Sacheinlage), übersteigt jedoch die Mittelzufuhr den Betrag des Negativsaldos, so dass, nach Einzahlung der Einlagemittel in den Cash-Pool, sich ein *positiver* Saldo (Hin- und Herzahlen) für die Gesellschaft ergibt, ist der Fall als „*verdeckte Mischeinlage*" zu werten.

XIII. Für gesetzestreue Gesellschafter und Geschäftsleiter finden Erleichterungen bzgl. des Hin- und Herzahlens allein in den Konstellationen statt, in denen es sich durchwegs um eine *Gebergesellschaft* handelt. Nur hier hat der Gesellschafter seine Einlageverpflichtung auch dann erfüllt, wenn die Einlage an ihn zurückfließt, sofern der Rückforderungsanspruch der Gesellschaft vollwertig und jederzeit fällig ist.

XIV. Das MoMiG führt eine Ausnahme vom strengen Gebot der Kapitalbindung ein. Durch die parallel neugefassten § 30 GmbHG und § 57 AktG ist der seit der November-Entscheidung bestehende Problemkreis zur Zulässigkeit des Cash-Poolings ausweislich der Regierungsbegründung entfallen. Es erfolgt auch bei der Kapitalerhaltung eine Rückkehr zum bilanziellen Denken und Cash-Pooling erhält seine *gesetzliche Legitimierung.*

XV. Mit dem MoMiG unterfallen sämtliche Leistungen auf Gesellschafterdarlehen unter die Anfechtbarkeit gem. § 135 Abs. 1 InsO. Dies führt im Insolvenzfall einer Tochtergesellschaft im faktischen GmbH-Konzern bzgl. der Behandlung von erfolgten Darlehensverrechnungen zu *folgenschweren Rechtsunsicherheiten.*

XVI. Waren nach alter Rechtslage hauptsächlich aufsteigende Darlehen und Einlageleistungen von Tochtergesellschaften riskant, betrifft die Rechtsunsicherheit infolge der *erweiterten insolvenzrechtlichen Anfechtbarkeit* der Rückzahlung auf Gesellschafterdarlehen nun auch absteigende Darlehen der Mutter. Vor dem Hintergrund der beim Cash-Pooling bankarbeitstäglich ausgereichten Beträge kann dies für die herrschende Muttergesellschaft *existenzbedrohend* sein.

XVII. Die neuen Vorschriften der Kapitalaufbringung und -Erhaltung gestatten nun zwar grundsätzlich wieder eine *bilanzielle Betrachtungsweise*; diese wurde aber durch weitreichende *Solvenzprüfungspflichten* und den daraus resultierenden *Haftungsrisiken* der Geschäftsführer teuer erkauft.

XVIII. Gegenüber dem bisherigen Recht erhöht das MoMiG die *Compliance-* bzw. *Prognoseverantwortung* und damit die Haftungsrisiken des Geschäftsführers. Der Gläubigerschutz verschiebt sich somit von einer auf Kapitalerhaltung und Eigenkapitalersatz basierenden *ex ante*-Betrachtung auf eine *ex post*-Betrachtung, die pflichtwidriges Verhalten sanktionieren soll.

XIX. Für Konzerne, die sich eines Cash-Pool-Systems bedienen, ist es unabdingbar ein betriebswirtschaftlich taugliches Frühwarn-, Informations- und Überwachungs-System zu implementieren. Flankierend sind schon im Vorfeld des Cash-Pooling weitere *organisatorische* und *vertragsgestalterische Maßnahmen* zu treffen.

XX. Das ambitionierte Ziel des Gesetzgebers, die Kapitalaufbringung und -Erhaltung i.S.e. wesentlichen Vereinfachung zu deregulieren und gleichzeitig das traditionelle Kapitalschutzsystem beizubehalten, ist insbesondere im Hinblick auf das Cash-Pooling misslungen. Wesentliche Erleichterungen finden aufgrund *gesetzgeberischer Defizite* und *höchstrichterlicher Eingriffe* nicht statt – im Gegenteil, neue schwerwiegende Probleme sind erst durch das MoMiG entstanden.

«Literaturverzeichnis»

Abolins, Karlis I. – Cash-Management-Systeme für Unternehmen,
DB 1985, 64-66 [Der Betrieb]
(zit.: *Abolins*, DB 1985, 64 (Seite))

Altmeppen, Holger:
– Cash Pooling und Kapitalaufbringung,
NZG 2010, 441-446 [Neue Zeitschrift für Gesellschaftsrecht]
(zit.: *Altmeppen*, NZG 2010, 441 (Seite))
– Cash Pooling und Kapitalerhaltung im faktischen Konzern,
NZG 2010, 401-407 [Neue Zeitschrift für Gesellschaftsrecht]
(zit.: *Altmeppen*, NZG 2010, 401 (Seite))
– Cash Pooling und Kapitalerhaltung bei bestehendem Beherrschungs- oder Gewinnabführungsvertrag,
NZG 2010, 361-368 [Neue Zeitschrift für Gesellschaftsrecht]
(zit.: *Altmeppen*, NZG 2010, 361 (Seite))
– Cash-Pool, Kapitalaufbringungshaftung und Strafbarkeit der Geschäftsleiter wegen falscher Versicherung, Zugleich Besprechung BGH v. 20.7.2009 – II ZR 273/07, ZIP 2009, 1561 – Cash-Pool II,
ZIP 2009, 1545-1551 [Zeitschrift für Wirtschaftsrecht]
(zit.: *Altmeppen*, ZIP 2009, 1545 (Seite))
– „Upstream-loans", Cash Pooling und Kapitalerhaltung nach neuem Recht,
ZIP 2009, 49-56 [Zeitschrift für Wirtschaftsrecht]
(zit.: *Altmeppen*, ZIP 2009, 49 (Seite))
– Das neue Recht der Gesellschafterdarlehen in der Praxis,
NJW 2008, 3601-3697 [Neue Juristische Wochenschrift]
(zit.: *Altmeppen*, NJW 2008, 3601 (Seite))
– Die Grenzen der Zulässigkeit des Cash Pooling,
ZIP 2006, 1025-1035 [Zeitschrift für Wirtschaftsrecht]
(zit.: *Altmeppen*, ZIP 2006, 1025 (Seite))

Ammelung, Ulrich/Kaeser, Christian – Cash-Management-Systeme in Konzernen,
DStR 2003, 655-660 [Deutsches Steuerrecht]
(zit.: *Ammelung/Kaeser*, DStR 2003, 655 (Seite))

Asche, Stefan:
– Wann kündige ich den Cash Pool?,
Der Treasurer, Ausg. 13, 02.07.2009
(zit.: *Asche*, Der Treasurer, Ausg. 13 vom 02.07.2009: „Wann kündige ich den Cash Pool?,")
– Cash Management hilft Banken,
Der Treasurer, Ausg. 7, 08.04.2009
(zit.: *Asche*, Der Treasurer, Ausg. 7 vom 08.04.2009: „Cash Management hilft Banken")
– Banken lieben Cash Pooling,
Der Treasurer, Ausg. 18 vom 18.09.2008
(zit.: *Asche*, Der Treasurer, Ausg. 18 vom 18.09.2008: „Banken lieben Cash Pooling")

Avvento, Christina – Hin- und Herzahlen: Offenlegung als konstitutive Voraussetzung des Eintritts der Erfüllungswirkung?,
BB 2010, 202-204 [Betriebs-Berater]
(zit.: *Avvento*, BB 2010, 202 (Seite))

Bartholl, Carsten – „ADCOCOM“ – Größere Rechtssicherheit bei der verdeckten Sacheinlage,
http://www.taylorwessing.com/de/newsletter/corporate/enewsletter-corporate-august-22010/adcocom-groessere-rechtssicherheit-bei-der-verdeckten-sacheinlage.html
(zit.: *Bartholl*, „AdCoCom“ – Größere Rechtssicherheit bei der verdeckten Sacheinlage)

Baumbach, Adolf (Begr.)/Hueck, Alfred – GmbH-Gesetz. Gesetz betreffend die Gesellschaften mit beschränkter Haftung,
München, 19. Aufl., 2010
(zit.: *Bearbeiter*, in: Baumbach/Hueck GmbHG, § Rn.)

Baums, Theodor/Lutter, Marcus/Schmidt, Karsten/Wertenbruch, Johannes (Hrsg.) – Festschrift für Ulrich Huber zum siebzigsten Geburtstag,
Tübingen, 2006
(zit.: *Bearbeiter*, in: FS für Ulrich Huber, S.)

Bayer, Walter:
- „MoMiG II" – Plädoyer für eine Fortführung der GmbH-Reform,
GmbHR 2010, 1289-1297 [Die GmbH-Rundschau]
(zit.: *Bayer*, GmbHR 2010, 1289 (Seite))
- Neue und neueste Entwicklungen zur verdeckten GmbH-Sacheinlage,
ZIP 1998, 1985-1993 [Zeitschrift für Wirtschaftsrecht]
(zit.: *Bayer*, ZIP 1998, 1985 (Seite))

Bayer, Walter/Fiebelkorn, Timo – BGH: Vergütete Dienstleistungen des Inferenten im zeitlichen Zusammenhang mit dem Bezug neuer Aktien – EUROBIKE – Anmerkung,
[Lindenmaier-Möhring – Kommentierte BGH-Rechtsprechung]
(zit.: *Bayer/Fiebelkorn*, LMK2010, 304619)

Bayer, Walter/Habersack, Mathias – Aktienrecht im Wandel, Band I: Entwicklung des Aktienrechts, Band 2: Grundsatzfragen des Aktienrechts,
Tübingen, 2007
(zit.: *Bearbeiter*, in: Bayer/Habersack, Aktienrecht im Wandel, Bd., Kap. Rn.)

Bayer, Walter/Lieder, Jan:
- Upstream-Darlehen und Aufsichtsratshaftung. Eine Nachlese zum MPS-Urteil des BGH,
AG 2010, 885-903 [Die Aktiengesellschaft]
(zit.: *Bayer/Lieder*, AG 2010, 885 (885)
- Einbringung von Dienstleistungen in der AG,
NZG 2010, 86-93 [Neue Zeitschrift für Gesellschaftsrecht]
(zit.: *Bayer/Lieder*, NZG 2010, 86 (Seite))
- Moderne Kapitalaufbringung nach ARUG,
GWR 2010, 3 [Gesellschafts- und Wirtschaftsrecht]
(zit.: *Bayer/Lieder*, GWR 2010, 3)

Bayer, Walter/Schmidt, Jessica – Die Reform der Kapitalaufbringung bei der Aktiengesellschaft durch das ARUG,
ZGR 2009, 805-647 [Zeitschrift für Unternehmens- und Gesellschaftsrecht]
(zit.: *Bayer/Schmidt, J.*, ZGR 2009, 805 (Seite))

BDI/GDV – Gemeinsame Stellungnahme von BDI und GDV zum Referentenentwurf eines Gesetzes zur Modernisierung des GmbH-Rechts und zur Bekämpfung von Missbräuchen (MoMiG), vom 4. Oktober 2006,
http://www.kapitalmarktrecht-im-internet.eu, aufgerufen am 24.05.2011
(zit.: *BDI/GDV*, Stellungnahme, S.)

Beck, Siegfried/Depré, Peter – Praxis der Insolvenz, Ein Handbuch für die Beteiligten und ihre Berater,
München, 2. Aufl. 2010
(zit.: *Bearbeiter*, in: Beck/Depré, Praxis der Insolvenz, § Rn.)

Bender, Hans-U., – Das Ende klassischer Konzernfinanzierungen durch die jüngere BGH-Rechtsprechung? Kein Raum für Banken zwischen verbotener Einlagenrückgewähr und verbotenem existenzgefährdendem Eingriff,
BB 2005, 1492-1496 [Betriebs-Berater]
(zit.: *Bender*, BB 2005, 1492 (Seite))

Bengel, Manfred/Limmer, Peter/Reimann, Wolfgang (Hrsg.) – Festschrift für Rainer Kanzleiter,
Köln, 2010
(zit.: *Bearbeiter*, in: FS für Kanzleiter, S.)

BDI, Stellungnahme des BDI zum Regierungsentwurf eines Gesetzes zur Modernisierung des GmbH-Rechts und zur Bekämpfung von Missbräuchen (MoMiG), vom 07.09.2007,
http://www.bdi.eu/download_content/RechtUndOeffentlichesAuftragswesen/20110120114506.pdf, aufgerufen am 11.04.2011
(zit.: Stellungnahme des BDI, S.)

Bialdiga, Kirsten – Ex-Babcock-Chef Lederer erstattet Selbstanzeige,
FTD vom 05.06.2003, S.4 [Financial Times Deutschland]
(zit.: FTD vom 05.06.2003, S.4)

Billeck, Clemens – Cash Pooling im Konzern,
Wien/New York, 2009
(zit.: *Billeck*, S.)

Bitter, Georg/Lutter, Marcus/Priester, Hans-J./Schön, Wolfgang (Hrsg.) – Festschrift für Karsten Schmidt: zum 70. Geburtstag,
Köln, 2009
(zit.: *Bearbeiter*, in: FS für K.Schmidt, S.)

Blasche, Sebastian:
- Verdeckte Sacheinlage und Hin- und Herzahlen. Abgrenzung, Unterschiede sowie Einordnung wichtiger Praxisfälle,
  GmbHR 2010, 288-295 [Die GmbH-Rundschau]
  (zit.: *Blasche*, GmbHR 2010, 288 (Seite))
- AG, faktischer Konzern, upstream-Darlehen, Haftung/„MPS“,
  EWiR 2009, 129-130 [Entscheidungen zum Wirtschaftsrecht]
  (zit.: *Blasche*, EWiR 2009, 129 (Seite))

Bode, Christoph/Herzing, Erwin – Praxiserfahrungen zur Kapitalaufbringung und -erhaltung nach der GmbH-Reform,
BC 2009, 227-233 [Bilanzierung, Rechnungswesen und Controlling]
(zit.: *Bode/Herzing*, BC 2009, 227 (Seite))

Bonn, Rainer – Status Quo und Entwicklungstendenzen im betrieblichen Cash Management,
FB 2007, 73-79 [Finanz-Betrieb]
(zit.: *Bonn*, FB 2007, 73 (Seite))

Bork, Reinhard – Abschaffung des Eigenkapitalersatzrechts zugunsten des Insolvenzrechts?,
ZGR 2007, 250-270 [Zeitschrift für Unternehmens- und Gesellschaftsrecht]
(zit.: *Bork*, ZGR 2007, 250 (Seite))

Bork, Reinhard/Schäfer, Carsten – GmbHG, Kommentar zum GmbHG,
Köln, 2010
(zit.: *Bearbeiter*, in: Bork/Schäfer GmbhG, § Rn,)

Bormann, Michael:
– GmbH-Reform enttäuscht aus Sicht der Praxis Bilanz nach zwei Jahren: Außer Erleichterungen in Einzelfällen hat die Rechtsprechung das Rad wieder weitgehend zurückgedreht,
Börsen-Zeitung vom 24.11.2010
(zit.: *Bormann*, Börsen-Zeitung, 24.11.2010, S.)
– Gesetz zur Modernisierung des GmbH-Rechts und zur Bekämpfung von Missbräuchen (MoMiG),
JurisPR-HaGesR 4/2008 [JurisPR Handels- und Gesellschaftsrecht]
(zit.: *Bormann*, juris-PR, S.)
– Die Kapitalaufbringung nach dem Regierungsentwurf des MoMiG,
GmbHR 2007, 897-904 [Die GmbH-Rundschau]
(zit.: *Bormann*, GmbHR 2007, 897 (Seite))
– Der Entwurf des „MoMiG" und die Auswirkungen auf die Kapitalaufbringung,
GmbHR 2006, 1021-1025 [Die GmbH-Rundschau]
(zit.: *Bormann*, GmbHR 2006, 1021 (Seite))

Bormann, Michael/Kauka, Ralf/Ockelmann, Jan (Hrsg.) – Handbuch GmbH-Recht,
Münster, 2009
(zit.: *Bearbeiter,* in: Hdb. GmbHR, Rn.)

Bormann, Michael/Urlichs, Marc – Kapitalerhöhungen im Cash Pooling – welche Erleichterungen bringt das MoMiG tatsächlich?,
DStR 2009, 641-645 [Deutsches Steuerrecht]
(zit: *Bormann/Urlichs*, DStR 2009, 641 (Seite))

Bürgers, Tobias/Körber, Torsten (Hrsg.) – Heidelberger Kommentar zum Aktiengesetz,
Heidelberg u.a., 2008
(zit.: *Bearbeiter*, in: Heidelberger Kommentar AktG, § Rn.)

Bräunig, Klaus /Hasselmann, Cord-Georg/Heidenhain, Martin – BDI/HengelerMueller, Die GmbH im Wettbewerb der Rechtsformen, Modernisierungsbedarf im Recht der GmbH,
http://www.jura.uni-duesseldorf.de/dozenten/noack/Texte/Sonstige/BDI_Hengeler_GmbH.pdf, aufgerufen am 06.05.2011
(zit.: *Bräunig/Hasselmann/Heidenhain*, BDI/Hengeler, Rn.)

Brinkmann, Gerhard/Luttmann, Maik –Massemehrung durch den Verwalter,
Münster 2008
(zit.: *Brinkmann/Luttmann*, Rn.)

Brodmann, Erich – Gesetz betreffend die Gesellschaften mit beschränkter Haftung – Kommentar,
Berlin, Leipzig, 2. Aufl. 1930
(zit.: *Brodmann*, GmbHG-Kommentar, § Rn.)

Büchel, Helmut – Kapitalaufbringung, insbesondere Regelung der verdeckten Sacheinlage nach dem Regierungsentwurf des MoMiG,
GmbHR 2007, 1065-1071 [Die GmbH-Rundschau]
(zit.: *Büchel*, GmbHR 2007, 1065 (Seite))

Bunnemann, Jan/Zirngibl, Nikolas – Die Gesellschaft mit beschränkter Haftung in der Praxis,
München, 2. Aufl., 2011
(zit.: *Bunnemann/Zirngibl*, § Rn.)

Burg, Michael/Westerheide, Stefan – Praktische Auswirkungen des MoMiG auf die Finanzierung von Konzernen,
BB 2008, 62-65 [Betriebs-Berater]
(zit.: *Burg/Westerheide*, BB 2008, 62 (Seite))

Burgard, Ulrich/Kleindieck, Detlef, u.a. – Gesellschaftsrecht in der Diskussion 2002, Jahrestagung der Gesellschaftsrechtlichen Vereinigung (VGR),
Köln, 2003
(zit.: *Bearbeiter*, in: Gesellschaftsrecht in der Diskussion 2002, S.)

Busse, Franz-Joseph – Grundlagen der betrieblichen Finanzwirtschaft,
München/Wien, 5. Aufl., 2003
(zit.: *Busse*, Grundlagen Finanzwirtschaft)

Buth, Andrea K./Hermanns, Michael – Restrukturierung, Sanierung, Insolvenz,
München, 3. Aufl., 2009
(zit.: *Bearbeiter*, in: Buth/Hermanns, § Rn.)

Cahn, Andreas:
– Kredite an Gesellschafter – zugleich Anmerkung zur MPS-Entscheidung des BGH – Working Paper Series No. 98, 02/2009,
http://www.ilf-frankfurt.de/uploads/media/ILF_WP_098.pdf, aufgerufen am 28.06.2011
(zit.: *Cahn*, Kredite an Gesellschafter, S.)
– Kapitalaufbringung im Cash-Pool,
ZHR 166 (2002), 278-306 [Zeitschrift für das gesamte Handels- und Wirtschaftsrecht]
(zit.: *Cahn*, ZHR 166 (2002), S.)

Canaris, Claus-W. – Bankvertragsrecht,
Berlin/New York, 3. Aufl., 1988
(zit.: *Canaris*, Bankvertragsrecht, Rn.)

Canaris, Claus-W., Heldrich, Andreas, Hopt, Klaus J. - 50 Jahre Bundesgerichtshof. Festgabe aus der Wissenschaft: 50 Jahre Bundesgerichtshof,
München, 2000
(zit.: *Bearbeiter*, in: FS 50 Jahre BGH, S.,)

Coenenberg, Adolf G./Fischer, Thomas M./ Günther, Thomas – Kostenrechnung und Kostenanalyse,
Stuttgart, 7. Aufl., 2009
(zit.: *Coenenberg*, Kap., Rn.)

Deckart, Christian – Kapitalerhaltung als Grenze des Cash Pooling,
Hamburg, 2006
(zit.: *Deckart*, S.)

Deutsche Bank AG – db liquidity management-Broschüre: Tax Implications of International Liquidity Management Structures, 2010,
(zit.: *Deutsche Bank AG*, Tax Implications of International Liquidity Management Structures)

Drygala, Tim/Kremer Thomas – Alles neu macht der Mai – Zur Neuregelung der Kapitalerhaltungsvorschriften im Regierungsentwurf zum MoMiG,
ZIP 2007, 1289-1296 [Zeitschrift für Wirtschaftsrecht]
(zit.: *Drygala/Kremer*, ZIP 2007, 1289 (Seite))

Duss, Vanessa/Lindner, Nikolaus u.a. – Rechtstransfer in der Geschichte,
München, 2006
(zit.: *Bearbeiter*, in: Duss/Lindner, S.)

Ebenroth, Carsten T./Boujong, Karlheinz/Joost, Detlev/Strohn, Lutz – Handelsgesetzbuch: HGB, Band 1: §§ 1-342e,
München, 2. Aufl., 2008
(zit.: *Bearbeiter*, in: Ebenroth/Boujong/u.a. HGB, § Rn)

Ebenroth, Carsten T./Hesselberger, Dieter/Rinne Manfred E. (Hrsg.) – Verantwortung und Gestaltung, Festschrift für Karlheinz Boujong zum 65. Geburtstag,
München, 1996
(zit.: *Bearbeiter*, in: FS für Boujong, S.)

Eduard der Hellen (Hrsg.) – Johann Wolfgang von Goethe, Was wir bringen. Vorspiel bei der Eröffnung des neuen Schauspielhauses zu Lauchstädt, in: Sämtliche Werke. Jubiläums-Ausgabe in 40 Bänden, Bd. 9,
Stuttgart u.a., 1900
(zit.: *Goethe*, „Natur und Kunst", aus: Sämtliche Werke, S.)

Ekkenga, Jens:
- Kapitalaufbringung im konzernweiten Cash-Pool: ungelöste Probleme und verbleibende Gestaltungsspielräume,
  ZIP 2010, 2469-2478 [Zeitschrift für Wirtschaftsrecht]
  (zit.: *Ekkenga*, ZIP 2010, 2469 (Seite))
- Eigenkapitalersatz und Risikofinanzierung nach künftigem GmbH-Recht,
  WM 2006, 1986-1995 [Zeitschrift für Wirtschafts- und Bankrecht]
  (zit.: *Ekkenga*, WM 2006, 1986 (Seite))

Emmerich, Falk – Konzernweite Cash-Pool-Finanzierung im Lichte der neuen BGH-Rechtsprechung und des Gesetzesentwurfs zur Modernisierung des GmbH-Rechts und der Bekämpfung von Missbräuchen (MoMiG), 2007, aufgerufen am 01.05.2011
www.hawklegal.eu/data/Cash-Pooling_01-07_hawk.pdf
(zit.: *Emmerich, F.*, Konzernweite Cash-Pool-Finanzierung, S.)

Emmerich, Volker/Habersack, Mathias (Hrsg.) – Aktien- und GmbH-Konzernrecht, Kommentar,
6. Aufl., München, 2010
(zit.: *Bearbeiter*, in: AG/GmbH-KonzernR)

Emmerich, Volker/Habersack, Mathias – Konzernrecht, Ein Studienbuch,
9. Aufl., München, 2008
(zit.: *Emmerich/Habersack*, S.)

Erne, Roland – Haftungsvermeidung des Geschäftsführers durch Frühwarnsysteme bei Nutzung von Cash Pooling,
GWR 2010, 314-317 [Gesellschafts- und Wirtschaftsrecht]
(zit.: *Erne*, GWR 2010, 305571, 314 (Seite))

Eusani, Guido – Systematik der neuen Kapitalerhaltung bei der GmbH,
Jura 2009, 502-507 [Juristische Ausbildung]
(zit.: *Eusani*, Jura 2009, 502 (Seite))

Fleischer, Holger/Goette, Wulf (Hrsg.) – Münchener Kommentar zum Gesetz betreffend die Gesellschaft mit beschränkter Haftung – GmbHG,
München, 2010
(zit.: *Bearbeiter*, in: MünchKommGmbHG, § Rn.)

Fest, Timo/Kunze, Tilmann – Grundfragen des GmbH-Rechts Tagung der Forschungsstelle für Notarrecht an der Ludwig-Maximilians-Universität München am 4.2.2009, MittBayNot 2009, 212-214 [Mitteilungen des Bayerischen Notarvereins, der Notarkasse und der Landesnotarkammer Bayern]
(zit.: *Fest/Kunze*, MittBayNot 2009, 212 (Seite))

Fuhrmann, Lambertus – Kreditgewährung an Gesellschafter: Ende des konzernweiten Cash-Managements?,
NZG 2004, 552-555 [Neue Zeitschrift für Gesellschaftsrecht]
(zit.: *Fuhrmann*, NZG 2004, 552 (Seite))

Gassmann, Michael – Babcock stand schon Ende 2001 vor dem Aus,
FTD vom 20.11.2002, S.11
(zit.: *Gassmann*, Babcock stand schon Ende 2001 vor dem Aus, FTD vom 20.11.2002, S.11)

Gehrlein, Markus:
- Das Eigenkapitalersatzrecht im Wandel seiner gesetzlichen Kodifikationen,
BB 2011, 3-11 [Betriebs-Berater]
(zit.: *Gehrlein*, BB 2011, 3 (Seite))
- Der aktuelle Stand des neuen GmbH-Rechts,
Der Konzern 2007, 771–796
(zit.: *Gehrlein*, Der Konzern 2007, 771 (Seite))
- Kein Sonderrecht für Cash-Pool-Zahlungssysteme bei Begleichung der GmbH-Stammeinlage,
MDR 2006, 789-790 [Monatsschrift für deutsches Recht]
(zit.: *Gehrlein*, MDR 2006, 789 (Seite))

Geißler, Markus – Ordnungsgemäße Aufbringung der Bareinlagen bei der GmbH-Gründung,
GmbHR 2004, 1181-1187 [Die GmbH-Rundschau]
(zit.: *Geißler*, GmbHR 2004, 1181 (Seite))

Georg, David – Gesellschafterdarlehen in der Insolvenz, Die Entwicklung seit Schaffung des GmbH-Gesetzes im Jahr 1892,
Berlin, 2011
(zit.: *Georg*, Gesellschafterdarlehen in der Insolvenz, S.)

Gerke, Wolfgang/Steiner, Manfred – Handwörterbuch des Bank- und Finanzwesens,
3. Aufl., Stuttgart, 2001
(zit.: *Bearbeiter*, in: Handwörterbuch des Bank- und Finanzwesens, S.)

Gesell, Harald – Verdeckte Sacheinlage & Co. im Lichte des MoMiG. Das „Hin- und Herzahlen“ de lege lata und de lege ferenda,
BB 2007, 2241-2247 [Betriebs-Berater]
(zit.: *Gesell*, BB 2007, 2241 (Seite))

Gesellensetter, Catrin – Ein Pool für alle Fälle, Handelsblatt-Onlineausgabe vom 3.11.2006, http://www.handelsblatt.com/unternehmen/management/strategie/ein-pool-fuer-alle-faelle/2736720.html, aufgerufen am 17.04.2011
(zit.: *Gesellensetter*, Ein Pool für alle Fälle, http://www.handelsblatt.com/unternehmen /management/strategie/ein-pool-fuer-alle-faelle/2736720.html)

Goette, Wulff:
- Neuere aktienrechtliche Rechtsprechung des II. Zivilsenats des Bundesgerichtshofes,
DStR 2010, 2579-2588 [Deutsches Steuerrecht]
(zit.: *Goette*, DStR 2010, 2579 (Seite))

– „Cash Pool II“ – Kapitalaufbringung in der GmbH nach MoMiG,
GWR 2009, 333 [Gesellschafts- und Wirtschaftsrecht]
(zit.: *Goette*, GWR 2009, 333)
– Aktuelle Entwicklungen im deutschen Kapitalgesellschaftsrecht im Lichte der höchstrichterlichen Rechtsprechung,
DStR 2009, 51-57 [Deutsches Steuerrecht]
(zit.: *Goette*, DStR 2009, 51 (Seite)
– Einführung in das neue GmbH-Recht,
München, 2008
(zit.: *Goette*, Einführung in das neue GmbH-Recht, Rn.)
– Chancen und Risiken der GmbH-Novelle,
WPg 2008, 231–238 [Die Wirtschaftsprüfung]
(zit.: *Goette*, WPg, 231 (Seite))
– Cash-Pool und Kapitalerhaltung,
DStR 2006, 767-773 [Deutsches Steuerrecht]
(zit.: *Goette*, DStR 2006, 767 (Seite))
– Krisenvermeidung und Krisenbewältigung in der GmbH – Überblick,
ZGR 2006, 261-280 [Zeitschrift für Unternehmens- und Gesellschaftsrecht]
(zit.: *Goette*, ZGR 2006, 261 (Seite))
– Wo steht der BGH nach „Centros” und „Inspire Art”?,
DStR 2005, 197-201 [Deutsches Steuerrecht]
(zit.:*Goette*, DStR 2005, 197 (Seite))

Goette, Wulf/Habersack, Mathias (Hrsg.) – Das MoMiG in Wissenschaft und Praxis,
Köln, 2009
(zit.: *Bearbeiter*, in: Goette/Habersack, MoMiG, § Rn.)

Goette, Wulf/Habersack, Mathias/Kalss, Susanne – Münchener Kommentar zum Aktiengesetz,
München, 3. Aufl., 2008
(zit.: *Bearbeiter*, in: MünchKommAktG, § Rn.)

Gundlach, Ulf/Frenzel, Volkhard/Strandmann, Jens-U. – Die Insolvenzverwaltung nach den Änderungen durch das MoMiG,
NZI 2008, 647-652) [Neue Zeitschrift für das Recht der Insolvenz und Sanierung]
(zit.: *Gundlach/Frenzel/Strandmann*, NZI 2008, 647 (Seite))

Habersack, Mathias:
– Aufsteigende Kredite im Lichte des MoMiG und des „Dezember“-Urteils des BGH,
ZGR 2009, 347-366 [Zeitschrift für Unternehmens- und Gesellschaftsrecht]
(zit.: *Habersack*, ZGR 2009, 347 (Seite))
– Neues zur verdeckten Sacheinlage und zum Hin- und Herzahlen – Das „Qivive“-Urteil des BGH,
GWR 2009, 129-158 [Gesellschafts- und Wirtschaftsrecht]
(zit.: *Habersack*, GWR 2009, 129 (Seite))
– Verdeckte Sacheinlage und Hin- und Herzahlen nach dem ARUG gemeinschaftsrechtlich betrachtet,
AG 2009, 557-563 [Die Aktiengesellschaft]
(zit.: *Habersack*, AG 2009, 557 (Seite))
– Wandlung des Aktienrechts,
AG 2009, 1-14 [Die Aktiengesellschaft]
(zit.: *Habersack*, AG 2009, 1 (Seite))

– Gesellschafterdarlehen nach MoMiG: Anwendungsbereich, Tatbestand und Rechtsfolgen der Neuregelung,
ZIP 2007, 2145-2153 [Zeitschrift für Wirtschaftsrecht]
(zit.: *Habersack*, ZIP 2007, 2145 (Seite))

Habersack, Mathias/Schürnbrand, Jan – Cash Management und Sicherheitenbestellung bei AG und GmbH im Lichte des richterrechtlichen Verbots der Kreditvergabe an Gesellschafter,
NZG 2004, 689-696 [Neue Zeitschrift für Gesellschaftsrecht]
(zit.: *Habersack/Schürnbrand*, NZG 2004, 689 (Seite))

Hachenburg, Max – Verschleierte Sachgründung,
JW 1924, 199-202 [Juristische Wochenschrift]
(zit.: *Hachenburg*, JW 1924, 199 (Seite))

Heidenhain, Martin – Katastrophale Rechtsfolgen verdeckter Sacheinlagen,
GmbHR 2006, 455-458
(zit.: *Heidenhain*, GmbHR 2006, 455 (Seite))

Hamann, Hanjo – Aufsteigende Darlehen im Cash Pool im System des §135 InsO - Replik auf Klinck/Gartner, NZI 2008, 457,
NZI 2008, 667-669 [Neue Zeitschrift für das Recht der Insolvenz und Sanierung]
(zit.: *Hamann*, NZI 2008, 667 (Seite))

Hangebrauck, Ralf – Kapitalaufbringung, Kapitalerhaltung und Existenzschutz bei konzernweiten Cash-Pooling-Systemen,
Frankfurt am Main u.a., 2008
(zit.: *Hangebrauck*, Existenzschutz, S.)

Heckschen, Heribert – Das MoMiG in der notariellen Praxis,
München, 2009
(zit.: *Heckschen*, Das MoMiG in der notariellen Praxis, § Rn.)

Heckschen, Heribert/Heidinger, Andreas – Die GmbH in der Gestaltungs- und Beratungspraxis,
Köln/München, 2. Aufl., 2009
(zit.: *Heckschen/Heidinger*, Die GmbH, § Rn.)

Heinze, Harald – Verdeckte Sacheinlagen und verdeckte Finanzierungen nach dem MoMiG,
GmbHR 2008, 1065-1074 [Die GmbH-Rundschau]
(zit.: *Heinze*, GmbHR 2008, 1065 (Seite)

Hentzen, Matthias – Konzerninnenfinanzierung nach BGHZ 157, 72,
ZGR 2005, 480-527 [Zeitschrift für Unternehmens- und Gesellschaftsrecht]
(zit.: *Hentzen*, ZGR 2005, 480 (Seite))

Henze, Hartwig – Konzernfinanzierung und Besicherung - Das Upstreamrisiko aus Gesellschafter- und Bankensicht,
WM 2005, 717-727 [Zeitschrift für Wirtschafts- und Bankrecht]
(zit.: *Henze*, WM 2005, 717 (Seite))

Hermanns, Marc – Grauzonen im Kapitalaufbringungsrecht der GmbH – die Abgrenzung der verdeckten Sacheinlage vom Hin- und Herzahlen – Zugleich Anmerkungen zum Urt. des OLG Köln v. 20. 5. 2010 - 18 U 122/09,
DNotZ 2011, 325-331 [Deutsche Notar-Zeitschrift]
(zit.: *Hermanns*, DNotZ, 325 (Seite))

Herrler, Sebastian – Aktuelles zur Kapitalerhöhung bei der GmbH,
DNotZ 2008, 903-916 [Deutsche Notar-Zeitschrift]
(zit.: *Herrler*, DNotZ 2008, 903 (Seite))

Herrler, Sebastian/Griogleit, Hans C. – Kapitalaufbringung nach dem MoMiG Kapitalaufbringung nach dem MoMiG, Verdeckte Sacheinlagen und Hin- und Herzahlen (§ 19 Abs. 4 und 5 GmbHG n. F.),
DB 2008, 2347-2352 [Der Betrieb]
(zit.: *Herrler/Grigoleit*, DB 2008, 2347 (Seite))

Herrler, Sebastian/Reymanns, Christoph – Die Neuerungen im Aktienrecht durch das ARUG – Unter besonderer Berücksichtigung der Neuregelungen zur Hauptversammlung und zur Kapitalaufbringung bei der AG,
DNotZ 2009, 914-935 [Deutsche Notar-Zeitschrift]
(zit.: *Herrler/Reymanns*, DNotZ 2009, 914 (Seite)

Heublein, Gerrit – Gutschriften in der Krise – Insolvenzfester Glücksfall oder anfechtbare Scheindeckung?,
ZIP 2000, 161-173 [Zeitschrift für Wirtschaftsrecht]
(zit.: *Heublein*, ZIP 2000, 161 (Seite))

Heuel, Ingo/Luxem, Jörg – Das neue GmbH-Recht, Praxishandbuch für die GmbH mit Musterformulierungen, Gestaltungshinweisen und Gesetzestext,
Köln, 2009
(zit.: *Heuel/Luxem*, S.)

Hilgard, Mark C. – Cash Pooling unter Beteiligung deutscher und Schweizer Unternehmen,
CH-D Wirtschaft 2006, 12-18,
(zit.: *Hilgard*, CH-D Wirtschaft 2006, 12 (Seite))

Hiort, Malte J. – Kapitalerhöhungen und Cash-Pooling - rechtliche und praktische Aspekte,
Corporate Finance Law, Heft 6 vom 27.9.2010, 379-387
(zit.: *Hiort*, CFL 2010, 379 (Seite))

Hölzle, Gerrit:
- Bindung von Gesellschafterhilfen in der Krise der GmbH durch Richterrecht? – Zur Vermeidung von Schutzlücken im MoMiG,
  ZIP 2011, 650-655 [Zeitschrift für Wirtschaftsrecht]
  (zit.: *Hölzle*, ZIP 2010, 650 (Seite))
- Gesellschafterfremdfinanzierung und Kapitalerhaltung im Regierungsentwurf des MoMiG,
  GmbHR 2007, 729-736 [Die GmbH-Rundschau]
  (zit.: *Hölzle*, GmbHR 2007, 729 (Seite))

Hommelhoff, Peter/Rawert, Peter/Schmidt, Karsten – Festschrift für Hans-Joachim Priester: Zum 70. Geburtstag,
Köln, 2007
(zit.: *Bearbeiter*, in: FS für Priester, S.)

Hormuth, Mark W. – Recht und Praxis des konzernweiten Cash-Managements, ein Beitrag zur Konzernfinanzierung,
Berlin, 1998
(zit.: *Hormuth*, S.)

Horn, Norbert/Kocka, Jürgen – Recht und Entwicklung der Großunternehmen im 19. und frühen 20. Jahrhundert,
Göttingen, 1979
(zit.: *Horn/Kocka*, Recht und Entwicklung der Großunternehmen, S. 167ff.)

Huber, Ulrich – Gesellschafterdarlehen im GmbH- und Insolvenzrecht nach der MoMiG-Reform,
ZIP 2010, Beilage zu Heft 39, S.7-14 [Zeitschrift für Wirtschaftsrecht]
(zit.: *Huber*, ZIP 2010, Beilage zu Heft 39, S. 7, Fn. 1)

Huber, Ulrich/Habersack, Mathias – Zwölf Thesen zu einer möglichen Reform des Rechts der kapitalersetzenden Gesellschafterdarlehen,
BB 2006, 1-7
(zit.: *Huber/Habersack*, BB 2006, 1 (Seite))

Hüffer, Uwe – Aktiengesetz,
München, 9. Aufl., 2010
(zit.: *Hüffer*, § Rn.)

IDW (Hrsg.) –WP Handbuch 2006, Wirtschaftsprüfung, Rechnungslegung, Beratung, Band I,
Düsseldorf, 13. Aufl., 2006
(zit.: *Bearbeiter*, in: WP Handbuch 2006, Bd. I, Abschnitt, Rn.)

Jäger, Axel – Kapitalaufbringung und Haftungsrisiken in Cash-Management-Systemen von GmbH-Konzernen,
DStR 2000, 1653-1658 [Deutsches Steuerrecht]
(zit.: *Jäger*, DStR 2000, 1653 (Seite))

Jetter, Thomas – Cash-Management-Systeme,
Wiesbaden, 1988
(zit.: *Jetter*, S.)

Joost, Detlev – Verdeckte Sacheinlagen,
ZIP 1990, 549-566 [Zeitschrift für Wirtschaftsrecht]
(zit.: *Joost*, ZIP 1990, 549 (Seite))

Jülch, Christian – Die Wechselwirkung von Kapital- und Existenzschutz im GmbH-Konzern am Beispiel des Cash-Poolings unter besonderer Berücksichtigung des MoMiG,
Saarbrücken, 2009
(zit.: *Jülch*, S.)

Kallmeyer, Harald– Kapitalaufbringung und Kapitalerhaltung nach dem MoMiG: Änderungen für die GmbH-Beratungspraxis, MoMiG: Änderungen für die GmbH-Beratungspraxis,
DB 2007, 2755-2759 [Der Betrieb]
(zit.: *Kallmeyer*, DB 2007, 2755 (Seite))

Keil, Tilo – BGH, Haftung des Aufsichtsrats bei sog. upstream-Darlehen,
DZWIR 2009, 195-200 [Deutsche Zeitschrift für Wirtschafts- und Insolvenzrecht]
(zit.: *Keil*, DZWIR 2009, 195 (Seite))

Kessler, Wolfgang/Kröner, Michael/Köhler, Stefan (Hrsg.) – Konzernsteuerrecht,
München, 2. Aufl., 2008
zit.: (*Bearbeiter*, in: Konzernsteuerrecht, § Rn.)

Kiefner, Alexander/Theusinger, Ingo – Aufsteigende Darlehen und Sicherheitenbegebung im Aktienrecht nach dem MoMiG,
NZG, 2008, 801-806 [Neue Zeitschrift für Gesellschaftsrecht]
(zit.: *Kiefner/Theusinger*, NZG 2008, 801 (Seite))

Kind, Thomas – Insolvenzrechtliche Änderungen durch das MoMiG,
NZI 2008, 475-477 [Neue Zeitschrift für das Recht der Insolvenz und Sanierung]
(zit.: *Kind*, NZI 2008, 475 (Seite))

Kindler, Peter – Grundzüge des neuen Kapitalgesellschaftsrechts. Das Gesetz zur Modernisierung des GmbH-Rechts und zur Bekämpfung von Missbräuchen (MoMiG),
NJW 2008, 3249-3256 [Neue Juristische Wochenschrift]
(zit.: *Kindler*, NJW 2008, 3249 (Seite))

Kleensang, Michael – Offene Fragen zum MoMiG – Auslandsbeurkundung und „Cash-Pool",
BWNotZ 2010, 71-76 [Zeitschrift für das Notariat in Baden-Württemberg]
(zit.: *Kleensang*, BWNotZ 2010, 71 (Seite))

Klesse, Hans-Jürgen – Cash Pooling: Gefährliche Gemeinschaftskasse,
http://www.wiwo.de/unternehmen-maerkte/cash-pooling-gefaehrliche-gemeinschaftskasse-390692/, aufgerufen am 27.04.2011
(zit.: *Klesse*, WIWO, Cash Pooling: Gefährliche Gemeinschaftskasse)

Klinck, Fabian/Gärtner, Matthias – Versetzt das MoMiG dem Cash- Pooling den Todesstoß?,
NZI 2008, 457-461 [Neue Zeitschrift für das Recht der Insolvenz und Sanierung]
(zit.: *Klinck/Gärtner*, NZI 2008, 457 (Seite))

Knapp, Christoph – Auswirkungen des MoMiG auf Aktiengesellschaften und ihre Organmitglieder,
DStR 2008, 2371-2374 [Deutsches Steuerrecht]
(zit.: *Knapp*, DStR 2008, 2371 (Seite))

König, David C./Bormann, Jens – Die Reform des Rechts der Gesellschaften mit beschränkter Haftung,
DNotZ 2008, 652-672 [Deutsche Notar-Zeitschrift]
(zit.: *König/Bormann, J.*, DNotZ 2008, 652 (Seite))

Körber, Torsten/Kliebisch, René – Das neue GmbH-Recht,
JuS 2008, 1041-1049 [Juristische Schulung]
(zit.: *Körber/Kliebisch*, JuS 2008, 1041 (Seite))

Kohnen, Jens/Rocke, Roman – Auswirkungen der Euro-Einführung auf das Cash-Management deutscher Unternehmen,
FB 2004, 6-13 [Finanzbetrieb]
(zit.: *Kohnen/Rocke*, FB 2004, 6 (Seite))

Kollrus, Harald – Cash Pooling - Strategien zur Vermeidung der Haftungsgefahren,
MDR 2011, 208-212 [Monatsschrift für Deutsches Recht]
(zit.: *Kollrus*, MDR 2011, 208 (Seite))

Korts, Sebastian:
- Workshop 1: Haftungsfragen – Workshop 1 Absicherung als Compliance-Aufgabe, Köln, 30. Mai 2011, aufgerufen am 14.07.2011
  (zit.: *Korts*, Haftungsfragen – Workshop 1 Absicherung als Compliance-Aufgabe, http://www.ihk-koeln.de/upload/Vortrag_Compliance_14251.pdf)
- Cash Pooling, Heidelberger Musterverträge (Heft 122), Heidelberg, 2005

Krolop, Kaspar – Die Vorgaben des tschechischen Gesellschaftsrechts zum Vermögensschutz in der Kapitalgesellschaft – Denkanstöße für die gesellschaftsrechtliche Behandlung von Finanzierungsgeschäften im Konzern, 2006, http://windbichler.rewi.hu-berlin.de/WS_0809_tschKonzern_Working.pdf, aufgerufen am 02.05.2011
(zit.: *Krolop*, S.)

Kropff, Bruno – Aktiengesetz, Textausgabe des Aktiengesetzes vom 6.9.1965 (Bundesgesetzblatt I S. 1089) und des Einführungsgesetzes zum Aktiengesetz vom 6.9.1965 (Bundesgesetzblatt I S. 1185) mit Begründung des Regierungsentwurfs / Bericht des Rechtsausschusses des Deutschen Bundestages / Verweisungen und Sachverzeichnis im Anhang / Aktiengesetz von 1937,
Düsseldorf, 1965 (Aktiengesetz)
(zit.: *Kropff*, Begr. RegE. AktG 1965, Aktiengesetz, S.)

Kübler, Bruno M. – Konzern und Insolvenz – Zur Durchsetzung konzernmäßiger Sanierungsziele an den Beispielsfällen AEG und Korf,
ZGR 1984, 560 -593 [Zeitschrift für Unternehmens- und Gesellschaftsrecht]
(zit.: *Kübler*, ZGR 1984, 560 (Seite))

Kübler, Bruno M./Prütting, Hans/Bork, Reinhard – InsO - Kommentar zur Insolvenzordnung, Köln, Stand: 2/2009, Bd. 2
(zit.: *Bearbeiter*, in: Kübler/Pütting/Bork, InsO, § Rn.)

Kübler, Friedrich/Scherer Joachim/Treeck, Joachim – The International Lawyer, Freundesgabe für Wulf H. Döser,
Baden-Baden, 1999
(zit.: *Bearbeiter*, in: The Int'l Lawyer, S.)

Kuhlmann, Jens/Ahnis, Erik – Konzern- und Umwandlungsrecht,
Heidelberg, 2. Aufl., 2007
(zit.: *Kuhlmann/Ahnis*, § Rn.)

Kumar, Brij N./Haussmann, Helmut (Hrsg.) – Handbuch der Internationalen Unternehmenstätigkeit: Erfolgs- und Risikofaktoren, Märkte, Export-, Kooperations- und Niederlassungs-Management,
München, 1992
(zit.: *Bearbeiter,* in: Unternehmenstätigkeit, S.)

Lange, Oliver – Praxisfolgen der D&O Versicherung (I),
DStR 2002, 1626–1631 [Deutsches Steuerrecht]
(zit.: *Lange*, DStR 2002, 1626 (Seite))

Langner, Olaf – Cash Pooling Systeme auf dem Prüfstand der BGH-Rechtsprechung zum Ausschüttungsverbot gemäß § 30 GmbHG,
GmbHR 2005, 1017-1023 [Die GmbH-Rundschau]
(zit.: *Langner*, GmbHR 2005, 1017 (Seite))

Langner, Olaf/Mentgen, Judith – Aufsteigende Darlehen im physischen Cash Pooling und die neue Rechtsprechung des BGH,
GmbHR 2004, 1121-1127 [Die GmbH-Rundschau]
(zit.: *Langner/Mentgen*, GmbHR 2004, 1121 (Seite))

Leisinger, Christof – FAZ-Online Ausgabe vom 26.03.2010: Moody's Studie – Europäische Unternehmen, Die Finanzierungskosten dürften steigen, http://www.faz.net/s/Rub09A305833E12405A808EF01024D15375/Doc~E5144E00B530C45C58541F1B01A09C17D~ATpl~Ecommon~Sspezial.html, aufgerufen am 23.03.2011
(zit.: *Leisinger*, FAZ-Online-Ausgabe vom 26.03.2010: Moody's Studie – Europäische Unternehmen, Die Finanzierungskosten dürften steigen, http://www.faz.net/s/Rub09A305833E12405A808EF01024D15375/Doc~E5144E00B530C45C58541F1B01A09C17D~ATpl~Ecommon~Sspezial.html)

Leistikow – Das neue GmbH-Recht,
München, 2009
(zit.: *Leistikow*, Das neue GmbH-Recht, § Rn.)

Liebscher, Thomas – GmbH-Konzernrecht, die GmbH als Konzernbaustein,
München, 2006
(zit.: *Liebscher*, GmbH-Konzernrecht, Rn.)

Lieder, Jan:
– AG, verdeckte Sacheinlage, Dienstleistung, Hin- und Herzahlen, Her- und Hinzahlen, Drittvergleich/„Eurobike“, § 27 AktG 1/10,
EWiR 2010, 169-170 [Entscheidungen zum Wirtschaftsrecht]
(zit.: *Lieder*, EWiR 2010, 169 (Seite))
– Kapitalaufbringung im Cash Pool nach neuem Recht, Zugleich Besprechung der Entscheidung des BGH v. 20.7.2009 – II ZR 273/07 – „Cash Pool II”,
GmbHR 2009, 1177-1185 [Die GmbH-Rundschau]
(zit.: *Lieder*, GmbHR 2009, 1177 (Seite))
– Anmerkung zu BGH vom 16. 2. 2009, LMK 2009, 284066 (Einlagefähigkeit von Dienstleistungsverpflichtungen),
[Lindenmaier-Möhring – Kommentierte BGH-Rechtsprechung]
(zit.: *Lieder*, LMK 2009, 284066)

Lips, Jörg/Randel, Thierry/Werwigk, Claudius – Das neue GmbH-Recht - Ein Überblick,
DStR 2008, 2220-2227 [Deutsches Steuerrecht]
(zit.: *Lips/Randel/Werwigk*, DStR 2008, 2220 (Seite))

Lutter, Marcus (Hrsg.) – Das Kapital der Aktiengesellschaft in Europa,
ZGR-Sonderheft 17 [Zeitschrift für Unternehmens- und Gesellschaftsrecht]
Berlin, 2006
(zit.: *Bearbeiter*, in: Das Kapital der Aktiengesellschaft in Europa, S.)

Lutter, Marcus:
– Das Kapital der Aktiengesellschaft in Europa, Zeitschrift für Unternehmens- und Gesellschaftsrecht/ZGR Sonderheft,
Berlin, 2006
(zit.: *Bearbeiter*, in: Das Kapital der Aktiengesellschaft in Europa, S.)
– Holding Handbuch,
Köln, 4. Aufl., 2004
(zit.: *Bearbeiter*, in: Holding-Hdb., § Rn.)

Lutter, Marcus/Hommelhoff, Peter (Hrsg.) – GmbH-Gesetz, Handkommentar,
Köln, 17. Aufl., 2009
(zit.: *Bearbeiter*, in: Lutter/Hommelhoff, GmbHG, § Rn.)

Lutter, Marcus/Scheffler, Eberhard/Schneider, Uwe H. – Handbuch der Konzernfinanzierung,
Köln, 1998
(zit.: *Bearbeiter*, in: Hdb. Konzernfinanzierung, S.)

Lutter, Marcus/Scholz, Manfred/Sigle, Walter – Festschrift für Martin Peltzer zum 70. Geburtstag,
Köln, 2001
(zit.: *Bearbeiter*, in: FS für Peltzer, S.)

Lutter, Marcus/Ulmer, Peter /Zöllner, Wolfgang (Hrsg.) – Festschrift 100 Jahre GmbH-Gesetz,
Köln, 1992
(zit.: *Bearbeiter*, in: Festschrift 100 Jahre GmbHG)

Maier-Reimer, Georg:
– Kapitalaufbringung, Cash-Pool, Hin- und Herzahlen, verdeckte Sacheinlage/ „Cash-Pool II",
EWiR 2009, 537-538 [Entscheidungen zum Wirtschaftsrecht]
(zit.: *Maier-Reimer*, EWiR 2009, 537 (Seite))
– Rechtsfragen des Cash Management,
VGR 2005, 127-131 [Wissenschaftliche Vereinigung für Unternehmens- und Gesellschaftsrecht e.V.]
(zit.: *Maier-Reimer*, VGR 2005, 127 (Seite))

Maier-Reimer, Georg/Wenzel, Axel:
– Nochmals: Die Anrechnung der verdeckten Sacheinlage nach dem MoMiG,
ZIP 2009, 1185-1196 [Zeitschrift für Wirtschaftsrecht]
(zit.: *Maier-Reimer/Wenzel*, ZIP 2009, 1185 (Seite))
– Kapitalaufbringung in der GmbH nach dem MoMiG,
ZIP 2008, 1449-1455 [Zeitschrift für Wirtschaftsrecht]
(zit.: *Maier-Reimer/Wenzel*, ZIP 2008, 1449 (Seite))

Makowski, Valerie J. – Cash-Management in Unternehmensgruppen, Zulässigkeitsvoraussetzungen und Grenzen der zentralen Konzernfinanzierung,
Berlin, 2000
(zit.: *Makowski*, S.)

Manz, Gerhard/Mayer, Barbara/Schröder, Albert (Hrsg.) – Die Aktiengesellschaft,
Freiburg, 6. Aufl., 2010
(zit.: *Bearbeiter*, in: Die Aktiengesellschaft, Rn.)

Markwardt, Karsten – Kapitalaufbringung nach dem MoMiG,
BB 2008, 2414-2422 [Betriebs-Berater]
(zit.: *Markwardt,* BB 2008, 2414 (Seite))

Meyer-Landrut, Joachim/Miller, Georg F./Niehus, Rudolf J. – Gesetz betreffende die Gesellschaften mit beschränkter Haftung (GmbHG),
Berlin, New York, 1987
(zit.: *Bearbeiter*, in: Meyer-Landrut/Miller/Niehus, § Rn.)

Merkner, Andreas/Schmidt-Bendun, Rüdiger – Verdeckte Sacheinlage und/oder unzulässiges Hin- und Herzahlen? Cash-Pooling in der Rechtsprechung des BGH nach Inkrafttreten des MoMiG,
NJW 2009, 3072-3074 [Neue Juristische Wochenschrift]
(zit.: *Merkner/Schmidt-Bendun*, NJW 2009, 3072 (Seite))

Michalski, Lutz (Hrsg.) – Kommentar zum Gesetz betreffend die Gesellschaften mit beschränkter Haftung (GmbH-Gesetz),
München, 2. Aufl., 2010
(zit.: *Bearbeiter*, in: Michalski, GmbHG, § Rn.)

Michelfeit, Paul – Kapitalaufbringung und -erhaltung nach dem MoMiG – Welche Grenzen zieht § 43 a GmbHG?,
MittBayNot 2009, 435-442 [Mitteilungen des Bayerischen Notarvereins, der Notarkasse und der Landesnotarkammer Bayern]
(zit.: *Michelfeit*, MittBayNot 2009, 435 (Seite))

Möhring, Philipp/Hefermehl, Wolfgang (Hrsg.) – Festschrift für Philipp Möhring zum 75.Geburtstag, 4. September 1975,
München, 1975
(zit.: *Bearbeiter*, in: FS für Möhring, S.)

Morsch, Stephan:
Probleme der Kapitalaufbringung und der Kapitalerhaltung im Cash-Pool,
NZG 2003, 97 -144 [Neue Zeitschrift für Gesellschaftsrecht]
(zit.: *Morsch*, NZG, 97 (Seite))

Mülbert, Peter O./Leuschner, Lars –Aufsteigende Darlehen im Kapitalerhaltungs- und Konzernrecht – Gesetzgeber und BGH haben gesprochen,
NZG 2009, 281-288 [Neue Zeitschrift für Gesellschaftsrecht]
(zit.: *Mülbert/Leuschner*, NZG 2009, 281 (Seite))

Müller, Welf/Hense, Burkhard (Hrsg.) – Beck´sches Handbuch der GmbH,
München, 3. Aufl., 2002
(zit.: *Bearbeiter*, in: Beck´sches Handbuch der GmbH, § Rn.)

Müller-Bullinger, Alexandra M. – Rechtsfragen des Cash Management,
Stutgart, 1999
(zit.: *Müller-Bullinger*, S.)

Müller-Michaels, Olaf – Cash-Pools: Eine juristische Gratwanderung,
KSI 03/06, 100-105 [Krisen-, Sanierungs- und Insolvenzberatung]
(zit.: *Müller-Michaels*, KSI 3/06 100 (Seite))

Mohr, Randolf – Kapitalaufbringung und Kapitalerhaltung nach dem MoMiG,
Konsequenzen für Gesellschafter und Gesellschaft,
GmbH-StB 2008, 339-344 [Der GmbH-Steuer-Berater]
(zit.: *Mohr*, GmbH-StB 2008, 339 (Seite))

Noack, Ulrich – Der Regierungsentwurf des MoMiG – Die Reform des GmbH-Rechts geht in die Endrunde,
DB 2007, 1395-1400 [Der Betrieb]
(zit.: *Noack*, DB 2007, 1395 (Seite))

Nerlich, Jörg/Römermann, Volker – Insolvenzordnung: InsO, Kommentar,
München, 21. Aufl., 2011
(zit.: *Bearbeiter*, in: Nerlich/Römermann, InsO, Ergänzungslieferung 2011, § Rn.)

Oho, Wolfgang/Eberbach, Christian – Konzernfinanzierung durch Cash-Pooling,
DB 2001, 825-830 [Der Betrieb]
(zit.: *Oho/Eberbach*, DB, 825 (Seite))

Oppenhoff, Christine – Die GmbH-Reform durch das MoMiG – ein Überblick,
BB 2008, 1630-1634 [Betriebs-Berater]
(zit.: *Oppenhoff*, BB 2008, 1630 (Seite))

Oppenländer, Frank/Trölitzsch, Thomas – Praxishandbuch der GmbH-Geschäftsführung,
München, 2. Aufl. 2011,
(zit.: *Bearbeiter*, in: Oppenländer/Trölitzsch, § Rn.)

Pentz, Andreas:
- Die Bedeutung der Sacheinlagefähigkeit für die verdeckte Sacheinlage und den Kapitalersatz sowie erste höchstrichterliche Aussagen zum Hin- und Herzahlen nach MoMiG, Das Qivive-Urteil des BGH v. 16.2.2009 – II ZR 120/07, GmbHR 2009, 505-512 [Die GmbH-Rundschau]
  (zit.: *Pentz*, GmbHR 2009, 505 (Seite))
- Verdeckte Sacheinlagen nach dem MoMiG und prozessuale Folgen des Übergangsrechts, GmbHR 2009, 126-131 [Die GmbH-Rundschau]
  (zit.: *Pentz*, GmbHR 2009, 126 (Seite))
- Einzelfragen zu Cash Management und Kapitalerhaltung, Zugleich Besprechung von OLG München v. 24.11.2005 – 23 U 3480/05, ZIP 2006, 25, ZIP 2006, 781-789 [Zeitschrift für Wirtschaftsrecht]
  (zit.: *Pentz*, ZIP 2006, 781 (Seite))

Priester, Hans-J.:
- Vorausleistungen auf die Kapitalerhöhung nach MoMiG und ARUG, DStR 2010, 494-501 [Deutsches Steuerrecht]
  (zit.: *Priester*, DStR 2010, 494 (Seite))
- Kapitalaufbringung bei korrespondierenden Zahlungsvorgängen, Zur Präzisierung des Tatbestands „verdeckte Sacheinlage“, ZIP 1991, 345-355 [Zeitschrift für Wirtschaftsrecht]
  (zit.: *Priester*, ZIP 1991, 345 (Seite))

Perridon, Louis/Steiner, Manfred/Rathgeber, Andreas – Finanzwirtschaft der Unternehmung, München, 15. Aufl., 2009
(zit.: *Perridon/Steiner/Rathgeber*, Finanzwirtschaft S.)

Pluta, Michael – Zuständigkeit des AG Essen für das Quelle-Insolvenzverfahren, ZIP 2009, 1826-1834 [Zeitschrift für Wirtschaftsrecht]
(zit.: *Pluta*, ZIP 2009, 1826 (Seite))

Polster-Grüll, Barbara – Cash Pooling, Modernes Liquiditätsmanagement aus finanzwirtschaftlicher, rechtlicher und steuerlicher Sicht, Wien, 2004
(zit.: *Bearbeiter*, in: Polster-Grüll, S.)

Podewils, Felix – Risiken verdeckter Gewinnausschüttungen bei Darlehensgewährung und „Cash Management" im Konzernverbund, GmbHR 2009, 803-808 [Die GmbH-Rundschau]
(zit.: *Podewils*, GmbHR 2009, 803 (Seite))

Priester, Hans-Joachim:
- Kapitalaufbringung nach Gutdünken? Ein Zwischenruf zum MoMiG, ZIP 2008, 55-56 [Zeitschrift für Wirtschaftsrecht]
  (zit.: *Priester*, ZIP 2008, 55 (Seite))
- Kapitalaufbringung beim Cash Pool – Kurswechsel durch das MoMiG?, ZIP 2006, 1557-1561 [Zeitschrift für Wirtschaftsrecht]
  (zit.: *Priester*, ZIP 2006, 1557 (Seite))

Reidenbach, Dirk – Cash Pooling und Kapitalerhalt nach neuer höchstrichterlicher Rechtsprechung, WM 2004, 1421-1429 [Zeitschrift für Wirtschafts- und Bankrecht]
(zit.: *Reidenbach*, WM, 2004, 1421 (Seite))

Reiner, Günter/Brakemeier, Sabine – Darlehen der GmbH an ihre Gesellschafter als verbotenen Einlagenrückgewähr?,
BB 2005, 1458-1466 [Betriebs-Berater]
(zit.: *Reiner/Brakemeier*, BB 2005, 1458 (Seite))

Reischauer, Friedrich/Kleinhans, Joachim/Becker, Egon – Kreditwesengesetz (KWG) ; Loseblattkommentar für die Praxis nebst sonstigen bank- und sparkassenrechtlichen Aufsichtsgesetzen sowie ergänzenden Vorschriften,
Berlin, 1997
(zit.: *Reischauer/Kleinhans/Becker*, KWG, § (Abschn.), S)

Rendels, Dietmar – Ist die Aufrechnungsbefugnis kraft einer Konzern-Netting-Abrede insolvenzfest?,
ZIP 2003, 1583-1592 [Zeitschrift für Wirtschaftsrecht]
(zit.: *Rendels*, ZIP 2003, 1583 (Seite))

Rohde, Alexander – Zur Frage der Wirksamkeit einer Leistung auf die Einlagenforderung einer Komplementär-GmbH bei Weiterleitung an die KG als Darlehen,
GmbHR 2008, 205–206 [Die GmbH-Rundschau]
(zit.: *Rohde*, GmbHR 2008, 205 (Seite))

Rischbieter/Gröning – Gründung und Leben der GmbH nach dem MoMiG,
München 2009
(zit.: *Rischbieter/Gröning*, Gründung und Leben der GmbH, § (Kap) Rn.)

Römermann, Volker – Insolvenzrecht im MoMiG,
NZI 2008, 641-646 [Neue Zeitschrift für das Recht der Insolvenz und Sanierung]
(zit.: *Römermann*, NZI 2008, 641 (Seite))

Römermann, Volker/Wächter, Thomas (Hrsg.) – GmbH-Beratung nach dem MoMiG; Die Neuregelungen und ihre Praxisfolgen im Überblick, Sonderheft,
Köln, 2008
(zit.: *Bearbeiter*, in: GmbH-Beratung, S.)

Rönnnau, Thomas/Krezer, Jan R. – Darlehensverrechnungen im Cash-Pool – nach Inkrafttreten des MoMiG auch ein Untreue-Risiko (§ 266 StGB)?,
ZIP 2010, 2269-2275 [Zeitschrift für WIrtschaftsrecht]
(zit.: *Rönnau/Krezer*, ZIP 2010, 2269 (Seite))

Roth, Günter A. – "Schütt aus - hol zurück" als verdeckte Sacheinlage,
NJW 1991, 1913-1918 [Neue Juristische Wochenschrift]
(zit.: *Roth*, NJW 1991, 1913 (Seite))

Roth, Günter A./Altmeppen, Holger – Gesetz betreffend die Gesellschaften mit beschränkter Haftung (GmbHG),
München, 4. Aufl., 2003
(zit.: *Bearbeiter*, in: Roth/Altmeppen, GmbHG, § Rn.)

Rothley, Oliver/Weinberger, Franz – Die Anforderungen an Vollwertigkeit und Deckung nach § 30I 2 GmbHG und § 57I 3 AktG,
NZG 2010, 1001-1006 [Neue Zeitschrift für Gesellschaftsrecht]
(zit.: *Rothley/Weinberger*, NZG 2010, 1001 (Seite))

Ruhkamp, Stefan – Finanzierungskosten der Unternehmen steigen,
FAZ, Nr. 279 vom 28.11.2008, S. 21,
(zit.: *Ruhkamp*, Finanzierungskosten der Unternehmen steigen, FAZ vom

Schall, Alexander – Kapitalaufbringung nach dem MoMiG
ZGR 2009, 126-155 [Zeitschrift für Unternehmens- und Gesellschaftsrecht]
(zit.: *Schall*, ZGR 2009, 126 (Seite))

Schäfer, Carsten:
– Probleme des Cash-Poolings bei Kapitalaufbringung und -erhaltung – Welche Lösung bringt das MoMiG?,
in: BB-Special 7, 2006, 5-9 [Betriebs-Berater]
(zit.: *Schäfer*, BB-Spezial 2006, 5 (Seite))
– Darlehensgewährung an Gesellschafter als verbotene Ausschüttung i.S.v. § 30 GmbHG – Todesstoß für das konzernweite Cash Pooling?,
GmbHR 2005, 133-138 [Die GmbH-Rundschau]
(zit.: *Schäfer*, GmbHR 2005, 133 (Seite))

Scheffler, Eberhard – Konzernmanagement,
München, 2. Aufl., 2005
(zit.: *Scheffler*, Konzernmanagement, S.)

Schickerling, Falco/Blunk, Andreas – Die Haftung im Zusammenhang mit Upstream Loans – quo vadis?,
GmbHR 2009, 1294-1301 [Die GmbH-Rundschau]
(zit.: *Schickerling/Blunk*, GmbHR 2009, 1294 (Seite))

von Schiller, Friedrich – Sämtliche Werke, Band 1, S. 484-618,
München, 1962
(zit.: *Schiller*, Die Räuber, S.)
Schilmar, Boris – Kapitalschutz beim Cash-Management,
DStR 2006, 568-574 [Deutsches Steuerrecht]
(zit.: *Schilmar*, DStR, 2006 568 (Seite))

Schluck-Amend, Alexandra/Penke, Christoph - Kapitalaufbringung nach dem MoMiG und der „Qivive"-Entscheidung des BGH,
DStR 2009, 1433-1439 [Deutsches Steuerrecht]
(zit.: *Schluck-Amend/Penke*, DStR 2009, 1433 (Seite))

Schmelz, Christoph – Cash-Management, quo vadis?,
NZG 2006, 456-458 [Neue Zeitschrift für Gesellschaftsrecht]
(zit.: *Schmelz*, NZG 2006, 456 (Seite))

Schmidt, Karsten:
– Das Insolvenzrecht mischt sich ein,
ZHR 174 (2010), 243-249 [Zeitschrift für das gesamte Handelsrecht und Wirtschaftsrecht]
(zit.: *K. Schmidt*, ZHR 174 (2010), 243ff.)
– Gesellschafterdarlehen im GmbH- und Insolvenzrecht nach der MoMiG-Reform – eine alternative Sicht,
ZIP 2010, Beilage zu Heft 39, S.15-25 [Zeitschrift für Wirtschaftsrecht]
(zit.: *K. Schmidt*, ZIP 2010, Beilage zu Heft 39, S.)
– Münchener Kommentar zum Handelsgesetzbuch: HGB,
München, 2. Aufl., 2008,
(zit.: *Bearbeiter*, in: MünchKommHGB, § Rn)
– Gesetzgebung und Rechtsfortbildung im Recht der GmbH und der Personengesellschaften – Zur Aufgabenteilung zwischen Gesetzgebung, Justiz und Wissenschaft,
JZ 2009, 10-20 [JuristenZeitung]
(zit.: *K. Schmidt*, JZ 2009, 10 (Seite))

– GmbH-Reform auf Kosten der Geschäftsführer? Zum (Un-)Gleichgewicht zwischen Gesellschafterrisiko und Geschäftsführerrisiko im Entwurf eines MoMiG und in der BGH-Rechtsprechung,
GmbHR 2008, 449-458 [Die GmbH-Rundschau]
(zit.: *K. Schmidt*, GmbHR 2008, 449 (Seite))

– Reform der Kapitalsicherung und Haftung in der Krise nach dem Regierungsentwurf des MoMiG,
GmbHR 2007, 1072-1080 [Die GmbH-Rundschau]
(zit.: *K. Schmidt*, GmbHR 2007, 1072 (Seite)

– Eigenkapitalersatz, oder: Gesetzesrecht versus Rechtsprechungsrecht? Überlegungen zum Referentenentwurf eines GmbH-Reformgesetzes (MoMiG) von 2006,
ZIP 2006, 1925-1934 [Zeitschrift für Wirtschaftsrecht]
(zit.: *K. Schmidt*, ZIP 2006, 1925 (Seite))

– Gesellschaftsrecht,
Köln, 4. Aufl., 2002
(zit. *K. Schmidt*, Gesellschaftsrecht, S.)

– „Konzernhaftung“ nach dem TBB-Urteil – Versuch einer Orientierung,
ZIP 1993, 549-554 [Zeitschrift für Wirtschaftsrecht]
(zit.: *K. Schmidt*, ZIP 1993, 549 (Seite))

Schmidt, Karsten/Lutter, Marcus - Aktiengesetz, 2008,
Köln, 2008
(zit.: *Bearbeiter*, in: Schmidt/Lutter-AktG, § Rn.)

Schmolke, Klaus U. – Kapitalerhaltung in der GmbH nach dem MoMiG,
München, 2009
(zit.: *Schmolke*, Kapitalerhaltung in der GmbH, Rn.)

Schodder, Thomas F.W. – GmbH, verdeckte Sacheinlage, Hin- und Herzahlen, Dienstleistung/„Qivive“, § 19 GmbHG 1/09,
EWiR 2009, 443-444
(zit.: *Schodder*, EWiR 2010, 443 (Seite))

Scholz, Franz – Kommentar zum GmbH-Gesetz,
Köln, 10. Aufl., 2006
(zit.: *Bearbeiter*, in: Scholz, GmbHG: § Rn.)

Schön, Wolfgang – Die Zukunft der Kapitalaufbringung/-erhaltung,
Der Konzern 2004, 162-170
(zit.: *Schön*, Der Konzern 2004, S.)

Seeger, Andreas/Thier, Christoph – Cash Pooling – Ein sinnvolles Finanzinstrument zur Nutzung von Kostensenkungspotenzialen auch im gemeinnützigen Konzern,
DStR 2011, 184-190 [Deutsches Steuerrecht]
(zit.: *Seeger/Thier*, DStR 2011, 184 (Seite))

Seibert, Ulrich:

– Gesetz zur Modernisierung des GmbH-Rechts und zur Bekämpfung von Missbräuchen,
Köln, 2008
(zit.: *Seibert*, MoMiG, S.)

– GmbH-Reform: Der Referentenentwurf eines Gesetzes zur Modernisierung des GmbH-Rechts und zur Bekämpfung von Missbräuchen – MoMiG,
ZIP 2006, 1157-1168 [Zeitschrift für Wirtschaftsrecht]
(zit.: *Seibert*, ZIP 2006, 1157 (Seite))

Seibert, Ulrich/Decker, Daniela – Die GmbH-Reform kommt! Zur Verabschiedung des Gesetzes zur Modernisierung des GmbH-Rechts und zur Bekämpfung von Missbräuchen (MoMiG) im Deutschen Bundestag,
ZIP 2008, 1208-1212 [Zeitschrift für Wirtschaftsrecht]
(zit.: *Seibert/Decker*, ZIP 2008, 1208 (Seite))

Seidel, Wolfgang – Cash-Pooling nur noch im Vertragskonzern?,
DStR 2004, 1130-1136 [Deutsches Steuerrecht]
(zit.: *Seidel*, DStR 2004, 1130 (Seite))

Seppelt, Michael – OLG München: Nachweis der Vollwertigkeit des Rückgewähranspruchs durch positives Rating,
BB 2011, 690 [Betriebs-Berater]
(zit.: *Seppelt*, BB 2011, 690)

Sernetz, Herbert – Anrechnung und Bereicherung bei der verdeckten Sacheinlage,
ZIP 2010, 2073-2182 [Zeitschrift für Wirtschaftsrecht]
(zit.: *Sernetz*, ZIP 2010, 2073 (Seite))

Sieger, Jürgen J./Hasselbach, Kai – Konzernfinanzierung durch Cash Pools und Kapitalerhöhung. Im Blickpunkt: Probleme der Kapitalaufbringung im Lichte internationaler betrieblicher Liquiditäts-Management-Systeme,
BB 1999, 645-651 [Betriebs-Berater]
(zit.: *Sieger/Hasselbach*, BB 1999, 645 (Seite))

Sinewe, Patrick – Haftungsrisiken für Geschäftsführer – Unser Beitrag zu Ihrem Erfolg,
http://www.fh-worms.de/fileadmin/medien/steuer/Master/Haftungsrisiken_fuer_Geschaefts fuehrer_FH.pdf, aufgerufen am 11.06.2011
(zit.: *Sinewe*, Haftungsrisiken für Geschäftsführer, S. 13)

Spindler, Gerald – Konzernfinanzierung,
ZHR 171 (2007), 245-281 [Zeitschrift für das gesamte Handelsrecht und Wirtschaftsrecht]
(zit.: *Spindler*, ZHR 171 (2007), 245 (Seite))

Spindler, Gerald/Stilz, Eberhard (Hrsg.) – Kommentar zum Aktiengesetz,
München, 2. Aufl. 2010
(zit.: *Bearbeiter*, in: Spindler/Stilz, AktG, § Rn.)

Spliedt, Jürgen D. – MoMiG in der Insolvenz – ein Sanierungsversuch,
ZIP 2009, 149-161 [Zeitschrift für Wirtschaftsrecht]
(zit.: *Spliedt*, ZIP 2009, 149 (Seite))

Spremann, Klaus/Gantebein, Pascal – Kapitalmärkte,
Stuttgart, 2005
(zit.: *Spremann/Gantenbein*, Kapitalmärkte, S.)

Staudinger, Julius von – BGB,
München, 2004
(zit.: *Bearbeiter*, in: Staudinger, BGB, § Rn.)

Steinbeiss, Maximilian – Zypries will GmbH-Kauf erleichtern,
Handelsblatt v. 7.11.2005, S. 6
(zit.: *Steinbeiss*, Handelsblatt v. 07.11.2005, S. 6)

Steiner, Armin – Kapitalaufbringung in der GmbH seit MoMiG,
BWNotZ 2009, 193-203 [Zeitschrift für das Notariat in Baden-Württemberg]
(zit.: *A. Steiner*, BWNotZ 2009, 193 (Seite))

Stiller, Dirk/Redeker, Rouven – Aktuelle Rechtsfragen der verdeckten gemischten Sacheinlage,
ZIP 2010, 865-871 [Zeitschrift für Wirtschafsrecht]
(zit.: *Stiller/Redeker*, ZIP 2010, 865 b(Seite))

Strohn, Lutz – Aus der neueren Rechtsprechung des BGH zum Gesellschaftsrecht,
DB 2010, 37-45 [Der Betrieb]
(zit.: *Strohn*, DB 2010, 37 (Seite))

Tebben, Joachim – Die Reform der GmbH – das MoMiG in der notariellen Praxis,
RNotZ 2008, 441-462 [Rheinische Notar-Zeitschrift]
(zit.: *Tebben*, RNotZ 2008, 441 (Seite))

Theisen, Manuel, R. – Der Konzern, Betriebswirtschaftliche und rechtliche Grundlagen der Konzernunternehmung,
Stuttgart, 2. Aufl., 2000
(zit.: *Theisen*, Der Konzern, S.)

Theusinger, Ingo – Barkapitalerhöhung im Cash-Pool nach MoMiG,
NZG 2009, 1017-1019 [Neue Zeitschrift für Gesellschaftsrecht]
(zit.: *Theusinger*, NZG 2009, 1017 (Seite))

Theusinger, Ingo/Liese, Jens – Keine verdeckte Sacheinlage bei der „Einlage" von Dienstleistungen,
NZG 2009, 641-645 [Neue Zeitschrift für Gesellschaftsrecht]
(zit.: *Theusinger/Liese*, NZG 2009, 641 (Seite))

Uhlenbruck, Wilhelm/Hirte, Heribert/Vallender, Heinz (Hrsg.) –Insolvenzordnung, Kommentar,
München, 13. Aufl. 2010
(zit.: *Bearbeiter*, in: Uhlenbruck, InsO, § Rn.)

Ulmer, Peter – Der „Federstrich des Gesetzgebers" und die Anforderungen der Rechtsdogmatik, Kritische Anmerkungen aus rechtssystematischer Sicht zur Ausgestaltung bestimmter Deregulierungsvorschläge im RegE MoMiG,
ZIP 2008, 45-55 [Zeitschrift für Wirtschaftsrecht]
(zit.: *Ulmer*, ZIP 2008, 45 (Seite))

Ulmer, Peter/Habersack, Mathias/Winter, Martin (Hrsg.) – Gesetz betreffend die Gesellschaften mit beschränkter Haftung (GmbHG), Großkommentar,
Tübingen, 2008,
(zit.: *Bearbeiter*, in: Ulmer, GmbHG, § Rn.)

Vossius, Oliver – BGH vom 20.07.2009 – II ZR 273/07 (Verdeckte Sacheinlagen und Hin- und Herzahlen – „Cash Pool II"),
NotBZ 2009, 356-359 [Zeitschrift für die notarielle Beratungs- und Beurkundungspraxis]
(zit.: *Vossius*, NotBZ 2009, 356 (357)

Veil, Rüdiger – Die Reform des Rechts der Kapitalaufbringung durch den RegE MoMiG,
ZIP 2007, 1241-1248 [Zeitschrift für Wirtschaftsrecht]
(zit.: *Veil*, ZIP 2007, 1241 (Seite))

Verspay, Heinz-P. von – Neuerungen im Gesellschaftsrecht durch das MoMiG,
MDR 2010, 117-121, 3/2009 [Monatsschrift für Deutsches Recht]
(zit.: *Verspay*, MDR 2010, 117 (Seite))

Vetter, Jochen/Schwandtner, Christian – Kapitalerhöhung im Cash-Pool, Überlegungen zu den Urteilen des BGH vom 16.1.2006 – II ZR 75/04 und II ZR 76/04, Der Konzern, 407-421
(*Vetter/Schwandtner*, Der Konzern 2006, 407 (Seite))

Vetter, Jochen/Stadler, Christoph – Haftungsrisiken beim konzernweiten Cash Pooling, Köln, 2003
(zit.: *Vetter/Stadler*, Haftungsrisiken Cash-Pooling, S.)

Wachter, Thomas – Leitlinien der Kapitalaufbringung in der neueren Rechtsprechung des Bundesgerichtshofs, DStR 2010, 1240-1245 [Deutsches Steuerrecht]
(zit.: *Wachter*, DStR 2010, 1240 (Seite))

Walter, Nicole – Europa-Bank, Handelsblatt, Nr. 193 vom 06.10.1999, S.41
(zit.: *Walter*, Europa-Bank, Handelsblatt vom 6.10.1999, S.41)

Wälzholz, Eckhard – Das MoMiG kommt: Ein Überblick über die neuen Regelungen, Mehr Mobilität, Flexibilität und Gestaltungsfreiheit bei gleichzeitigem Gläubigerschutz, GmbHR 2008, 841-850 [Die GmbH-Rundschau]
(zit.: *Wälzholz*, GmbHR 2008, 841 (Seite))

Wand, Peter/ Tillmann, Tobias/Heckenthaler, Stephan – Aufsteigende Darlehen und Sicherheiten bei Aktiengesellschaften nach dem MoMiG und der MPS-Entscheidung des BGH, AG 2009, 148-161 [Die Aktiengesellschaft]
(zit.: *Wand/Tillmann/Heckenthaler*, AG 2009, 148 (Seite))

Waclawik, Erich – Konturierung der Upstream-Finanzierung im faktischen Konzern, Zum Urteil des BGH vom 1. Dezember 2008 – II ZR 102/07, DB 2009, 106, Status Recht 02/2009, 50, http://www.waclawik-bghanwalt.de/veroeffentlichungen/vo_ew25_c.htm, aufgerufen am 21.07.2011
(zit.: *Waclawik*, Status Recht 02/2009, 50)

Wazlawik, Thomas:
- Existenzvernichtung und kein Ende. Ein Nachruf auf die Konzernhaftung und andere offengebliebene Fragen, NZI 2009, 291-297 [Neue Zeitschrift für das Recht der Insolvenz und Sanierung]
(zit: *Wazlawik*, NZI 2009, 291 (Seite))
- Hauptforderung, Insolvenzaufrechnung, Unwirksamkeit, Verjährung, EWiR 2007, 19-20 [Entscheidungen zum Wirtschaftsrecht]
(zit. *Wazlawik*, EWiR 2007, 19 (Seite))

Wedemann, Frauke K. – Das neue GmbH-Recht, WM 2008, 1381-1386 [Zeitschrift für Wirtschafts- und Bankrecht]
(zit.: *Wedemann*, WM 2008, 1381 (Seite))

Weitzel, Mike/Socher, Oliver – Cash-Pooling-Risiken für die GmbH-Geschäftsführung und ihre Vermeidung, ZIP 2010, 1069-1071 [Zeitschrift für Wirtschaftsrecht]
(zit.: *Weitzel/Socher*, ZIP 2010, 1069 (Seite))

Wendland, Jan – Finanzierung durch Cash Pooling im Kapitalgesellschaftskonzern: Ertragsteuerliche Analyse und Handlungskonsequenzen, Köln, 2009
(zit.: *Wendland*, Finanzierung durch Cash Pooling, S.)

Wenner, Christian/Schuster, Michael – Insolvenzanfechtung im Konzern,
ZIP 2008, 1512-1519 [Zeitschrift für Wirtschaftsrecht]
(zit.: *Wenner/Schuster*, ZIP 2008, 1512 (Seite))

Werdenich, Martin – Modernes Cash Management,
Heidelberg, 2006
(zit.: *Werdenich*, S.)

Wessels, Peter – Cash Pooling und Upstream-Sicherheiten - Gestaltungspraxis im Lichte aktueller BGH-Rechtsprechung und anstehender GmbH-Novelle,
ZIP 2006, 1701-1709 [Zeitschrift für Wirtschaftsrecht]
(zit.: *Wessels*, ZIP 2006, 1701 (Seite))

Westermann, Harm P. – Das neue GmbH-Recht (i. d. F. des MoMiG) im Überblick,
DZWIR, 485-501 [Deutsche Zeitschrift für Wirtschafts- und Insolvenzrecht]
(zit.: *Westermann*, DZWIR 2008, 485 (492))

Wicke, Hartmut:
– Kontinuität und Wandel im Recht der GmbH,
MittBayNot 2011, 23-32 [Mitteilungen des Bayerischen Notarvereins, der Notarkasse und der Landesnotarkammer Bayern]
(zit. *Wicke*, MittBayNot 2011, 23 (Seite))
– Gesetz betreffend die Gesellschaften mit beschränkter Haftung,
(GmbHG), Kommentar
München, 2008
(zit.: *Wicke*, § Rn.)

Wilhelmi, Rüdiger – Kurzkommentar zu BGH v. 13.12.2004 – II ZR 206/02 (Keine Haftung wegen Existenzvernichtung einer insolvenzreifen GmbH bei nur begrenztem Nachteil),
EWiR, § 13 GmbHG 1/2005, 221-222 [Entscheidungen zum Wirtschaftsrecht]
(zit.: *Wilhelmi*, EWiR 2005, 221 (Seite))

Willemsen, Reinhard/Rechel, Janine – Cash-Pooling und die insolvenzrechtliche Anfechtbarkeit absteigender Darlehen - Unterschätzte Risiken für Gesellschafter,
BB 2009, 2215-2221 [Betriebs-Berater]
(zit.: *Willemsen/Rechel*, BB 2009, 2215 (Seite))

Windbichler, Christine – Gesellschaftsrecht, Ein Studienbuch,
München, 22. Aufl., 2009
(zit.: *Windbichler*, Gesellschaftsrecht, S.)

Winkler, Christoph/Becker, Roman A. – Die Limitation Language bei Akquisitions- und Konzernfinanzierungen unter Berücksichtigung des MoMiG,
ZIP 2009, 2361-2368 [Zeitschrift für Wirtschaftsrecht]
(zit.: *Winkler/Becker*, ZIP 2009, 2361 (Seite))

Winter, Martin – Mitgliedschaftliche Treuebindungen im GmbH-Recht,
München, 1988
(zit.: *Winter*, S.)

Winter, Michael – Upstream-Finanzierung nach dem MoMiG-Regierungsentwurf – Rückkehr zum bilanziellen Denken,
DStR 2007, 1484-1491 [Deutsches Steuerrecht]
(zit.: *Winter*, DStR 2007, 1484 (Seite))

Wirsch, Stefan:
- Die Vollwertigkeit des Rückgewähranspruchs – Kapitalaufbringung und Kapitalerhaltung im Cash Pool,
  Der Konzern 2009, 443-451
  (zit.: *Wirsch*, Der Konzern 2009, 443 (Seite))
- Kapitalaufbringung und Cash Pooling in der GmbH,
  Berlin, 2009
  (zit.: *Wirsch*, S.)

Zahrte, Kai:
- Finanzierung durch Cash Pooling im internationalen mehrstufigen Konzern nach den MoMiG,
  Berlin, 2010
  (zit.: *Zahrte*, S.)
- Die insolvenzrechtliche Anfechtung im Cash Pool Untersuchung zur Behandlung revolvierender Kredite,
  NZI 2010, 596-598 [Neue Zeitschrift für das Recht der Insolvenz und Sanierung]
  (zit.: *Zahrte*, NZI 2010, 596 (Seite))

Zeidler, Finn – Zentrales Cashmanagement in faktischen Aktienkonzernen,
Köln u.a., 1999
(zit.: *Zeidler*, S.)

Zick, Mathias – Die verdeckte Sacheinlage im Recht der GmbH,
Frankfurt a.M. u.a., 2011
(zit.: *Zick*, die verdeckte Sacheinlage, S.)

Ziemons, Hildegard/Jaeger, Carsten – Beck´scher Online Kommentar GmbHG,
München, 2011
(zit.: *Bearbeiter*, in: Beck´scher Online Kommentar, § Rn.)

Zimmermann, Lars – Das MoMiG in der notariellen Praxis- Grundlagen und erste praktische Erfahrungen, http://www.arbeitsgerichte.land-bw.de/servlet/PB/show/1245009/Das%20MoMiG%20in%20der%20notariellen%20Praxis%20gesamt%20final.pdf,
aufgerufen am 12.04.2011
(zit.: *Zimmermann*, Das MoMiG in der notariellen Praxis, S.)

Zöllner, Wolfgang – Aktienrechtsreform in Permanenz – Was wird aus den Rechten des Aktionärs?,
AG 1994, 336-441 [Die Aktiengesellschaft]
(zit.: *Zöllner*, AG 1994, 336 (Seite))

«Rechtsquellenverzeichnis»

I. Entscheidungen des Bundesgerichtshofs

Gericht	Datum	Aktenzeichen	Fundstelle	Bezeichnung
BGH	Urt. v. 22.03.2010	II ZR 12/08	ZIP 2010, 978	*AdCoCom*
BGH	Urt. v. 20.07.2009	II ZR 273/07	WM 2009, 1574	*Cash-Pool II*
BGH	Urt. v. 19.05.2009	IX ZR 43/08	ZIP 2009, 1427	-
BGH	Urt. v. 11.05.2009	II ZR 137/08	ZIP 2009, 1155	*Lurgi II*
BGH	Urt. v. 16.02.2009	II ZR 120/07	GmbHR 2009, 540	*Qivive*
BGH	Urt. v. 26.01.2009	II ZR 260/07	ZIP 2009, 615	*Gut Buschow*
BGH	Urt. v. 01.12.2008	II ZR 102/07	AG 2009, 81	*MPS/Dezember-Urteil*
BGH	Urt. v. 17.03.2008	II ZR 24/07	ZIP 2008, 922	-
BGH	Urt. v. 18.02.2008	II ZR 132/06	ZIP 2008, 788	*Rheinmöve*
BGH	Urt. v. 07.01.2008	II ZR 314/05	DStR 2008, 886	-
BGH	Beschl. v. 15.10.2007	II ZR 263/06	ZIP 2008, 1281	-
BGH	Urt. v. 09.07.2007	II ZR 62/06	ZIP 2007, 1751	*Lurgi*
BGH	Urt. v. 16.07.2007	II ZR 3/04	BGHZ 173, 246	*Trihotel*
BGH	Urt. v. 20.11.2006	II ZR 176/05	ZIP 2007, 178	-
BGH	Urt. v. 11.10.2007	IX ZR 195/04	ZIP 2008, 237	-
BGH	Urt. v. 28.09.2006,	IX ZR 136/05	ZIP 2006, 2178	-
BGH	Urt. v. 12.06.2006	II ZR 334/04	ZIP 2006, 1633	-
BGH	Urt. v. 13.04.2006	IX ZR 158/05	ZIP 2006, 1261	-
BGH	Urt. v. 16.01.2006	II ZR 76/04,	ZIP 2006, 665	*Cash-Pool I*
BGH	Urt. v. 09.01.2006	II ZR 72/05	ZIP 2006, 331	-
BGH	Urt. v. 21.11.2005	II ZR 140/04	ZIP 2005, 2203	-
BGH	Urt. v. 08.11.2004	II ZR 362/02	ZIP 2005, 121	-
BGH	Urt. v. 24.11.2003	II ZR 76/04	NJW 2004, 1111	*November-Urteil*
BGH	Urt. v. 07.07.2003	II ZR 235/01	ZIP 2003, 1540	-
BGH	Urt. v. 02.12.2002	II ZR 101/02	ZIP 2003, 211	-
BGH	Urt. v. 24.06.2002	II ZR 300/00	NJW 2002, 3024	*KBV*
BGH	Urt. v. 07.03.2002	IX ZR 223/01	ZIP 2002, 812	-
BGH	Urt. v. 25.02.2002	II ZR 196/00	ZIP 2002, 848	*L-Kosmetik*
BGH	Urt. v. 18.03.2002	II ZR 363/00	WM 2002, 963	-
BGH	Urt. v. 17.09.2001	II ZR 178/99	NJW 2001, 3622	*Bremer Vulkan*
BGH	Urt. v. 01.03.1999	II ZR 312/97	JuS 1999, 1132	-
BGH	Urt. v. 04.03.1996	II ZB 8/95	ZIP 1996, 668	-
BGH	Urt. v. 29.03.1993	II ZR 265/91	ZIP 1993, 589	*TBB*
BGH	Urt. v. 18.02.1991	II ZR 104/90	ZIP 1991, 511	-
BGH	Urt. v. 05.02.1990	II ZR 114/89	ZIP 1990, 451	-
BGH	Urt. v. 15.01.1990	II ZR 164/88	ZIP 1990, 156	*IBH/Lemmerz*

BGH	Urt. v. 16.10.1989	II ZR 307/88	NJW 1990, 516	-
BGH	Urt. v. 01.12.1986	II ZR 306/85	ZIP 1987, 575	-
BGH	Urt. v. 16.09.1985	II ZR 275/84	ZIP 1985, 1263	*Autokran*
BGH	Urt. v. 26.03.1984	II ZR 14/84	ZIP 1984, 698	*Nutzfahrzeuge-Fall*
BGH	Urt. v. 21.09.1981	II ZR 104/80	NJW 1982, 383	*HeLaBa-Sonnenring*
BGH	Urt. v. 13.10.1977	II ZR 123/76	NJW 1978, 104	*Veba/Gelsenberg*
BGH	Urt. v. 29.09.1977	II ZR 157/76	BGHZ 69, 274	-
BGH	Urt. v. 05.06.1975	II ZR 23/74	NJW 1976, 191	*ITT*
BGH	Urt. v. 02.12.1968	II ZR 144/67	NJW 1969, 840	-
BGH	Urt. v. 14.12.1959	II ZR 187/57	NJW 1960, 285	*Lufttaxi*
BGH	Urt. v. 10.11.1958	II ZR 3/57	NJW 1959, 383	-
BGH	Urt. v. 30.06.1958	II ZR 213/56	WM 1958, 936	-
BGH	Urt. v. 13.10.1954,	II ZR 182/53	NJW 1954, 1842	

II. Entscheidungen von Oberlandesgerichten

Gericht	Datum	Aktenzeichen	Fundstelle	Bezeichnung
OLG München	Beschl. v. 17.02.2011	31 Wx 246/10	ZIP 2011, 567	-
OLG Jena	Urt. v. 25.04.2007	6 U 947/05	ZIP 2007, 1314	-
OLG Hamburg	Urt. v. 31.10.2006	11 U 4/06	NZG 2007, 393	-
OLG München	Urt. v. 15.03.2005	25 U 3940/04	ZIP 2005, 1556.	-
OLG München,	Urt. v. 15.12.2004	7 U 5665/03	NZG 2005, 181	-
OLG München	Urt. v. 24.11.2005	23 U 3480/05	ZIP 2006, 25	-
OLG München,	Urt. v. 23.11.2001	23U2639/01	WM 2002, 617	-
OLG Bremen	Urt. v. 18.05.1999	3 U 2/98	ZIP 1999, 1671	*Bremer Vulkan/MTW*
OLG Köln, ,	Urt. v. 02.02.1999	22 U 116/98	NJW-RR 1999, 1262	-
OLG Hamm	Urt. v. 10.05.1995	8 U 59/94	ZIP 1995,1263	*Harpener/Omni*
OLG Frankfurt	Urt. v. 28.02.1973	13 U 2/72	BB 1973, 863	-
KG Berlin	Beschl. v. 01.10.1923	1 X 420/23,	JW, 1924, 199	-

III. Entscheidungen von Langerichten

Gericht	Datum	Aktenzeichen	Fundstelle	Bezeichnung
LG Hannover	Beschl. v. 12.03.2009	21 T 2/09	ZIP 2009, 761	*Continental/Schaeffler*

IV. Entscheidungen des Bundesverfassungsgerichts

Gericht	Datum	Aktenzeichen	Fundstelle	Bezeichnung
BVerfG	Urt. v. 15.01.2009	2 BvR 2044/07	NJW 2009, 1469	-

V. Entscheidungen des Bundesfinanzhofs

Gericht	Datum	Aktenzeichen	Fundstelle	Bezeichnung
BFH	Urt. v. 08.12.1997	GrS 1-2/95	BB 1998, 301	-

VI. Entscheidungen des Reichsgerichts

Gericht	Datum	Aktenzeichen	Fundstelle	Bezeichnung
RG	Urteil v. 15.12.1941	II 103/41	RGZ 168, 292	-
RG	Urt. v. 05.03.1938	II 104/37	RGZ 157, 213	-
RG	Urt. v. 16.11.1937	II 70/37	JW 1938, 862	-
RG	Urt. v. 22.04.1932	II 349/31	RGZ 136, 260	-
RG	Urt. v. 23.04.1928	II 255/12	RGZ 121, 99	-
RG	Urt. v. 04.10.1912	II 225/12	RGZ 80, 148	-
RG	Urt. v. 01.02.1896	I 330/95	RGZ 36, 108	-

„Sonstige Rechtsquellen":

I. Bundestag

Bundestagsdrucksache 16/9737, vom 24.06.2008

Beschlussempfehlung und Bericht des Rechtsausschusses (6. Ausschuss)
a) zu dem Gesetzentwurf der Bundesregierung – Drucksache 16/6140 – Entwurf eines Gesetzes zur Modernisierung des GmbH-Rechts und zur Bekämpfung von Missbräuchen (MoMiG)
b) zu dem Antrag der Abgeordneten Mechthild Dyckmans, Birgit Homburger, Hartfrid Wolff (Rems-Murr), weiterer Abgeordneter und der Fraktion der FDP – Drucksache 16/671 – GmbH-Gründungen beschleunigen und entbürokratisieren,
http://dipbt.bundestag.de/dip21/btd/16/097/1609737.pdf, aufgerufen am 02.04.2011

(zit.: BT-Drucks. 16/9737, S.)

Bundestagsdrucksache 16/6140, vom 25.07.2007

Gesetzentwurf der Bundesregierung
Entwurf eines Gesetzes zur Modernisierung des GmbH-Rechts und zur Bekämpfung von Missbräuchen (MoMiG), http://dipbt.bundestag.de/dip21/btd/16/061/1606140.pdf, aufgerufen am 02.04.2011

(zit.: Begr. RegE MoMiG, BT-Drucks. 16/6140, S.)

Entwurf eines Gesetzes zur Modernisierung des GmbH-Rechts und zur Bekämpfung von Missbräuchen (MoMiG) – Referentenentwurf vom 29.05.2006,

http://www.uni-hamburg.de/fachbereiche/einrichtungen/handelsrecht/Sommersemester2008_/MoMiGRefE.pdf, aufgerufen am 14.06.2011

(zit.: RefE. MoMiG, S.)

Bundestagsdrucksache 8/3908, vom 16.04.1980

Entwurf eines Gesetzes zur Änderung des Gesetzes betreffend die Gesellschaften mit beschränkter Haftung und anderer handelsrechtlicher Vorschriften,
http://dipbt.bundestag.de/dip21/btd/08/039/0803908.pdf, aufgerufen a, 10.07.2011

(zit.: BT-Drucks. 8/3908, S.)

Bundestagsdrucksache 8/1347, vom 15.12.1977

Entwurf eines Gesetzes zur Änderung des Gesetzes betreffend die Gesellschaften mit beschränkter Haftung und anderer handelsrechtlicher Vorschriften, http://dip21.bundestag.de/dip21/btd/08/013/0801347.pdf, aufgerufen am 03.04.2011

(zit.: BT-Drucks. 8/1347, S.)

II. Bundesrat

Bundesratsdrucksache 847/08, vom 07.11.2008

Entwurf eines Gesetzes zur Umsetzung der Aktionärsrechterichtlinie (ARUG), http://www.bundesrat.de/cln_099/SharedDocs/Drucksachen/2008/0801-900/847-08,templateId=raw,property=publicationFile.pdf/847-08.pdf, aufgerufen am 19.06.2011

(zit.: Begr. RegE ARUG, BR-Drucks. 847/08, S.)

Bundesratsdrucksache 354/07 (Beschluss), vom 06.07.2007

Stellungnahme des Bundesrates

Entwurf eines Gesetzes zur Modernisierung des GmbH-Rechts und zur Bekämpfung von Missbräuchen (MoMiG), http://www.bundesrat.de/cln_050/SharedDocs/Drucksachen/2007/0301-400/354-07_28B_29,templateId=raw,property=publicationFile.pdf/354-07(B).pdf, aufgerufen am 01.05.2011

(zit.: RegE, BR-Drucks. 354/07, S.)

III. Richtlinien

Kapitalgesellschaftsrichtlinie (Richtlinie zur Änderung der Richtlinie 77/91/EWG) RL 2006/68/EG v. 06.09.2006, ABl. EG 2006 Nr. L 264, 32

Richtlinie 2006/68/EG DES EUROPÄISCHEN PARLAMENTS UND DES RATES vom 6. September 2006 zur Änderung der Richtlinie 77/91/EWG des Rates in Bezug auf die Gründung von Aktiengesellschaften und die Erhaltung und Änderung ihres Kapitals

(zit.: RL 2006/68/EG v. 06.09.2006, ABl. EG 2006 Nr. L 264, 32, S.)

Kapitalschutzrichtlinie (Richtlinie zur Änderung der 2. Gesellschaftsrichtlinie) RL 77/91/EWG (ABl. L 26 vom 31.1.1977, S. 1)

Zweite Richtlinie des Rates vom 13. Dezember 1976 zur Koordinierung der Schutzbestimmungen, die in den Mitgliedstaaten den Gesellschaften im Sinne des Artikels 58 Absatz 2 des Vertrages im Interesse der Gesellschafter sowie Dritter für die Gründung der Aktiengesellschaft sowie für die Erhaltung und Änderung ihres Kapitals vorgeschrieben sind, um diese Bestimmungen gleichwertig zu gestalten, http://eur-lex.europa.eu/LexUriServ/LexUriServ.do?uri=CONSLEG:1977L0091:20070101:DE:PDF, aufgerufen am 03.05.2011

(zit.: RL 77/91/EWG v. 13.12.1976, ABl. EG 1976 Nr. L 26, S.)

IV. Reichsjustizamt

Entwurf eines Gesetzes betreffend die Gesellschaften mit beschränkter Haftung nebst Begründung und Anlagen, Amtliche Ausgabe, Dezember 1891

(zit.: Begr. zum Entwurf eines Gesetzes betreffend die Gesellschaften mit beschränkter Haftung von 1891, S.)

«Stichwortverzeichnis»

EINZELSCHRIFTEN

Volker G. Hahn
Creating Sustainable Shareholder Value with Lean Six Sigma
– Evaluation and Portfolio Selection of Lean Six Sigma Projects
Lohmar – Köln 2011 • 196 S. • € 49,- (D) • ISBN 978-3-8441-0051-8

Benedikt Herles
Wert im Spiegel ökonomischer Rationalität – Eine kritische Betrachtung
Lohmar – Köln 2011 • 176 S. • € 48,- (D) • ISBN 978-3-8441-0053-2

Philipp Gallus
Effiziente Organisationsformen im Regionalflugsegment von Netzwerk-Carriern – Situations-Struktur-Konfigurationen im europäischen Luftverkehr
Lohmar – Köln 2011 • 336 S. • € 63,- (D) • ISBN 978-3-8441-0059-4

Tobias Rombach
Preisblasen auf Wohnimmobilienmärkten – Eine theoretische und empirische Analyse der internationalen Märkte
Lohmar – Köln 2011 • 460 S. • € 69,- (D) • ISBN 978-3-8441-0063-1

Uwe V. Lobeck (Hrsg.)
Sylter Runde – Memoranden an Deutschlands Zukunft
Lohmar – Köln 2011 • 448 S. • € 68,- (D) • Hardcover • ISBN 978-3-8441-0077-8

Harald F. O. von Kortzfleisch (Ed.)
Scientific Entrepreneurship – Reflections on Success of 10 Years EXIST
Lohmar – Köln 2011 • 352 S. • € 69,- (D) • Hardcover • ISBN 978-3-8441-0078-5

Andreas Förster
Mundell-Fleming-Modell – Eine makroökonomische Analyse wirtschaftspolitischer Maßnahmen
Lohmar – Köln 2011 • 128 S. • € 24,- (D) • ISBN 978-3-8441-0085-3

Nicolaus Schmidt
Kapitalaufbringung und Kapitalerhaltung im Cash-Pool nach Inkrafttreten des MoMiG und des ARUG
Lohmar – Köln 2011 • 188 S. • € 48,- (D) • ISBN 978-3-8441-0095-2

JOSEF EUL VERLAG